これなら受かる

工事担任者試験

総合通信

［技術及び理論］

オーム社［編］

JN029125

Ohmsha

まえがき

　本書は，一般財団法人　日本データ通信協会（JADAC）が実施する国家試験「工事担任者」の総合通信（AI・DD 総合種；2020 年 9 月に試験名称の変更が総務省より公布されました）の受験対策問題集です．特に本書では，工事担任者総合通信（AI・DD 総合種）の 3 科目（「電気通信技術の基礎」，「端末設備の接続のための技術及び理論（技術）」，「端末設備の接続に関する法規」）のうち「端末設備の接続のための技術及び理論（技術）」（以下，「技術及び理論」と表記）の過去に出題された問題を解説しています．

　試験は毎年 5 月と 11 月の 2 回開催されますが，本書では 2015（平成 27）年度第 1 回から 2020（令和元）年度第 2 回までの 5 年間，計 10 回分の問題を技術分野ごとに分類・整理して並べ直して解説しています．

　本書の特長は，技術分野ごとに過去問題の解説を行っていることです．これによって，読者が試験問題の出題傾向を把握し，重点的な対策をとれるようになっています．また，問題解説では解答に至るまでの思考に沿った詳しい説明と関連の技術情報を掲載し，試験対策に必要十分な情報をコンパクトにまとめています．

　これから試験対策の学習をはじめる読者にとっては，出題対象の技術分野や学習の進め方がわかりやすくなり，また，すでに学習を進めてきた読者にとっては自身の苦手分野を把握し，それらを含めたスキルの向上に役立つものと考えています．

　本書の問題が一通り解けるようになってきたら，JADAC 電気通信国家試験センターが公開している直近の過去問題を解いてみるとよいでしょう．本試験の形式で，試験時間を意識しながら問題を解いてみることも試験対策には重要です．

　試験対策には本書のほかに，必要に応じて関連の書籍もあわせて学習することが必要と思いますが，本書では，解答に必要な技術知識も記載しているため，学習対象の技術分野の把握と関連するほかの書籍の選択にも有効と考えています．

　本書を読み通すことで，読者の皆さまが工事担任者の資格を取得できることを心より願っています．そして，その力をもって，今後も発展がつづく情報通信ネットワークを支える技術者としてのさらなる力を身につけていただきたく思います．

　2020 年 9 月

オーム社

1 試験の出題分類

　本書では，2015（平成 27）年度第 1 回から 2020（令和元）年度第 2 回まで
の 5 年間，計 10 回分の問題を，5 つの技術分野に分け，さらにそれらをいくつ
かの科目に分類し，科目ごとに，最近の試験問題から新しい順に解説を記載して
います．

　工事担任者の試験問題では，全く同じ問題，または計算問題でパラメータの数
値が一部異なるものの解法が同じ問題が，別の時期の試験で出題されることがあ
ります．本書では，このような問題については記述を省略し，省略した問題の出
題時期をほかの同様問題の解説の中に明記しました．科目ごとの問題出題状況の
一覧を表に示します（表内の表記は「問番号（小問番号）」を表します）．

問題出題状況

技術分野	出題科目	出題状況									
		令和1年	31 年度	平成 30 年度		平成 29 年度		平成 28 年度		平成 27 年度	
		第 2 回	第 1 回	第 2 回	第 1 回	第 2 回	第 1 回	第 2 回	第 1 回	第 2 回	第 1 回
1 章　端末設備の技術											
	1-1 電話機等	1 問(1)	1 問(1)	1 問(1)	1 問(1)	1 問(1)	1 問(1)	1 問(1)	1 問(1)	1 問(1)	1 問(1)
	1-2 PBX，ボタン電話装置	1 問(2) 1 問(3)	1 問(2) 1 問(3)	1 問(2) 1 問(3)	1 問(2) 1 問(3) 7 問(1)	1 問(2)-1 1 問(2)-2	1 問(2) 1 問(3)	1 問(3) 1 問(2)	1 問(3) 1 問(2)	1 問(2) 1 問(3)	1 問(2) 1 問(3)
	1-3 ISDN の端末機器			1 問(4)					1 問(4)		1 問(4)
	1-4 ONU，DSU 等	1 問(4)	1 問(4)			1 問(3)	1 問(4)	1 問(4)		1 問(4)	
	1-5 IP-PBX，IP ボタン電話装置，IP 電話機等	2 問(2) 2 問(3)	2 問(2) 4 問(3)	2 問(2)	2 問(2)	2 問(2)	2 問(2)	2 問(4) 2 問(3)	2 問(4) 2 問(3)	2 問(3) 2 問(2)	2 問(3) 2 問(4)
	1-6 LAN スイッチ，ハブ	4 問(3) 5 問(5)	5 問(4) 4 問(2)	5 問(4) 5 問(5)	5 問(4) 5 問(5)	5 問(5) 4 問(3) 5 問(4)	5 問(5)	5 問(4) 5 問(5)	5 問(5) 5 問(4)	5 問(4) 5 問(5)	5 問(4) 5 問(5)
	無線 LAN	2 問(5)	2 問(4)	2 問(4)	2 問(4)	2 問(4)	2 問(5)	2 問(5)	2 問(4)	2 問(5)	2 問(5)
	1-7 電波妨害・雷サージ対策	1 問(5)	1 問(5)	1 問(5)	1 問(5)	1 問(4)	1 問(5)	1 問(5)	1 問(5)	1 問(5)	1 問(5)
2 章　総合デジタル通信網の技術											
	2-1 基本ユーザ・網インタフェース	3 問(1) 3 問(2) 3 問(4) 3 問(5)	3 問(1) 3 問(2) 3 問(4) 3 問(5)	3 問(1) 3 問(3) 3 問(5)	3 問(1) 3 問(3) 3 問(5)	3 問(1) 3 問(4) 3 問(5) 3 問(4)	3 問(5) 3 問(1)	3 問(1) 3 問(2) 3 問(5)	3 問(1) 3 問(3) 3 問(4) 3 問(5)	3 問(1) 3 問(4) 3 問(1) 3 問(5)	3 問(2) 3 問(4) 3 問(3) 3 問(4)
	2-2 一次群速度ユーザ・網インタフェース	3 問(3)	3 問(3)	3 問(2)	3 問(2)	3 問(2) 3 問(3)		3 問(2) 3 問(3)	3 問(2)	3 問(2)	3 問(3)
3 章　ネットワークの技術											
	3-1 データ通信技術	4 問(1) 5 問(5)	2 問(5) 4 問(1)	2 問(5)	2 問(5) 4 問(1)	4 問(1) 2 問(5)	4 問(1) 4 問(4)	4 問(1) 4 問(2)	4 問(3)		

技術分野	出題科目	出題状況									
		令和1年	31年度	平成30年度		平成29年度		平成28年度		平成27年度	
		第2回	第1回	第2回	第1回	第2回	第1回	第2回	第1回	第2回	第1回
3-2	ブロードバンドアクセスの技術	2問(1) 4問(2)	2問(1) 4問(2)	2問(1) 4問(1)	4問(2) 2問(1)	2問(1) 4問(2) 4問(3)	2問(1) 4問(2)	2問(1) 4問(5)	2問(1) 4問(1)	4問(1) 4問(2) 2問(1)	2問(1) 4問(2) 4問(1)
3-3	IPネットワークの技術	4問(4) 4問(5) 5問(4)	4問(4)	4問(3) 5問(5)	4問(5)	4問(4)	5問(4)	4問(4) 4問(3)	4問(2) 4問(4)	4問(4)	4問(5)
3-4	MPLSを使用したネットワーク		4問(5)	4問(4)	4問(4)		4問(4)			4問(3)	4問(3)
3-5	ATM			4問(5)	4問(5)	4問(5)	4問(5)		4問(5)	4問(5)	4問(4)
4章	**トラヒック理論**										
		5問(1) 5問(2) 5問(3)	5問(1) 5問(2) 5問(3)	5問(1) 5問(2) 5問(3)	5問(1) 5問(2) 5問(3)	5問(1) 5問(2) 5問(3)	5問(3) 5問(1) 5問(2)	5問(1) 5問(2) 5問(3)	5問(1) 5問(2) 5問(3)	5問(1) 5問(2) 5問(3)	5問(1) 5問(3) 5問(1)
5章	**情報セキュリティの技術**										
5-1	情報セキュリティ概要	6問(1) 6問(4)	6問(4)	6問(1) 6問(4)	6問(1)	6問(4)	6問(1)	6問(4)	6問(3)		6問(1)
5-2	電子認証技術とデジタル署名技術	6問(2) 6問(3)	6問(2) 6問(3)	6問(2)	6問(3)	6問(2)	6問(2) 6問(3)	6問(2)		6問(2) 6問(3) 6問(4)	
5-3	端末設備とネットワークのセキュリティ		6問(1)	6問(3)	6問(3)	6問(1) 6問(3)	6問(4)	6問(1) 6問(3) 6問(5)	6問(4)		6問(2) 6問(4)
5-4	情報セキュリティ管理	6問(5)	6問(5)	6問(5)	6問(5)	6問(5)	6問(5)		6問(5)	6問(5)	6問(5)
6章	**接続工事の技術**										
6-1	事業用電気通信設備		7問(2)		7問(2)	7問(2)			7問(2)	7問(2)	
6-2	アナログ電話回線の工事と試験	7問(2)		7問(2)			7問(2)	7問(2)			7問(2)
6-3	PBX，ボタン電話装置の工事と試験	7問(3) 7問(4) 7問(5)	7問(3) 7問(4)	7問(3) 7問(4) 7問(5)	7問(3) 7問(4) 7問(5)	7問(3) 7問(3) 7問(5)	7問(3)	7問(4) 7問(3) 7問(5)	7問(3) 7問(5)	7問(5)	7問(4) 7問(5)
6-4	ISDN回線の工事と試験	8問(1) 8問(2) 8問(3)	8問(1) 8問(2) 8問(3)	8問(1) 8問(2) 8問(3)	8問(1) 8問(2) 8問(2)	8問(1) 8問(3) 8問(2)	8問(3) 8問(1) 8問(2)	8問(1) 8問(2) 8問(2)	8問(1) 8問(2) 8問(1)	8問(1) 8問(2) 8問(1)	8問(1) 8問(2) 8問(2)
6-5	メタリックケーブルを使用した屋外配線	7問(1)	7問(1)	7問(1)		7問(1)	7問(1)	7問(1) 10問(1)	7問(1)	7問(1)	7問(1)
	光ケーブルの収容方式とビル内配線方式	9問(2)	8問(4) 8問(5) 10問(2)	9問(2) 9問(4)	8問(4) 8問(5) 9問(2)	7問(2) 9問(2) 9問(2) 9問(4)	9問(2) 9問(4)	8問(4) 9問(2)	9問(2) 8問(5) 9問(2)	7問(2) 9問(2)	7問(3) 8問(5) 9問(2)
	JIS X 5150の設備設計	8問(5) 9問(3) 10問(2)	9問(1) 9問(3) 9問(4)	8問(5) 9問(3)	9問(3) 10問(2) 9問(4)	9問(4) 9問(1) 8問(5)	9問(1) 9問(5) 8問(5)	9問(3) 9問(5)	9問(5) 9問(3)	9問(3) 10問(1) 8問(5)	9問(5) 10問(1) 10問(2)
	光ファイバ損失試験方法	8問(4) 9問(1) 10問(1)	10問(1)	8問(4) 9問(1) 9問(5) 10問(1)	9問(5) 10問(1)	8問(5) 9問(1)	8問(4) 9問(1) 10問(2)	9問(1) 9問(4) 8問(5)	9問(5) 10問(2)	8問(4) 9問(1) 9問(1)	9問(1) 9問(5) 8問(4)
6-6	LANの設計・工事と試験	2問(4) 9問(4) 9問(5)	2問(4) 9問(3) 9問(5)	2問(3) 10問(2)	10問(2) 2問(3)	2問(3) 10問(2)	2問(3) 10問(1)	2問(4) 10問(2)	10問(1) 10問(2)	2問(2) 9問(4)	2問(2) 9問(4) 10問(2)

技術分野	出題科目	出題状況									
		令和1年	31年度	平成30年度		平成29年度		平成28年度		平成27年度	
		第2回	第1回	第2回	第1回	第2回	第1回	第2回	第1回	第2回	第1回
	6-7 IP-PBX, IPボタン電話装置の設計・工事と試験										
7章　工事の設計管理・施工管理・安全管理											
	7-1 安全管理	10問(3)	10問(3)	10問(3)	10問(3)	10問(3)	10問(3)	10問(3)	10問(3)	10問(3)	10問(3)
	7-2 工程管理					10問(4)		10問(4)			
	7-3 アローダイアグラム	10問(5)	10問(5)	10問(5)	10問(5)	10問(5)		10問(5)	10問(5)	10問(5)	10問(5)
	7-4 その他の工程管理用図表	10問(4)	10問(4)	10問(4)	10問(4)		10問(4)	10問(4)		10問(4)	10問(4)

注：網掛け部分は，ほかに同様の試験問題があるため，記載を省略している試験問題

II 本書の使い方

紙面構成

本書では，穴埋めや選択の問題については答えに関係する箇所に下線を付しています．また，試験問題の解答や学習に役立てていただくために，各問題の解説と一緒に次の事項を記載しています．

過去に出題された問題をテーマごとに整理して示しています．

出題傾向の大小をアンテナの本数で表しています．
1本：5年間で1〜4回出題された
2本：5年間で5〜10回出題された
3本：5年間で11回以上出題された

問題に関連する技術知識を補足しています．

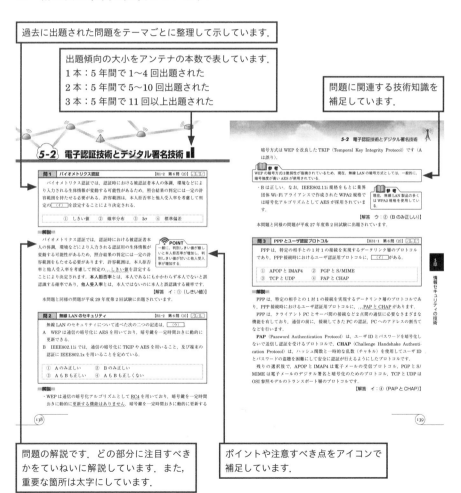

問題の解説です．どの部分に注目すべきかをていねいに解説しています．また，重要な箇所は太字にしています．

ポイントや注意すべき点をアイコンで補足しています．

本書で使用しているアイコン

覚えよう！

学習のポイント部分です.

注意しよう！

問題を解く上で注意すべき
部分を示します.

参 考

問題に関連する技術知識を
補足しています.

POINT

問題の解答で考慮すべきポイント,
ヒントなどを示します.

注意しよう！

本書では, 平成26年度の試験問題から一部の図記号が新JIS記号に改められたことを受け, 抵抗器などの図記号を新JIS記号に統一しています.

目　次

1章　端末設備の技術

2章　総合デジタル通信網の技術

3章　ネットワークの技術

4章 トラヒック理論 111

5章 情報セキュリティの技術

6章 接続工事の技術

7章 工事の設計管理・施工管理・安全管理

試験についてのお問合せ先
一般財団法人　日本データ通信協会　電気通信国家試験センター
〒170-8585　東京都豊島区巣鴨 2-11-1　巣鴨室町ビル 6F
TEL：03-5907-6556

1章
端末設備の技術

本章の出題項目

問 1　多機能電話機　　　　　　　【R1-2　第1問 (1)】 ☑☑☑

　多機能電話機の機能について述べた次の二つの記述は，　(ア)　．

A　外線に発信するとき，ダイヤルボタンを押して相手の電話番号を電話機のディスプレイに表示させ，確認，訂正などの後，選択信号として送出できる機能は，セーブダイヤルといわれる．

B　電話機の内蔵メモリに，回線ボタンなどに対応してあらかじめダイヤル番号を記憶させておき，当該ボタンを押下するだけで記憶させたダイヤル番号を選択信号として送出できる機能は，ワンタッチダイヤル，オートダイヤルなどといわれる．

> ①　Aのみ正しい　　　②　Bのみ正しい
> ③　AもBも正しい　　④　AもBも正しくない

解説

・外線に発信するとき，ダイヤルボタンを押して相手の電話番号を電話機のディスプレイに表示させ，確認，訂正などの後，選択信号として送出できる機能は，<u>プリセットダイヤル</u>といわれます．セーブダイヤルとは，<u>直前に外線発信した電話番号を登録する機能</u>で，同じ相手に再度電話をかける場合に便利な機能です（Aは誤り）．

・Bは正しい．ワンタッチダイヤル，オートダイヤルでは，ワンタッチキーまたはオートダイヤルボタンごとにダイヤル番号を登録し，これらのキーまたはボタンを押したときに自動的にダイヤル番号が送出されます．

【解答　ア：②（Bのみ正しい）】

問 2　ファクシミリ伝送　　　　　　【H31-1　第1問 (1)】 ☑☑☑

　文書ファクシミリ伝送手順はITU-T勧告T.30で規定されており，グループ3ファクシミリ端末どうしが公衆交換電話網（PSTN）を経由して接続されると，送信側のファクシミリ端末では，T.30で規定するフェーズAの呼設定において，一般に，　(ア)　信号として断続する1,100ヘルツのトーンを受信側のファクシミリ端末に向けて送出する．

> ①　RBT　　②　SDT　　③　CED　　④　CNG　　⑤　SETUP

解説

通信が開始されてから終了するまでの文書ファクシミリ伝送制御手順は，ITU-T勧告T.30においてグループ1, 2, 3について規定されています．この**伝送制御手順はフェーズAからフェーズEの5段階に分けられます**．フェーズAの呼設定では，一般に，送信側のファクシミリ端末は，受信側に対し自分がファクシミリであることを通知するために，_(ア)CNG信号（Calling Signal）として断続する1,100〔Hz〕のトーンを受信側のファクシミリ端末に向けて送信します．**CNG信号を受信したファクシミリ端末は，応答として2,100〔Hz〕のトーン（CED信号）を2.6〜4.0秒間送出します．**

【解答　ア：④（CNG）】

本問題と同様の問題が平成28年度第1回試験に出題されています．

問3	デジタルコードレス電話	【H30-2　第1問 (1)】 ☑☑☑

DECT方式を参考にしたARIB STD-T101に準拠するデジタルコードレス電話システムは，複数の通話チャネルの中から使用するチャネルを選択する場合に，他のコードレス電話機や無線設備などとの混信を防止するため，チャネルが空きかどうかを検出する　 (ア) 　といわれる機能を有している．

① プリセレクション　　② キャリアセンス　　③ ホットライン
④ ネゴシエーション　　⑤ P2MPディスカバリ

解説

DECT方式を参考にしたARIB STD-T101に準拠するデジタルコードレス電話システムは，複数の通話チャネルの中から使用するチャネルを選択する場合に，他のコードレス電話機や無線設備などとの混信を防止するため，チャネルが空きかどうかを検出する_(ア)キャリアセンスといわれる機能を有しています．「**キャリアセンス**」とは**通信電波（キャリア）を検知する（センス）**ことを意味します．

【解答　ア：②（キャリアセンス）】

問4	デジタルコードレス電話	【H30-1　第1問 (1)】 ☑☑☑

DECT方式を参考にしたARIB STD-T101に準拠するデジタルコードレス電話機では，子機から親機へ送信を行う場合における無線伝送区間の通信方式として，　 (ア) 　が用いられている．

① FDMA/FDD　　② CDMA/FDD　　③ CSMA/CD
④ SDMA/TDD　　⑤ TDMA/TDD

解説

　DECT 方式を参考にした ARIB STD-T101 に準拠するデジタルコードレス電話機では，子機から親機へ送信を行う場合における無線伝送区間の通信方式として，$_{(7)}$<u>TDMA/TDD</u> が用いられています．**TDMA**（Time Division Multiple Access：**時分割多元接続**）**方式**は，無線チャネルが占有する時間を複数のタイムスロットに分割し，それぞれを各ユーザ（子機）の通信に割り当てます．**TDD**（Time Division Duplex：**時分割複信**）**方式**は，基地局（親機）と端末（子機）が同一周波数を使用して異なるタイミングで交互に通信を行う方式です．

【解答　ア：⑤（TDMA／TDD）】

問 5	アナログ電話機での通話	【H29-2　第 1 問 (1)】 ☑☑☑

　アナログ電話機での通話について述べた次の二つの記述は，　(ア)　．
A　送話者自身の音声が，受話者側の受話器から送話器に音響的に回り込んで通話回線を経由して戻ってくることにより，送話者の受話器から遅れて聞こえる現象は，一般に，側音といわれる．
B　送話者自身の音声や室内騒音などが送話器から入り，電話機内部の通話回路及び受話回路を経て自分の耳に聞こえる音は，一般に，回線エコーといわれる．

① Aのみ正しい　　② Bのみ正しい
③ AもBも正しい　　④ AもBも正しくない

解説

・送話者自身の音声が，受話者側の受話器から送話器に音響的に回り込んで通話回線を経由して戻ってくることにより，送話者の受話器から遅れて聞こえる現象は，一般に，**音響エコー**といわれます（Aは誤り）．**エコー（反響）**には 2 種類あり，伝送線路と電話機回路のインピーダンス不整合により音声信号が反射して聞こえるエコーは回線エコーといいます．
・送話者自身の音声や室内騒音などが送話器から入り，電話機内部の通話回路および受話回路を経て自分の耳に聞こえる音は，一般に，**側音**といわれます（Bは誤り）．

【解答　ア：④（AもB正しくない）】

| 問6 | ファクシミリ伝送 | 【H29-1 第1問 (1)】 ☑☑☑ |

文書ファクシミリ伝送手順において，グループ3ファクシミリ端末どうしが公衆交換電話網（PSTN）を経由して接続された後に，送信側からのCNG信号を受信したファクシミリ端末は，　　(ア)　　ヘルツのトーンを送信側に向けて送出する．

① 1,000 ② 1,100 ③ 2,000 ④ 2,100 ⑤ 3,000

解説

文書ファクシミリ伝送制御手順において，グループ3ファクシミリ端末どうしが公衆交換電話網（PSTN）を経由して接続された後に，送信側からのCNG信号を受信したファクシミリ端末は，応答として，(ア)2,100〔Hz〕のトーン（CED信号）を2.6〜4.0秒間，送信側に向けて送出します．

【解答　ア：④（2,100）】

| 問7 | デジタルコードレス電話 | 【H28-2 第1問 (1)】 ☑☑☑ |

DECT方式を参考にしたARIB STD-T101に準拠したデジタルコードレス電話の標準システムは，親機，子機及び中継機から構成されており，同一構内における混信防止のため，　　(ア)　　を自動的に送信又は受信する機能を有している．

① ACK信号 ② トランザクション番号 ③ IPパケット
④ 識別符号 ⑤ RTS/CTS信号

解説

DECT方式を参考にしたARIB STD-T101に準拠したデジタルコードレス電話の標準システムは，親機，子機および中継機から構成されており，同一構内における混信防止のため，(ア)識別符号を自動的に送信または受信する機能を有しています．

識別符号は，親機，子機および中継機から成るシステムが複数存在する場合に，異なるシステム間の混信や誤接続の防止のために使用されます．

【解答　ア：④（識別符号）】

| 問8 | デジタルコードレス電話 | 【H27-2 第1問 (1)】 ☑☑☑ |

DECT方式を参考にしたARIB STD-T101に準拠したデジタルコードレス電話機について述べた次の二つの記述は，　　(ア)　　．
A　親機と子機との間の無線通信には，1.9ギガヘルツ帯の周波数が使用される．

B　親機と子機との通話時には，一般に，電子レンジや無線 LAN の機器との電波干渉によるノイズが発生しやすいが，周波数ホッピング技術により電波干渉を発生しにくくしている．

---

①　A のみ正しい　　　②　B のみ正しい

③　A も B も正しい　　　④　A も B も正しくない

■ 解説

・A は正しい．DECT 方式とは，ETSI（欧州電気通信標準化機構）が 1988 年に策定したデジタルコードレス電話の方式です．この DECT 方式と，それを参考にした ARIB STD-T101 では，親機と子機との間の無線通信に 1.9〔GHz〕帯（1,893.5～1,906.1〔MHz〕）の周波数が使用されています．

・電子レンジや無線 LAN で使用している ISM バンド（産業・科学・医療用周波数帯）は 2.4〔GHz〕で，DECT 方式の周波数帯（1.9〔GHz〕帯）と異なるため，電子レンジや無線 LAN とデジタルコードレス電話との間で電波干渉は発生しません．なお，**DECT 方式では，無線通信方式として TDMA/TDD 方式を採用しています**．TDMA/TDD 方式は，同一周波数の無線チャネルを複数のタイムスロットに分割し，それぞれのタイムスロットを各ユーザ（子機）に割り当てて通信を行う方式です（B は誤り）．

【解答　ア：①（A のみ正しい）】

| 問 9 | ファクシミリ伝送 | 【H27-1　第 1 問 (1)】 ☑☑☑ |

　ファクシミリ機能を有するカラーコピー複合機におけるカラーファクシミリの画信号の冗長度抑圧符号化としては，一般に，静止画像データの圧縮方法の国際標準規格である　(ア)　方式が用いられている．

---

①　MR　　②　MMR　　③　JPEG　　④　MPEG　　⑤　MH

■ 解説

　ファクシミリ機能を有するカラーコピー複合機におけるカラーファクシミリの画信号の冗長度抑圧符号化としては，一般に，静止画像データの圧縮方法の国際標準規格である(ア)JPEG 方式が用いられています．

　ファクシミリ伝送にはさまざまな符号化方式が使用されていますが，**G3 ファクシミリ伝送におけるカラー画像の符号化としては**，**JPEG**（Joint Photographic Experts Group）が使用されています．JPEG は，国際標準化機構（ISO）と国際電気標準会議

（IEC）の合同技術委員会で標準化され，ITU-T でも T.81 で勧告された静止画像の圧縮符号化方式です．

【解答　ア：③（JPEG）】

▶▶ DECT 方式で使用する TDMA/TDD 方式

　本節の問 4 と問 8 で述べたように，デジタルコードレス電話の DECT 方式は，1.9〔GHz〕帯の電波を使用して，TDMA/TDD という無線通信方式を使用して親機と子機の間で通信を行います．コードレス電話では，親機と複数の子機が同時通信を行うことを想定しています．

　TDMA（Time Division Multiple Access：時分割多元接続）方式では，一つの無線チャネルが占有する時間を複数のタイムスロットに分割して，各子機は異なるタイムスロットを使用して通信を行います．また，TDD（Time Division Duplex：時分割複信）方式により，親機から子機，および子機から親機への双方向の送信でも同一の周波数を使用して，異なるタイムスロットを割り当てて通信を行います．これらの通信で衝突が起きないように，子機ごと，および親機と子機間の送信方向ごとに，あらかじめ，使用するタイムスロットが決められています．

　下図に TDMA/TDD 方式の無線チャネルの使用例を示します．無線チャネルはフレーム（割り当てる無線チャネルの単位）ごとに 24 個のタイムスロットに分割し，各子機には，1 フレーム内で親機への送信用と親機からの受信用に，各 1 個のタイムスロットが，12 タイムスロットおきに割り当てられています．

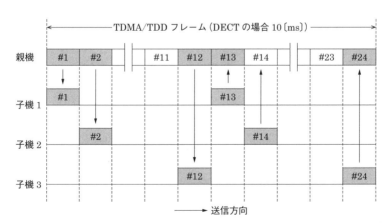

#1，#2，……：タイムスロット（DECT では 1 フレーム内にとりうる標準スロット数は 24）
親機と各子機は，1/2 フレーム周期を隔てた二つのタイムスロット（子機 1 では #1 と #13）
をペアで使用して通信する.

1-2 PBX, ボタン電話装置

問1 | **デジタル式 PBX の空間スイッチ** | 【R1-2 第1問 (2)】 ☑☑☑

　デジタル式 PBX の空間スイッチにおいて，音声情報ビット列は，時分割ゲートスイッチの開閉に従い，多重化されたまま ＿＿(イ)＿＿ の時間位置を変えないで，＿＿(イ)＿＿ 単位に入ハイウェイから出ハイウェイへ乗り換える．

① チャネル　② レジスタ　③ タイムスロット
④ カウンタ　⑤ フレーム

解説

　デジタル式 PBX の空間スイッチにおいて，音声情報ビット列は，時分割ゲートウェイの開閉に従い，多重化されたまま (イ)タイムスロットの時間位置を変えないで，(イ)タイムスロット単位に入ハイウェイから出ハイウェイへ乗り換えます．

　空間スイッチの原理図を下図に示します．下図で，制御メモリ #N で指定された順序で，入ハイウェイのタイムスロットのデータが出ハイウェイ #N に送られます．制御メモリ #N に書かれている #0，#n，#1 は入ハイウェイの番号を指します．時分割ゲート

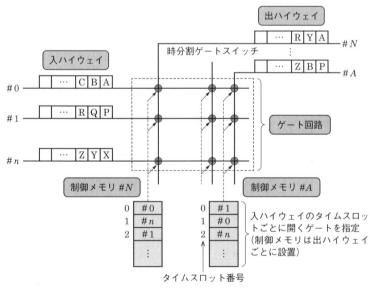

図　空間スイッチの原理図

スイッチの開閉により，初めに入ハイウェイ #0 の先頭タイムスロットのデータ "A" が出ハイウェイ #N に送られます．次に入ハイウェイ #n の2番目のタイムスロットのデータ "Y" が出ハイウェイ #N に送られます．その次に，入ハイウェイ #1 の3番目のタイムスロットのデータ "R" が出ハイウェイ #N に送られます．同様に，制御メモリ #A に設定された入ハイウェイ #1, #0, #n の順に，それぞれのタイムスロットのデータ，"P"，"B"，"Z" が出ハイウェイ #A に送られます．

【解答 イ：③（タイムスロット）】

本問題と同様の問題が平成28年度第1回試験に出題されています．また，本問題と解答の選択肢が異なりますが，類似の問題が平成30年度第2回試験に出題されています（本節問5参照）．

問2	デジタル式 PBX の外線応答方式	【R1-2 第1問 (3)】 ☑☑☑

デジタル式 PBX の外線応答方式について述べた次の二つの記述は， ＿（ウ）＿．

A 外線から特定の内線に着信させる方式のうち，電気通信事業者の交換機にあらかじめ登録した内線指定番号を PB 信号により PBX で受信する方式は，一般に，PB ダイヤルインといわれる．

B 外線応答方式の一つであるモデムダイヤルインを用いた場合は，一般に，電気通信事業者が提供する発信者番号通知の機能を使ったサービスを利用できない．

① A のみ正しい 　② B のみ正しい
③ A も B も正しい 　④ A も B も正しくない

解説

・A は正しい．ダイヤルインで，着信先電話番号を PB 信号で **PBX 等に送る方式を PB ダイヤルイン**といい，モデム信号で送る方式をモデムダイヤルインといいます．

・電気通信事業者が提供する発信電話番号通知サービス（ナンバー・ディスプレイ）は，モデムダイヤルインで利用でき，PB ダイヤルインでは利用できません（B は誤り）．

【解答 ウ：①（A のみ正しい）】

本問題と同様の問題が平成29年度第1回試験に出題されています．

問3	デジタル式 PBX の時間スイッチ	【H31-1 第1問 (2)】 ☑☑☑

デジタル式 PBX の時間スイッチについて述べた次の二つの記述は， ＿（イ）＿．

A 時間スイッチは，入ハイウェイ上のタイムスロットを，出ハイウェイ上の任意のタイムスロットに入れ替えるスイッチである．

B 時間スイッチにおける通話メモリには，入ハイウェイ上の各タイムスロットの音声信号などが記憶される．

① Aのみ正しい　　② Bのみ正しい
③ AもBも正しい　　④ AもBも正しくない

解説

・Aは正しい．電話用デジタル交換機の時間スイッチでは，下図のように，入ハイウェイ（入線）の各タイムスロットの情報の通話メモリへの書き込み先は制御メモリで指定されます．通話メモリに書き込まれた情報は，カウンタに基づき，通話メモリに書き込まれている順に読み出されて出ハイウェイのタイムスロットに設定されます．このように，時間スイッチは，入ハイウェイ上のタイムスロットを，出ハイウェイ上の任意のタイムスロットに入れ替えます．

・Bは正しい．時間スイッチでは，入ハイウェイ上の各情報（音声情報など）がタイムスロット単位に通話メモリに書き込まれます．

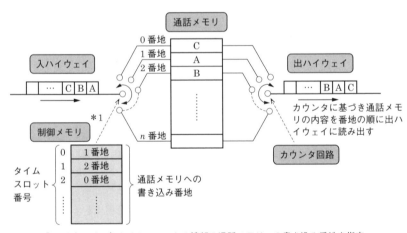

＊1：入ハイウェイの各タイムスロットの情報の通話メモリへの書き込み番地を指定

図　時間スイッチの原理図

【解答　イ：③（AもBも正しい）】

本問題と同様の問題が平成28年度第2回試験に出題されています．

問4	PBX の信号方式	【H31-1 第1問 (3)】 ☑☑☑

PB 信号方式のダイヤルインサービスを利用する PBX には，夜間になったときの対応の手段として，夜間閉塞機能がある．このときの接続シーケンスはダイヤルインの接続シーケンスとは異なり，電気通信事業者の交換機からは，[(ウ)]が送出されずに，一般の電話機に着信する場合と同様の接続シーケンスにより，夜間受付用電話機に着信する．

---

① 1次応答信号　　② 2次応答信号　　③ 呼出信号

④ 内線指定信号　　⑤ 呼出音

解説

夜間閉塞とは，夜間，休日で社員等が不在のときに，特定の電話機（夜間受付用電話機）に着信させる機能です．夜間閉塞機能を使用するためには，夜間閉塞制御用として着信専用回線を各代表群別に設置し，電気通信事業者の交換機に対して L2 線に地気を送出します．交換機でこの地気を検出すると，その回線を夜間受付用回線とし，他の回線を閉塞します．夜間閉塞機能を使用する場合の接続シーケンスはダイヤルインの接続シーケンスとは異なり，**公衆電話網側からは，**(ウ)**内線指定信号が送出されずに，一般の電話機に着信する場合と同様の接続シーケンスにより，夜間受付用電話機に着信します．**

【解答　ウ：④（内線指定信号）】

本問題と同様の問題が平成 27 年度第 2 回試験に出題されています．

問5	デジタル式 PBX の空間スイッチ	【H30-2 第1問 (2)】 ☑☑☑

デジタル式 PBX の空間スイッチにおいて，音声情報ビット列は，[(イ)]の開閉に従い，多重化されたままタイムスロットの時間位置を変えないで，タイムスロット単位に入ハイウェイから出ハイウェイへ乗り換える．

---

① 順番読み出しカウンタ　　② 制御メモリ　　③ 時分割ゲートスイッチ

④ 多重・分離回路　　⑤ 時間スイッチ

解説

デジタル式 PBX の空間スイッチにおいて，音声情報ビット列は，(イ)時分割ゲートスイッチの開閉に従い，多重化されたままタイムスロットの時間位置を変えないで，タイムスロット単位に入ハイウェイから出ハイウェイへ乗り換えます．

入ハイウェイのタイムスロットの乗換え先の出ハイウェイを選択する時分割ゲートスイッチが，入ハイウェイごとに出ハイウェイの数だけ用意されます．乗換え先の出ハイ

ウェイごとに制御メモリが置かれ，制御メモリに格納されている番号の入ハイウェイのタイムスロットが格納順序に従って選択されます．デジタル式 PBX の空間スイッチの詳細は本節問 1 の解説を参照のこと．

【解答　イ：③（時分割ゲートスイッチ）】

問6　**デジタル式 PBX の内線回路**　　　　　　【H30-2　第 1 問 (3)】　☑☑☑

デジタル式 PBX におけるアナログ式内線回路の機能について述べた次の二つの記述は，　(ウ)　．

A　呼出信号は，デジタル式 PBX の時分割通話路を通過することができないため，内線回路には，呼出信号送出機能が設けられている．

B　内線回路は，内線に接続されたアナログ電話機からのアナログ音声信号を A/D 変換した後，2 線-4 線変換して時分割通話路に送出する機能を有する．

① 　A のみ正しい　　　② 　B のみ正しい

③ 　A も B も正しい　　④ 　A も B も正しくない

■■解説■■

・A は正しい．加入者交換機相互で接続が完了すると，着信側の加入者交換機から着信端末に対し呼出信号が送出されます．

・内線回路は，内線に接続されたアナログ電話機からのアナログ音声信号を 2 線-4 線変換した後，A/D 変換して時分割通話路に送出する機能を有します（B は誤り）．アナログ電話機は 2 線を使用し，A/D 変換は，アナログの送信信号と受信信号を別々の回線に分けてから行う必要があるため，アナログ電話機の 2 線を 4 線に変換した後，A/D 変換を行います．

【解答　ウ：①（A のみ正しい）】

本問題と同様の問題が平成 27 年度第 1 回試験に出題されています．

問7　**ビハインド PBX**　　　　　　　　　　　【H30-1　第 1 問 (2)】　☑☑☑

親の PBX の内線側に子の関係となる PBX やボタン電話装置の外線側を接続することにより，利用できる内線端末の機器の種類や台数を増加させて，親の PBX に収容される内線端末数を増やす方法は，一般に，　(イ)　といわれる．

① 　クラウド PBX　　　② 　セントレックス　　③ 　内線延長方式

④ 　ビハインド PBX　　⑤ 　公専公接続

■解説

　親の PBX の内線側に子の関係となる PBX やボタン電話装置の外線側を接続することにより，利用できる内線端末の機器の種類や台数を増加させて，親の PBX に収容される内線端末数を増やす方法は，一般に，_(イ)ビハインド PBX といわれます．**ビハインド PBX は，子となる PBX やボタン電話装置を使用して，親の PBX にはない機能を利用することもできます．** また，従来の端末を収容している PBX やボタン電話装置をビハインド PBX として親の PBX に接続することにより，使いなれた端末を使用しながら PBX の機能拡充や端末数の増加を行うことができます．

【解答　イ：④（ビハインド PBX）】

　本問題と同様の問題が平成 27 年度第 2 回試験に出題されています．

| 問8 | デジタル式 PBX のサービス機能 | 【H30-1　第 1 問 (3)】 ☑☑☑ |

　デジタル式 PBX のサービス機能について述べた次の二つの記述は，　（ウ）　．

A　被呼内線が話中のとき，異なる末尾 1 数字のみを再度ダイヤルすることにより，末尾 1 数字が異なった番号の内線へ接続する機能は，一般に，シリーズコールといわれる．

B　通話中の内線電話機でフッキング操作の後に特定番号のダイヤルなどの所定の操作をして通話中の呼を保留し，他の内線電話機から特定番号のダイヤルなど所定の操作をすることにより，保留した呼に応答できる機能は，一般に，コールパークといわれる．

①　A のみ正しい　　②　B のみ正しい
③　A も B も正しい　④　A も B も正しくない

■解説

・被呼内線が話中のとき，異なる末尾 1 数字のみを再度ダイヤルすることにより，末尾 1 数字が異なった番号の内線へ接続する機能は，一般に，リセットコールといわれます（A は誤り）．**シリーズコール**とは，外線からの着信を複数の内線に順次接続したい場合に使用される機能で，中継台の操作により，通話の終了した内線が送受話器をオンフックしても，外線を復旧させずに自動的に中継台に戻す機能です．

・B は正しい．

【解答　ウ：②（B のみ正しい）】

| 問9 | デジタル交換の同期方式 | 【H30-1　第7問 (1)】 | ☑☑☑ |

　デジタル交換における同期の方式の一つである位相同期には，　(ア)　を合わせる位相同期とビット位置を合わせる位相同期がある．

① 割込タイミング　　② レジスタ位置　　③ メモリアドレス
④ フレーム位置　　⑤ トランク収容位置

解説

　デジタル交換における同期の方式の一つである位相同期には，$_{(ア)}$ フレーム位置を合わせる位相同期とビット位置を合わせる位相同期があります．

　位相同期とは，送信側と受信側でデータの位置を合わせることです．**フレーム単位に位置を合わせる位相同期をフレーム同期といい，ビット単位に位置を合わせる位相同期をビット同期といいます．**

【解答　ア：④（フレーム位置）】

| 問10 | デジタル式 PBX のアナログ式内線回路 | 【H29-2　第1問 (2)】 | ☑☑☑ |

　図は，デジタル式 PBX の内線回路のブロック図を示したものである．図中の X は　(イ)　であり，Z は　(ウ)　を表す．

① リングトリップ回路　　② 変調器　　③ 2線-4線変換回路
④ 通話電流供給回路　　⑤ 復調器　　⑥ 復号器
⑦ 過電圧保護回路　　⑧ 符号器　　⑨ ハイインピーダンス回路

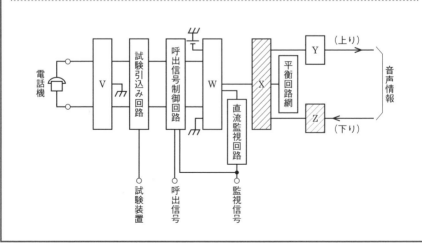

■解説

・電話機から出る線は4線で，設問の図の右側に位置する電話網の加入者線は2線です．この2線と4線の変換は図中のXで示される (イ) 2線-4線変換回路で行われます．

・電話機から送信されたアナログ音声は，Y（符号器）で符号化され，デジタル情報となって伝送されます．電話網側から受信したデジタル音声情報は，図中Zの (ウ) 復号器で復号されます．

【解答　イ：③（2線-4線変換回路），ウ：⑥（復号器）】

問 11　**デジタル式 PBX の内線接続**　　　【H29-1　第1問 (2)】 ☑☑☑

デジタル式 PBX は，内線相互接続通話中のとき， (イ) において送受器のオンフックを監視し，これを検出することにより通話路の切断を行っている．

① 空間スイッチ　　② トーンジェネレータ回路　　③ 極性反転検出回路
④ 時間スイッチ　　⑤ ライン回路

■解説

デジタル式 PBX は，内線相互接続通話中のとき， (イ) ライン回路において送受器のオンフックを監視し，これを検出することにより通話路の切断を行っています．

アナログライン回路ではアナログ通信機器との間に2本のケーブルが引かれ，ループ回路を形成し，通信機器にはこのループ回路を通して電流が供給されます．終話時に送受話器を下すと，ループが開き電流が断たれたことを検出し，通話路の切断を行います．

【解答　イ：⑤（ライン回路）】

問 12　**デジタル式 PBX の夜間閉塞**　　　【H28-2　第1問 (3)】 ☑☑☑

ダイヤルイン方式を利用するデジタル式 PBX の夜間閉塞について述べた次の二つの記述は， (ウ) ．

A　夜間閉塞を開始すると，電気通信事業者の交換機からの呼は，一般の電話に着信する場合と同様の接続シーケンスにより，夜間受付用電話機に着信する．

B　夜間閉塞機能を利用するためには，夜間閉塞制御用として着信専用回線を各代表群別に設置し，電気通信事業者の交換機に対してL1線に地気を送出する必要がある．

解説

・Aは正しい．夜間閉塞とは，夜間，休日で社員等が不在のときに，特定の電話機（夜間受付用電話機）に着信させる機能です．このときのシーケンスは，ダイヤルインの接続シーケンスのように電気通信事業者の交換機から内線指定信号は送出されず，一般の電話に着信する場合と同様の接続シーケンスで夜間受付用電話機に着信します．

・夜間閉塞機能を利用するためには，**夜間閉塞制御用として着信専用回線を各代表群別に設置し，電気通信事業者の交換機に対して $L2$ 線に地気を送出する必要があります**（Bは誤り）．

【解答　ウ：①（Aのみ正しい）】

問 13　**デジタル式 PBX のアナログ式内線回路**　　【H28-1　第1問 (3)】 ☑☑☑

　デジタル式 PBX におけるアナログ式内線回路の機能について述べた次の二つの記述は，　（ウ）　．

A　内線回路は，発呼，着信応答，通話中などの内線の状態を検出するために，内線電話機側のA線とB線とがループ状態にあるかどうかを監視する機能を有する．

B　内線回路は，内線側に接続されたアナログ電話機からのアナログ音声信号を時分割通話路側に送出するためのデコーダの機能を有する．

① Aのみ正しい　　　② Bのみ正しい

③ AもBも正しい　　　④ AもBも正しくない

解説

・Aは正しい．デジタル式 PBX と内線電話機の間には2本の線（A線とB線）が引かれ，ループ回路を形成し，制御信号はループ回路の開閉によって伝達されます．

・内線回路は，内線側に接続された**アナログ電話機からのアナログ音声信号をデジタル化して，時分割通話路側に送出**するための**コーダ**（符号器）の機能を有します（Bは誤り）．

POINT

音声信号はデジタルにして時分割通話路に伝送される．アナログからデジタルに変換するのはコーダ，デコーダ（復号器）は逆にデジタルからアナログに変換する．

【解答　ウ：①（Aのみ正しい）】

問 14	デジタル式 PBX の空間スイッチ	【H27-1 第 1 問 (2)】 ☑☑☑

> デジタル式 PBX の空間スイッチは，一般に，複数本の入・出ハイウェイ，
> 　(イ)　及び制御メモリから構成されている．
>
> ① 通話メモリ　　　② トランクメモリ　　③ バッファメモリ
> ④ カウンタ回路　　⑤ 時分割ゲートスイッチ

解説

　デジタル式 PBX の空間スイッチは，一般に，複数本の入・出ハイウェイ，(イ)時分割ゲートスイッチおよび制御メモリから構成されています（デジタル式 PBX の空間スイッチの構成は，本節問 1 の空間スイッチの原理図を参照のこと）．

【解答　イ：⑤（時分割ゲートスイッチ）】

▶▶電話交換機のスイッチの構成

　デジタル交換機の時分割通話路では，多重化された入ハイウェイの情報の出力先の出ハイウェイをタイムスロット単位に選択できるようにすることが必要であり，そのために，下図に示すように同一ハイウェイ上でタイムスロットを入れ替える時間スイッチと，出ハイウェイを選択する空間スイッチの組合せで実現されます．

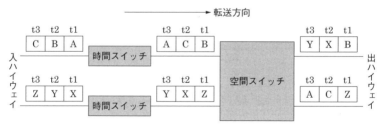

t3，t2，t1：タイムスロット位置

　さらに，多重するチャネルが増加し，大規模なデジタル交換機が必要な場合は，時間スイッチと空間スイッチを組み合わせて多段接続する，T-S-T（時間スイッチ-空間スイッチ-時間スイッチ）や S-T-S（空間スイッチ-時間スイッチ-空間スイッチ）などの 3 段構成のスイッチが適用されます．

問1	デジタル電話機	【H30-2　第1問 (4)】 ☑☑☑

　デジタル電話機が ISDN 基本ユーザ・網インタフェースを経由して網に接続され，通話状態が確立している場合，デジタル電話機の送話器からのアナログ音声信号は，　(エ)　のコーデック回路でデジタル信号に変換される.

① 端末アダプタ　　② デジタル加入者線交換機　　③ 変復調装置
④ 電話機本体　　⑤ デジタル回線終端装置

解説

　デジタル電話機が ISDN 基本ユーザ・網インタフェースを経由して網に接続され，通話状態が確立している場合，デジタル電話機の送話器からのアナログ音声信号は，(エ) **電話機本体**の**コーデック回路でデジタル信号に変換**され，網またはデジタル式 PBX に送信されます. ISDN 基本ユーザ・網インタフェースで網に接続されている**デジタル電話機（ISDN 端末）からはデジタル化された音声信号が送信されます**.

【解答　エ：④（電話機本体）】

本問題と同様の問題が平成 28 年度第 1 回試験に出題されています.

問2	ISDN 端末アダプタ	【H30-1　第1問 (4)】 ☑☑☑

　ISDN 基本ユーザ・網インタフェースにおける端末アダプタの機能について述べた次の二つの記述は，　(エ)　.

A　パケットモード端末側の LAPB と，D チャネル側の LAPD との間で，プロトコルの変換を行う.

B　非 ISDN 端末のユーザデータ速度を 64 キロビット／秒又は 16 キロビット／秒に速度変換する.

① A のみ正しい　　② B のみ正しい
③ A も B も正しい　　④ A も B も正しくない

解説

・A は正しい. **ISDN のパケット交換**には，**B チャネルパケット**と **D チャネルパケット**の二つのモードがあります. パケットモード端末を収容し，ISDN の D チャネルのパケット交換を使用する場合は，パケットモード端末側の LAPB と，D チャ

ネル側の LAPD との間で，プロトコルの変換を行います．

・B は正しい．**ISDN の B チャネルパケットの通信速度は 64〔kbit/s〕，D チャネ
ルパケットの通信速度は 16〔kbit/s〕**であるため，非 ISDN 端末の収容において
B チャネルパケットを使用する場合は，ユーザデータ速度を 64〔kbit/s〕に速度
変換し，D チャネルパケットを使用する場合は，ユーザデータ速度を 16〔kbit/s〕
に速度変換します．

【解答　エ：③（A も B も正しい）】

問3	端末アダプタ	【H27-1　第1問 (4)】 ☑☑☑

　ISDN 基本ユーザ・網インタフェースにおける端末アダプタの機能について述べ
た次の二つの記述は， (エ) ．

A　パケットモード端末側の LAPB と，D チャネル側の LAPD との間で，プロト
コルの変換を行う．

B　デジタル電話機からのユーザデータ速度を 64 キロビット／秒又は 16 キロビッ
ト／秒に速度変換する．

- -
① A のみ正しい　　　　② B のみ正しい

③ A も B も正しい　　　④ A も B も正しくない
- -

解説

・A は正しい．ISDN の D チャネルパケット通信サービスを利用する場合，端末ア
ダプタで，**パケットモード端末側の LAPB** と，**D チャネル側の LAPD** との間の
プロトコル変換を行います．

・**話者が発したアナログ音声はデジタル電話機で符号化され，端末アダプタに送信さ
れます．端末アダプタは，デジタル電話機で符号化したデジタル音声を速度変換を
行わずに網側に伝送します**（B は誤り）．

【解答　エ：①（A のみ正しい）】

▶▶ ISDN 基本ユーザ・網インタフェースのチャネルの構成と用途

　ISDN 基本ユーザ・網インタフェースは，DSU と ISDN 端末間のインタフェースで提供され，下図に示すように，64〔kbit/s〕の B チャネル 2 本と 16〔kbit/s〕の D チャネル 1 本から構成されます．

　B チャネルは音声やデータなどのユーザ情報の伝送に使用され，D チャネルは呼制御などの信号の伝送に使用されます．D チャネルでは，信号伝送のほかに，ユーザ情報のパケット通信も行うことができます．

　B チャネルでは，パケット交換モード（パケット通信を行う）と回線交換モードの両方のデータ伝送が行えます．回線交換モードでは，PCM（Pulse Code Modulation：パルス符号変調）で符号化された 64〔kbit/s〕のデジタル音声などが伝送されます．2 本の B チャネルを使用して，2 チャネルの音声通話，または音声通話と FAX 通信が同時に行えます．

　パケット通信は B チャネルと D チャネルの両方で行うことができますが，使用されるレイヤ 2 プロトコルは，B チャネルの場合，LAPB（Link Access Procedure Balanced）で，D チャネルの場合，LAPD（Link Access Procedure on the D channel）です．

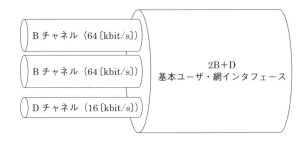

1-4 ONU, DSU 等

| 問1 | ISDN 基本インタフェースの DSU | 【R1-2 第1問 (4)】 ☑☑☑ |

ISDN 基本ユーザ・網インタフェースで用いられるデジタル回線終端装置において，網からの遠隔給電による起動及び停止の手順が適用される場合，デジタル回線終端装置は，　(エ)　極性のときに起動する．

① L1 線が L2 線に対して正電位となるノーマル
② L2 線が L1 線に対して正電位となるノーマル
③ L1 線が L2 線に対して正電位となるリバース
④ L2 線が L1 線に対して正電位となるリバース

解説

ISDN 基本ユーザ・網インタフェースで用いられるデジタル回線終端装置（DSU）において，網からの遠隔給電による起動および停止の手順が適用される場合，デジタル回線終端装置（DSU）は，(エ)**L2 線が L1 線に対して正電位となるリバース極性**のときに起動します．

なお，**L1 が L2 に対して正電位となる極性はノーマル極性**といい，このとき **DSU は停止状態となります**．

【解答　エ：④（L2 線が L1 線に対して正電位となるリバース）】

本問題と同様の問題が平成 28 年度第 2 回試験に出題されています．

| 問2 | ISDN 一次群インタフェースの DSU | 【H31-1 第1問 (4)】 ☑☑☑ |

ISDN 一次群速度ユーザ・網インタフェースにおけるデジタル回線終端装置について述べた次の二つの記述は，　(エ)　．

A　デジタル回線終端装置から ISDN 端末側への給電出力は，420 ミリワット以上と規定されている．
B　デジタル回線終端装置は，一般に，電気通信事業者側から遠隔給電されないため，ユーザ宅内の商用電源などからのローカル給電により動作する．

① A のみ正しい　　② B のみ正しい
③ A も B も正しい　　④ A も B も正しくない

- TTC 標準 JT-I431 では，**一次群速度ユーザ・網インタフェースでは，デジタル回線終端装置（DSU）から ISDN 端末（TE）への給電は行わない**と規定されています（A は誤り）．また，TE から DSU への給電も行わないと規定しています．
- B は正しい．一次群速度ユーザ・網インタフェースでは，一般に，回線に光ファイバが使用されているため，遠隔給電はできません（光ファイバは銅線と異なり，電気は通さない）．

【解答　エ：②（B のみ正しい）】

> **⚠ 注意しよう！**
> 基本ユーザ・網インタフェースでは，電気通信事業者側から DSU への遠隔給電と DSU から TE への給電が可能になっています．基本ユーザ・網インタフェースでの給電規格は 6.4 節問 7 を参照のこと．

　設問が A と B で入れ替わっていますが，本問題と同様の問題が平成 29 年度第 2 回試験に出題されています．

問 3	ISDN 基本インタフェースの DSU	【H29-1　第 1 問 (4)】 ✓✓✓

　ISDN 基本ユーザ・網インタフェースにおけるデジタル回線終端装置について述べた次の二つの記述は，　(エ)　．

A　デジタル回線終端装置は，メタリック加入者線の線路損失，ブリッジタップに起因して生ずる不要波形による信号ひずみなどを自動補償する等化器の機能を有する．

B　デジタル回線終端装置は，メタリック加入者線を介して受信するバースト信号を，バス接続された各端末へピンポン伝送といわれる伝送方式で断続的に送信するためのバッファメモリを有する．

> ①　A のみ正しい　　　②　B のみ正しい
> ③　A も B も正しい　　④　A も B も正しくない

- A は正しい．
- デジタル回線終端装置（DSU）は，バス接続された各端末から受信するバースト信号を，メタリック加入者線を介してピンポン伝送といわれる伝送方式で断続的に送信するためのバッファメモリを有します（B は誤り）．

　DSU とメタリック加入者線の間は **U 点で 2 線**です．DSU と ISDN 端末の間は **T 点で 4 線**です．バッファメモリを使用して**ピンポン伝送が行われるのは 2 線である DSU とメタリック加入者線の間**です．

　ピンポン伝送の正式名は，TCM（Time Compression Multiplex：時間圧縮多重）方

式です．ピンポン伝送では，下図に示すように，1 対（2 線）のメタリック加入者線上で両方向伝送を実現するために，上り方向（DSU → ISDN 網）と下り方向（ISDN 網 → DSU）のデータを交互に伝送します．

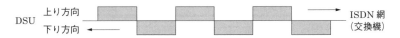

【解答　エ：①（A のみ正しい）】

| 問4 | ISDN 一次群インタフェースの DSU | 【H27-2　第 1 問 (4)】 ☑☑☑ |

ISDN 一次群速度ユーザ・網インタフェースにおけるデジタル回線終端装置について述べた次の二つの記述は，　(エ)　．

A　デジタル回線終端装置は，一般に，電気通信事業者側から遠隔給電されないため，ユーザ宅内の商用電源などからのローカル給電により動作する．

B　ISDN 端末側からデジタル回線終端装置へは給電されないが，デジタル回線終端装置から ISDN 端末側へは給電されている．

① A のみ正しい　　　② B のみ正しい
③ A も B も正しい　　④ A も B も正しくない

解説

・A は正しい．**一次群速度ユーザ・網インタフェースでは最大 1,536〔kbit/s〕の伝送速度を実現するため，伝送路に光ファイバを使用しており，網からの遠隔給電はできません．** そのため，ユーザ宅内の商用電源などからの**ローカル給電により動作します．** 公衆網からの遠隔給電ができるのは，メタル回線を使用している ISDN 基本ユーザ・網インタフェースです．

・ISDN 一次群速度ユーザ・網インタフェースでは，ISDN 端末側からデジタル回線終端装置へは給電されません．また，デジタル回線終端装置から ISDN 端末側へも給電されません（B は誤り）．

【解答　エ：①（A のみ正しい）】

| 問1 | IP-PBX と IP セントレックス | 【R1-2 第2問 (2)】 ☑☑☑ |

IP-PBX 及び IP セントレックスについて述べた次の二つの記述は，___(イ)___．

A　IP-PBX には IP-PBX 用に構成されたハードウェアを使用するハードウェアタイプと，汎用サーバに IP-PBX 用の専用ソフトウェアをインストールするソフトウェアタイプがあり，ハードウェアタイプは，一般に，ソフトウェアタイプと比較して新たな機能の実現や外部システムとの連携が容易とされている．

B　IP セントレックスサービスでは，一般に，ユーザ側の IP 電話機は，電気通信事業者側の拠点に設置された PBX 機能を提供するサーバなどに IP ネットワークを介して接続される．

①　A のみ正しい　　②　B のみ正しい

③　A も B も正しい　　④　A も B も正しくない

解説

・IP-PBX のソフトウェアタイプは，は，一般に，ハードウェアタイプと比較して新たな機能の実現や外部システムとの連携が容易とされています（A は誤り）．ハードウェアは機能が固定していますが，ソフトウェアタイプは，プログラムの追加・変更によって機能の追加が比較的容易に行えます．

・B は正しい．IP セントレックスサービスでは，ユーザ側には IP 電話機のみが置かれ，PBX 機能としては電気通信事業者側の拠点に設置されたサーバが使用されます．

【解答　イ：②（B のみ正しい）】

| 問2 | SIP サーバ | 【R1-2 第2問 (3)】 ☑☑☑ |

IETF の RFC3261 として標準化された SIP 又は SIP の構成要素について述べた次の記述のうち，正しいものは，___(ウ)___である．

①　SIP は，単数又は複数の相手とのセッションを生成，変更及び切断するためのアプリケーション層制御プロトコルである．

②　プロキシサーバは，ユーザエージェントクライアント（UAC）の登録を受け付ける．

③　リダイレクトサーバは，受け付けた UAC の位置を管理する．

| 問4 | SIP | 【H31-1　第4問 (3)】 ☑☑☑ |

　IETF の RFC3261 として標準化された SIP は，単数又は複数の相手とのセッションを生成，変更及び切断するための [　(ウ)　] 層制御プロトコルであり，IPv4 及び IPv6 の両方で動作する．

① 物　理　　　　② アプリケーション　　　③ トランスポート
④ インターネット　⑤ ネットワークインタフェース

解説

　IETF の RFC3261 として標準化された SIP は，単数または複数の相手とのセッションを生成，変更および切断するための(ウ)アプリケーション層制御プロトコルであり，IPv4 および IPv6 の両方で動作します．SIP メッセージ転送のプロトコル階層は，IP の上に TCP または UDP，その上に**アプリケーション層のプロトコルとして SIP が乗ります．**

【解答　ウ：②（アプリケーション）】

| 問5 | SIP サーバ | 【H30-2　第2問 (2)】 ☑☑☑ |

　SIP サーバの構成要素のうち，ユーザエージェントクライアント（UAC）からの発呼要求などのメッセージを転送する機能を持つものは [　(イ)　] サーバといわれる．

① プロキシ　　② ロケーション　　③ リダイレクト
④ DHCP　　　⑤ SIP アプリケーション

解説

　SIP サーバの構成要素のうち，ユーザエージェントクライアント（UAC）からの発呼要求などのメッセージを転送する機能をもつものは(イ)プロキシサーバといわれます．SIP サーバには，表に示す4種類のサーバがあります．

表　SIP サーバの構成要素

構成要素	機能概要
プロキシサーバ	UAC からの発呼要求などメッセージの中継を行う
レジストラ	UA（ユーザ端末）のメッセージから，URI や IP アドレスなど UA の情報をロケーションサーバに登録する
リダイレクトサーバ	発呼要求で指定された宛先 UA が移動している場合に，移動先の URI を発呼要求元に通知する
ロケーションサーバ	レジストラの指示に従い，UA 情報の格納，提供を行う

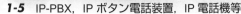

【解答　イ：①（プロキシ）】

本問題と同様の問題が平成 28 年度第 1 回試験に出題されています．

問 6	SIP サーバ	【H30-1　第 2 問 (2)】✓✓✓

　SIP サーバの構成要素のうち，登録を受け付けたユーザエージェントクライアント（UAC）の位置情報を管理する機能を持つものは　(イ)　サーバといわれる．

- -
① プロキシ　　② ゲートウェイ　　③ リダイレクト
④ ロケーション　　⑤ SIP アプリケーション
- -

解説

　SIP サーバの構成要素のうち，登録を受け付けたユーザエージェントクライアント（UAC）の位置情報をもつものは(イ)ロケーションサーバといわれます．

　SIP サーバの種類は本節問 5 を参照のこと．

【解答　イ：④（ロケーション）】

問 7	SIP サーバ	【H29-2　第 2 問 (2)】✓✓✓

　SIP サーバの構成要素のうち，ユーザエージェントクライアント（UAC）の登録を受け付ける機能を持つものは　(イ)　といわれる．

- -
① リダイレクトサーバ　　② ロケーションサーバ　　③ レジストラ
④ プロキシサーバ　　⑤ SIP アプリケーションサーバ
- -

解説

　SIP サーバの構成要素のうち，ユーザエージェントクライアント（UAC）の登録を受け付ける機能をもつものは(イ)レジストラといわれます．

　SIP サーバの種類と概要は，本節問 5 の解説の表を参照のこと．

【解答　イ：③（レジストラ）】

本問題と同様の問題が平成 28 年度第 2 回試験に出題されています．

問 8	IP-PBX	【H28-2　第 2 問 (4)】✓✓✓

　IP-PBX の　(エ)　といわれるサービス機能を用いると，内線番号 A を持つ者が自席を不在にするとき，自席の内線電話機で，　(エ)　用のアクセスコードをダイヤルし，行先の内線番号 B を登録しておくと，以降，この内線番号 A への着信

呼が，登録された行先の内線番号Bへ転送される．

① 話中転送　　　② コールホールド　　③ コールパーク
④ 可変不在転送　⑤ コールバックトランスファ

■解説

　IP-PBX の$_{(\text{エ})}$可変不在転送といわれるサービス機能を用いると，内線番号Aをもつ者が自席を不在にするとき，自席の内線電話機で，$_{(\text{エ})}$可変不在転送用のアクセスコードをダイヤルし，行先の内線番号Bを登録しておくと，以降，この内線番号Aへの着信呼が，登録された行先の内線番号Bへ転送されます．**可変不在転送を使用すると自席の電話機にかかってきた着信呼を自動的に登録された電話機に転送することができます．**

【解答　エ：④（可変不在転送）】

| 問9 | **IP-PBX** | 【H28-1　第2問 (4)】 ☑☑☑ |

　IP-PBX の　（エ）　といわれる機能を用いると，二者通話中に外線着信があると着信通知音が聞こえるので，フッキング操作などにより通話呼を保留状態にして着信呼に応答することができ，以降，フッキング操作などをするたびに通話呼と保留呼を入れ替えて通話することができる．

① コールバックトランスファ　　② コールホールド
③ コールパーク　　　　　　　　④ 可変不在転送
⑤ コールウェイティング

■解説

　$_{(\text{エ})}$コールウェイティングでは，二者通話中に外線着信があると，着信音が聞こえるので，フッキング操作などにより通話呼を保留状態にして着信呼に応答することができます．

　電話をかける側では，相手話中の状態でも，電話がつながり，再度電話をかける手間が省かれるため，商店などの注文を受ける電話回線などでよく使われます．

【解答　エ：⑤（コールウェイティング）】

| 問10 | SIP | 【H27-2　第2問 (3)】 ☑☑☑ |

IETF の RFC3261 において標準化された SIP について述べた次の記述のうち, 正しいものは, ___(ウ)___ である.

---

① SIP は, 単数又は複数の相手とのセッションを生成, 変更及び切断するためのアプリケーション層制御プロトコルであり, IPv4 及び IPv6 の両方で動作する.

② SIP サーバのうちプロキシサーバは, ユーザエージェントクライアント (UAC) の登録を受け付ける.

③ SIP サーバのうちリダイレクトサーバは, 受け付けた UAC の位置を管理する.

④ SIP サーバのうちレジストラは, UAC からの発呼要求などのメッセージを転送する.

⑤ SIP サーバのうちロケーションサーバは, UAC からのメッセージを再転送する必要がある場合に, その転送先を通知する.

解説

・①は正しい. SIP は Session Initiation Protocol の略で, **アプリケーション層で動作するセッション制御のプロトコル**を意味します.

・ユーザエージェントクライアント (UAC) の登録を受け付ける SIP サーバは「レジストラ」です (②は誤り).

・受け付けた UAC の位置を管理する SIP サーバは,「ロケーションサーバ」です (③は誤り).

・UAC からの発呼要求などのメッセージを転送する SIP サーバは「プロキシサーバ」です (④は誤り).

・UAC からのメッセージを再転送する必要がある場合に, その転送先を通知する SIP サーバは「リダイレクトサーバ」です (⑤は誤り).

【解答　ウ:① (正しい)】

| 問11 | IP-PBX | 【H27-2　第2問 (4)】 ☑☑☑ |

IP-PBX のサービス機能のうち, コールパーク機能及び可変不在転送機能について述べた次の二つの記述は, ___(エ)___.

A　コールパーク機能を使うと, 自席の内線電話機で, 通話中の相手を一時保留するためのフッキング操作の後にコールパーク用のアクセスコードをダイヤルし,

次に，離れたところの別席の内線電話機からアクセスコードと自席の内線番号を
ダイヤルすることにより，保留されていた相手と再度通話することができる．

B　可変不在転送機能を使うと，内線番号Aを持つ者が自席を不在にするとき，
自席の内線電話機で，可変不在転送用のアクセスコードをダイヤルし，行先の内
線番号Bを登録しておくと，以降，この内線番号Aへの着信呼が，登録された
行先の内線番号Bへ転送される．

---

①　Aのみ正しい　　　②　Bのみ正しい
③　AもBも正しい　　　④　AもBも正しくない

■解説■

・Aは正しい．コールパーク機能とは，呼を保留にした後，離れたところにある別席
の内線電話機からアクセスコードと自席の内線番号をダイヤルすることにより，保
留されている呼を取れるようにする機能です．

・Bは正しい．

【解答　エ：③（AもBも正しい）】

設問Bと同様の問題が平成28年度第2回試験に出題されています．

| 問12 | SIP | 【H27-1　第2問 (3)】 ☑☑☑ |

IETFのRFC3261において標準化されたSIPについて述べた次の二つの記述は，
　(ウ)　．

A　SIPは，単数又は複数の相手とのセッションを生成，変更及び切断するための
プレゼンテーション層制御プロトコルであり，IPv4及びIPv6の両方で動作する．

B　SIPサーバは，ユーザエージェントクライアント（UAC）の登録を受け付け
るプロキシサーバ，受け付けたUACの位置を管理するリダイレクトサーバ，
UACからの発呼要求などのメッセージを転送するレジストラ，UACからのメッ
セージを再転送する必要がある場合に，その転送先を通知するロケーションサー
バから構成される．

---

①　Aのみ正しい　　　②　Bのみ正しい
③　AもBも正しい　　　④　AもBも正しくない

■解説■

・SIPは，単数または複数の相手とのセッションを生成，変更および切断するための
アプリケーション層制御プロトコルであり，IPv4およびIPv6の両方で動作しま

す（A は誤り）．

・SIP サーバは，ユーザエージェントクライアント（UAC）の登録を受け付ける<u>レジストラ</u>，受け付けた UAC の位置を管理する<u>ロケーションサーバ</u>，UAC からの発呼要求などのメッセージを転送する<u>プロキシサーバ</u>，UAC からのメッセージを再転送する必要がある場合に，その転送先を通知する<u>リダイレクトサーバ</u>から構成されます（B は誤り）．各 SIP サーバの機能は本節問 5 の解説の表を参照のこと．

【解答　ウ：④（A も B も正しくない）】

問 13	**IP-PBX**	【H27-1　第 2 問（4）】 ☑☑☑

IP-PBX の　(エ)　機能を使うと，自席の内線電話機で，通話中の相手を一時保留するためのフッキング操作の後に　(エ)　用のアクセスコードをダイヤルし，次に，離れたところの別席の内線電話機からアクセスコードと自席の内線番号をダイヤルすることにより，保留されていた相手と再度通話することができる．

① コールパーク　　　② コールバックトランスファ
③ コールピックアップ　④ コールホールド
⑤ コールウェイティング

解説

IP-PBX の(エ)コールパーク機能を使うと，自席の内線電話機で，通話中の相手を一時保留するためのフッキング操作の後に(エ)コールパーク用のアクセスコードをダイヤルし，次に，離れたところの別席の内線電話機からアクセスコードと自席の内線番号をダイヤルすることにより，保留されていた相手と再度通話することができます．

【解答　エ：①（コールパーク）】

1-6 LAN

1-6-1 LANスイッチ，ハブ

問1 イーサネット 【R1-2 第4問 (3)】☑☑☑

IEEE802.3 で規定されたイーサネットフレームのフレームフォーマットの最後にある ［ (ウ) ］ は，フレームの伝送誤りを検出するために付加される情報であり，受信側では，一般に，フレームを受信し終えると ［ (ウ) ］ の検査を行う．

① Preamble ② SA ③ DA ④ SFD ⑤ FCS

解説

IEEE802.3 で規定されたイーサネットフレームのフレームフォーマットの最後にある (ウ)FCS（Frame Check Sequence）は，フレームの伝送誤りを検出するための情報であり，受信側では，一般に，フレームを受信し終えると (ウ)FCS の検査を行います．

FCS はイーサネットフレームの最後にある 4〔byte〕の情報です．

【解答　ウ：⑤ (FCS)】

本問題と同様の問題が平成 30 年度第 2 回と平成 29 年度第 2 回の試験に出題されています．

問2 レイヤ2スイッチ 【H31-1 第5問 (4)】☑☑☑

ネットワークを構成する機器であるレイヤ2スイッチは，受信したフレームの ［ (エ) ］ を読み取り，アドレステーブルに登録されているかどうかを検索し，登録されていない場合はアドレステーブルに登録する．

① 送信元 MAC アドレス ② 宛先 MAC アドレス
③ 送信元 IP アドレス ④ 宛先 IP アドレス
⑤ マルチキャストアドレス

解説

ネットワークを構成する機器であるレイヤ2スイッチは，受信したフレームの (エ)送信元 MAC アドレスを読み取り，アドレステーブルに登録されているかどうかを検索し，登録されていない場合はアドレステーブルに登録します．

POINT
イーサネットのレイヤ2アドレスは MAC アドレス．

【解答　エ：① (送信元 MAC アドレス)】

本問題と同様の問題が平成28年度第2回試験に出題されています.

問3	LANを構成する機器	【H31-1 第5問 (5)】 ☑☑☑

　LANを構成する機器について述べた次の記述のうち,正しいものは,　(オ)　である.

> ① ブリッジは,イーサネットを構成する機器として用いることができ,IPアドレスに基づいて信号の中継を行う.
> ② リピータハブは,スター型のLANで使用され,OSI参照モデルにおけるデータリンク層が提供する機能を利用して,信号の増幅,整形及び中継を行う.
> ③ L2スイッチは,OSI参照モデルにおけるネットワーク層が提供する機能を利用して,異なるネットワークアドレスを持つLAN相互の接続ができる.
> ④ L3スイッチには,一般に,受信したフレームをIPアドレスに基づいて中継するレイヤ2処理部と,受信したパケットをMACアドレスに基づいて中継するレイヤ3処理部がある.
> ⑤ L3スイッチでは,RIPやOSPFなどのルーティングプロトコルを用いることができる.

解説

・ブリッジは,イーサネットを構成する機器として用いることができ,<u>MACアドレス</u>に基づいて信号の中継を行います(①は誤り).ブリッジはレイヤ2スイッチと同様,レイヤ2のMACサブレイヤまでをサポートし,IPはサポートしません.

・リピータハブは,スター型のLANで使用され,OSI参照モデルにおける<u>物理層</u>が提供する機能を利用して,信号の増幅,整形および中継を行います（②は誤り）.信号の増幅と整形は物理層の機能です.また,リピータハブは,スイッチングハブやブリッジのように特定のMACアドレスの端末に信号を中継するのでなく,接続されているすべての端末に信号を中継します.

・L2スイッチ(レイヤ2スイッチ)は,OSI参照モデルにおける<u>データリンク層</u>が提供する機能を利用して,異なる<u>MACアドレス</u>をもつ<u>同一LAN内</u>端末相互の接続ができます（③は誤り）.L2(レイヤ2)はOSI参照モデルの第2層を意味し,データリンク層が該当します.また,L2スイッチは,レイヤ3(ネットワーク層)の機能はサポートしません.

・L3スイッチ(レイヤ3スイッチ)には,一般に,受信したフレームをIPアドレスに基づいて中継する<u>レイヤ3処理部</u>と,受信したパケットをMACアドレスに基

づいて中継する<u>レイヤ2処理部</u>があります（④は誤り）．IPはレイヤ3に属し，MACはレイヤ2に属します．

・⑤は正しい．L3スイッチはルータと同様，OSI参照モデルのレイヤ3（ネットワーク層）をサポートし，RIP（Routing Information Protocol）やOSPF（Open Shortest Path First）などのルーティングプロトコルを用いることができます．

【解答　オ：⑤（正しい）】

設問の順序は異なりますが，本問題と同様の問題が平成30年度第1回試験に出題されています．また，平成29年度第1回試験にも出題されています．

問4　スイッチングハブ　　　　　　　　　　　【H30-2　第5問 (4)】　☑☑☑

スイッチングハブのフレーム転送方式におけるフラグメントフリー方式では，有効フレームの先頭から　（エ）　フレームを転送する．

① 64バイトまでを受信した後，異常がなければ
② FCSまでを受信した後，異常がなければ
③ 宛先アドレスまでを受信した後，フレームが入力ポートで完全に受信される前に
④ 宛先アドレスと送信元アドレスまでを受信した後，フレームが入力ポートで完全に受信される前に

解説

スイッチングハブのフレーム転送方式における**フラグメントフリー方式**では，有効フレームの先頭から(エ)**64〔byte〕**までを受信した後，異常がなければフレームを転送します．

先頭64〔byte〕にはイーサネットのヘッダ（IEEE802.3フレーム形式で23〔byte〕）とIPヘッダの基本情報（IPv4で20〔byte〕，IPv6で40〔byte〕）が含まれるため，先頭64〔byte〕の情報に異常がなければ，ユーザデータが誤っても，正しい宛先への転送は保証されます．

【解答　エ：①（64〔byte〕までを受信した後，異常がなければ）】

本問題と同様の問題が平成29年度第2回と平成28年度第1回の試験に出題されています．

| 問5 | **イーサネット** | 【H30-1 第5問 (4)】 ☑☑☑ |

イーサネットで用いられるプロトコル及びMACアドレスについて述べた次の二つの記述は，　(エ)　.

A　イーサネットにおいて，IPアドレスからMACアドレスを求めるためのプロトコルは，ARP（Address Resolution Protocol）といわれ，MACアドレスからIPアドレスを求めるためのプロトコルは，RARP（Reverse ARP）といわれる.

B　ネットワークインタフェースに固有に割り当てられたMACアドレスは6バイト長で構成され，先頭の3バイトはベンダ識別子（OUI）などといわれ，IEEEが管理及び割当てを行い，残りの3バイトは製品識別子などといわれ，各ベンダが独自に重複しないよう管理している.

① Aのみ正しい　　② Bのみ正しい
③ AもBも正しい　④ AもBも正しくない

解説

・Aは正しい．イーサネット上で相手にパケットを送るためには相手のMACアドレスが必要になるので，**ARP**によりIPアドレスからMACアドレスを求めます．**RARP**は，外部記憶装置をもたないデバイスがネットワークに接続した際に，自身に固有なMACアドレスから自身に割り当てられているIPアドレスを求めるために使用されます.

・Bは正しい．イーサネットのMACアドレスは製品出荷時に決められ，装置のROMに書き込まれます.

【解答　エ：③（AもBも正しい）】

| 問6 | **レイヤ3スイッチ** | 【H29-2 第5問 (5)】 ☑☑☑ |

ネットワークを構成する機器であるレイヤ3スイッチについて述べた次の二つの記述は，　(オ)　.

A　レイヤ3スイッチは，ルーティング機能を有しており，異なるネットワークアドレスを持つネットワークどうしを接続することができる.

B　レイヤ3スイッチを使用することにより，VLAN（Virtual LAN）を構成し，VLANとして分割したネットワークを相互に接続することができる.

① Aのみ正しい　　② Bのみ正しい
③ AもBも正しい　④ AもBも正しくない

解説

- A は正しい．レイヤ 3 スイッチのルーティングプロトコルとして，RIP（Routing Information Protocol）や OSPF（Open Shortest Path First）があります．
- B は正しい．VLAN（Virtual LAN：仮想 LAN）は，レイヤ 2 の機能によりネットワークが論理的に分割されますが，**異なる VLAN 間のルーティングにはレイヤ 3 の機能をもったスイッチ（レイヤ 3 スイッチ）が使用されます．**

【解答　オ：③（A も B も正しい）】

問 7　スイッチングハブ　　　　　【H28-2　第 5 問（4）】☑☑☑

スイッチングハブのフレーム転送方式のうち，宛先アドレスまで受信した時点で直ちにフレームの転送を開始する方式は　（エ）　といわれる．

① ストアアンドフォワード　　② フラグメントフリー
③ カットアンドスルー　　　　④ スパニングツリー
⑤ フラッディング

解説

スイッチングハブのフレーム転送方式のうち，宛先アドレスまで受信した時点で直ちにフレームの転送を開始する方式は(エ)カットアンドスルーといわれます．

フレーム転送前に受信する宛先アドレスとは，**先頭 6 オクテットの宛先 MAC アドレス**です．

【解答　エ：③（カットアンドスルー）】

> **覚えよう！**
> スイッチングハブのフレーム転送方式には，カットアンドスルー，フラグメントフリー，ストアアンドフォワードの三つの種類があります．それぞれの特徴を覚えておこう．

問 8　イーサネット　　　　　　【H28-1　第 5 問（5）】☑☑☑

MAC アドレスの構造などについて述べた次の二つの記述は，　（オ）　．

A　ネットワークインタフェースに固有に割り当てられた MAC アドレスは，6 バイト長で構成され，先頭の 3 バイトはベンダ識別子（OUI）などといわれ，IEEE が管理，割当てを行い，残りの 3 バイトは製品識別子などといわれ，各ベンダが独自に重複しないよう管理している．

B　イーサネットにおいて，MAC アドレスから IP アドレスを求めるためのプロトコルは，ARP（Address Resolution Protocol）といわれ，IP アドレスから

MACアドレスを求めるためのプロトコルは，RARP（Reverse ARP）といわれる．

---

① Aのみ正しい　　　② Bのみ正しい

③ AもBも正しい　　④ AもBも正しくない

解説

・Aは正しい．

・イーサネットにおいて，MACアドレスからIPアドレスを求めるためのプロトコル
は，RARP（Reverse ARP）といわれ，IPアドレスからMACアドレスを求めるた
めのプロトコルは，ARP（Address Resolution Protocol）といわれます（Bは誤り）．

【解答　オ：①（Aのみ正しい）】

問9　スイッチングハブ　　　　　　　　　【H27-2　第5問（4）】☑☑☑

スイッチングハブのフレーム転送方式におけるストアアンドフォワード方式は，
有効フレームの先頭から　（エ）　までを受信した後，異常がなければフレームを転
送する．

---

① 3バイト　　　② 6バイト　　　③ 12バイト

④ 64バイト　　　⑤ FCS

解説

スイッチングハブのフレーム転送方式における**ストアアンドフォワード方式**は，有効
フレームの先頭から(エ)FCSまでを受信した後，異常がなければフレームを転送します．
ストアアンドフォワード方式では，フレーム全体を受信した後，フレームの最後尾にあ
るFCS（Frame Check Sequence）により，フレーム誤りがないかチェックします．

【解答　エ：⑤（FCS）】

問10　レイヤ3スイッチ　　　　　　　　　【H27-2　第5問（5）】☑☑☑

ネットワークを構成する機器であるレイヤ3スイッチについて述べた次の記述
のうち，誤っているものは，　（オ）　である．

---

① レイヤ3スイッチでは，RIP（Routing Information Protocol）やOSPF
（Open Shortest Path First）といわれるルーティングプロトコルを用いる
ことができる．

② レイヤ2に対応したレイヤ3スイッチは，受信したフレームの送信元 MACアドレスを読み取り，アドレステーブルに登録されているかどうかを検索し，登録されていない場合はアドレステーブルに登録する．

③ レイヤ3スイッチには，一般に，受信したフレームをMACアドレスに基づき中継するレイヤ2処理部と受信したパケットをIPアドレスに基づき中継するレイヤ3処理部がある．

④ レイヤ3スイッチは，CPU（中央処理装置）を用いてソフトウェア処理によりフレームを高速で転送する．これに対し，ルータは，ASIC（特定用途向けIC）を用いてハードウェア処理によりフレームを転送する．このためレイヤ3スイッチは，一般に，ルータと比較して転送速度が速い．

⑤ レイヤ3スイッチは，VLAN（Virtual LAN）機能によりVLANとして分割したネットワークを相互に接続することができる．

解説

・①，②，③，⑤は正しい．

・ルータは，CPU（中央処理装置）を用いてソフトウェア処理によりフレームを転送します．これに対し，レイヤ3スイッチは，ASIC（特定用途向けIC）を用い

POINT
一般に，ソフトウェアよりもハードウェアのほうが処理速度は速い．

てハードウェア処理によりフレームを高速で転送します．このため，レイヤ3スイッチは，一般に，ルータと比較して転送速度が速い（④は誤り）．

【解答　オ：④（誤り）】

問 11　スイッチングハブ　　　　【H27-1　第5問 (4)】☑☑☑

スイッチングハブのフレーム転送方式におけるフラグメントフリー方式は，有効フレームの先頭から　（エ）　までを受信した後，異常がなければフレームの転送を開始する．

① 3バイト　　② 6バイト　　③ 12バイト
④ 64バイト　　⑤ FCS

解説

スイッチングハブのフレーム転送方式における**フラグメントフリー方式**は，有効フレームの先頭から(エ)**64〔byte〕**までを受信した後，異常がなければフレームの転送を開始します．

【解答　エ：④（64〔byte〕）】

1
章

端末設備の技術

問 12	レイヤ3スイッチ	【H27-1 第5問 (5)】 ☑☑☑

　ネットワークを構成する機器であるレイヤ3スイッチについて述べた次の二つの記述は，___(オ)___．

A　レイヤ3スイッチでは，RIP (Routing Information Protocol) や OSPF (Open Shortest Path First) といわれるルーティングプロトコルを用いることができる．

B　レイヤ2に対応したレイヤ3スイッチは，受信したフレームの送信先 IP アドレスを読み取り，アドレステーブルに登録されているかどうかを検索し，登録されていない場合はアドレステーブルに登録する．

①　Aのみ正しい　　　　②　Bのみ正しい

③　AもBも正しい　　　④　AもBも正しくない

解説

・Aは正しい．**RIP と OSPF は IP で使用されるレイヤ3のルーティングプロトコ**ルです．

・レイヤ2に対応したレイヤ3スイッチは，受信したフレームの送信元 MAC アドレスを読み取り，アドレステーブルに登録されているかどうかを検索し，登録されていない場合はアドレステーブルに登録します（Bは誤り）．**アドレステーブルには，IP アドレスと**それに対応するレイヤ2の **MAC アドレ**が登録されます．

> **POINT**
> 送信先にフレームを転送するためには，事前に IP アドレスと MAC アドレスが登録されていることが必要．

【解答　オ：①（Aのみ正しい）】

1-6-2　無　線　LAN

問 13	MIMO	【R1-2 第2問 (5)】 ☑☑☑

　IEEE802.11 標準の無線 LAN には，複数の送受信アンテナを用いて信号を空間多重伝送することにより，使用する周波数帯域幅を増やさずに伝送速度の高速化を図ることができる技術である___(オ)___を用いる規格がある．

① デュアルバンド対応　　② MIMO (Multiple Input Multiple Output)

③ チャネルボンディング　　④ フレームアグリゲーション

⑤ OFDM (Orthogonal Frequency Division Multiplexing)

解説

IEEE802.11 標準の無線 LAN で，複数の送受信アンテナを用いて信号を空間多重伝

送することにより，使用する周波数帯域幅を増やさずに伝送速度の高速化を図ることができる技術は(ｵ)MIMO（Multiple Input Multiple Output）です．

> 📖 **参考**
> MIMO を使用している無線 LAN 規格として，IEEE802.11n と IEEE802.11ac がある．

【解答　オ：②（MIMO（Multiple Input Multiple Output））】

問14	隠れ端末問題	【H31-1　第2問 (4)】 ☑☑☑

IEEE802.11 標準の無線 LAN の環境として，同一アクセスポイント（AP）配下に無線端末（STA）1 と STA2 があり，障害物によって STA1 と STA2 との間でキャリアセンスが有効に機能しない隠れ端末問題の解決策として，AP は，送信をしようとしている STA1 から____(エ)____信号を受けると CTS 信号を STA1 に送信するが，この CTS 信号は，STA2 も受信できるので，STA2 は NAV 期間だけ送信を待つことにより衝突を防止する対策が採られている．

① CFP　② NAK　③ REQ　④ RTS　⑤ FFT

解説

IEEE802.11 標準の無線 LAN において，隠れ端末問題の解決策として，AP は，送信をしようとしている STA1 からの(エ)RTS（Request To Send）信号を受けると CTS（Clear To Send）信号を STA1 に送信します．この CTS 信号は，STA2 も受信できるので，STA2 は NAV（Network Allocation Vector）期間だけ送信を待つことにより，STA1 との間の衝突を防止することができます．NAV 期間の値は，CTS フレームのデュレーション・フィールドに記載されます．

【解答　エ：④（RTS）】

本問題と同様の問題が平成 29 年度第 1 回試験に出題されています．

問15	無線 LAN の機器と変調方式	【H30-2　第2問 (4)】 ☑☑☑

IEEE802.11 標準の無線 LAN の特徴などについて述べた次の二つの記述は，____(エ)____．

A　無線 LAN で用いられている変調方式には，スペクトル拡散変調方式や OFDM（直交周波数分割多重）方式がある．

B　無線 LAN の機器には，2.4GHz 帯と 5GHz 帯の両方の周波数帯域で使用できるデュアルバンド対応のデバイスが組み込まれたものがある．

① Aのみ正しい　　② Bのみ正しい
③ AもBも正しい　　④ AもBも正しくない

解説

・Aは正しい．無線LANにおいて，**スペクトル拡散変調方式**を使用している規格として IEEE802.11b があり，**OFDM（直交周波数分割多重）方式**を使用している規格として IEEE802.11g と IEEE802.11a があります．

・Bは正しい．**デュアルバンド対応のデバイスの規格**として，IEEE802.11b（2.4〔GHz〕帯），IEEE802.11g（2.4〔GHz〕帯），IEEE802.11a（5〔GHz〕帯），IEEE802.11n（2.4〔GHz〕帯および5〔GHz〕帯），IEEE802.11ac（5〔GHz〕帯）などがサポートされています．

【解答　エ：③（AもBも正しい）】

本問題と同様の問題が平成28年度第2回試験に出題されています．

| 問16 | 無線 LAN の構成と隠れ端末問題 | 【H30-1　第2問 (4)】 ✓✓✓ |

無線LANについて述べた次の二つの記述は，　(エ)　．

A　IEEE802.11 標準の無線LANにおける隠れ端末問題の解決策として，アクセスポイントは，送信をしようとしている無線端末からのCTS信号を受信するとRTS信号をその無線端末に送信する．

B　無線LANのネットワーク構成には，無線端末どうしがアクセスポイントを介して通信するインフラストラクチャモードと，アクセスポイントを介さずに無線端末どうしで直接通信を行うアドホックモードがある．

① Aのみ正しい　　② Bのみ正しい
③ AもBも正しい　　④ AもBも正しくない

解説

・IEEE802.11 標準の無線LANにおける隠れ端末問題の解決策として，アクセスポイントは，送信をしようとしている無線端末からの RTS 信号を受信すると CTS 信号をその無線端末に送信します（Aは誤り）．**隠れ端末問題とは，障害物に電波が遮られて，子機が他の子機の通信状態を検知できないため，子機間で送信データの衝突が発生し，通信できなくなる問題です．**この問題を回避するために規定されたアクセス制御方式が「RTS/CTS」方式です

・Bは正しい．一般に，**無線端末の多いオフィス内ではインフラストラクチャモードが使用されます．**また，家庭内でも，外部回線と接続する場合は，**ルータがアクセ**

スポイントとなり，インフラストラクチャモードが使用されます．

【解答　エ：②（Ｂのみ正しい）】

問 17　無線 LAN の特徴等　　　　　　　　【H29-2　第 2 問 (4)】 ☑☑☑

　IEEE802.11 標準の無線 LAN の特徴などについて述べた次の記述のうち，誤っているものは，　(エ)　である．

① 無線 LAN で用いられているスペクトル拡散変調方式は，1 次変調された搬送波に対して，さらにスペクトル拡散といわれる方法により 2 次変調を行うものである．

② 隠れ端末問題の解決策として，アクセスポイントは，送信をしようとしている無線端末からの RTS 信号を受けると CTS 信号をその無線端末に送信する．

③ 無線 LAN の機器には，2.4GHz 帯と 5GHz 帯の両方の周波数帯域で使用できるデュアルバンド対応のデバイスが組み込まれたものがある．

④ 5GHz 帯の無線 LAN では，ISM バンドとの干渉によるスループットの低下がない．

⑤ 無線 LAN には，OFDM といわれるシングルキャリア変調方式を用い，6.9GHz 帯の周波数帯を利用した規格がある．

解説

・①は正しい．スペクトル拡散変調方式を使用している無線 LAN 規格は IEEE802.11b です．

・②，③，④は正しい．**ISM バンドは 2.4〔GHz〕帯であるため，5〔GHz〕帯の無線 LAN との電波の干渉はありません**．

・無線 LAN には，**OFDM といわれるマルチキャリア変調方式**を用い，2.4〔GHz〕帯または 5〔GHz〕帯の周波数帯を利用した規格があります．6.9〔GHz〕帯を使用している無線 LAN 規格はありません．OFDM 変調方式を使用した無線 LAN 規格のうち，IEEE802.11g は 2.4〔GHz〕帯を使用し，IEEE802.11a は 5〔GHz〕帯を使用しています（⑤は誤り）．

【解答　エ：⑤（誤り）】

問18 | **CSMA/CA 方式等** | 【H28-1 第2問 (5)】 ☑☑☑

IEEE802.11 標準の無線 LAN の特徴などについて述べた次の二つの記述は，
[（オ）]．

A 5GHz 帯の無線 LAN では，ISM バンドとの干渉によるスループットの低下が
ない．

B CSMA/CA 方式では，送信端末からの送信データが他の無線端末からの送信
データと衝突しても，送信端末では衝突を検知することが困難であるため，送信
端末は，アクセスポイント（AP）からの RTS 信号を受信することにより，送信
データが正常に AP に送信できたことを確認している．

① A のみ正しい　　② B のみ正しい
③ A も B も正しい　④ A も B も正しくない

■解説■

・A は正しい．ISM バンドは 2.4〔GHz〕帯であるため，5〔GHz〕帯の無線 LAN
では周波数の異なる ISM バンドとの干渉は生じません．

・CSMA/CA 方式では，送信端末からの送信データが他の無線端末からの送信デー
タと衝突しても，送信端末では衝突を検知することが困難であるため，送信端末は，
アクセスポイント（AP）からの ACK 信号を受信することにより，送信データが
正常に AP に送信できたことを確認しています（B は誤り）．

【解答　オ：①（A のみ正しい）】

問19 | **無線 LAN の特徴等** | 【H27-2 第2問 (5)】 ☑☑☑

IEEE802.11 標準の無線 LAN の特徴などについて述べた次の記述のうち，<u>誤っ
ているもの</u>は，[（オ）]である．

① CSMA/CA 方式では，送信端末の送信データが他の無線端末の送信デー
タと衝突しても，送信端末では衝突を検知することが困難であるため，アク
セスポイント（AP）からの RTS 信号を送信端末が受信して，送信データが
正常に AP に送信できたことを確認する．

② 無線 LAN の機器には，2.4GHz 帯と 5GHz 帯の両方の周波数帯域で使用
できるデュアルバンド対応のデバイスが組み込まれたものがある．

③ 無線 LAN で用いられている OFDM（直交周波数分割多重）は，マルチ
パス伝搬環境における伝送速度の高速化を可能とする伝送方式である．

端
末
設
備
の
技
術

1
章

④　無線 LAN で用いられているスペクトル拡散変調方式は，耐干渉性の向上を図るため，1次変調（ASK，FSK，PSK）された搬送波に対して，さらにスペクトル拡散といわれる方法により2次変調を行うもので，その方式には直接拡散方式，周波数ホッピング方式などがある．

■**解説**

・CSMA/CA方式では，送信端末の送信データが他の無線端末の送信データと衝突しても，送信端末では衝突を検知することが困難であるため，アクセスポイント（AP）からの<u>ACK信号</u>を送信端末が受信して，送信データが正常に AP に送信できたことを確認します（①は誤り）．

・②は正しい．2.4〔GHz〕帯を使用している無線 LAN 規格として，IEEE802.11b，IEEE802.11g があります．また，5〔GHz〕帯を使用している無線 LAN 規格として，IEEE802.11a と IEEE802.11ac があります．IEEE802.11n の無線 LAN は 2.4〔GHz〕帯と 5〔GHz〕帯の両方に対応できます．

・③は正しい．伝送速度が比較的高速な無線 LAN 規格では，OFDM を使用しています．

・④は正しい．スペクトル拡散変調方式を使用している無線 LAN 規格として，IEEE802.11b があります．この規格より高速の無線 LAN 規格 IEEE802.11a/g/n/ac では上述のように，OFDM を使用しています．

【解答　オ：①（誤り）】

問 20	無線 LAN の特徴等	【H27-1　第2問 (5)】 ☑☑☑

IEEE802.11 標準の無線 LAN の特徴などについて述べた次の二つの記述は，　(オ)　．

A　CSMA/CA方式では，送信端末の送信データが他の無線端末の送信データと衝突しても，送信端末では衝突を検知することが困難であるため，アクセスポイント（AP）からの RTS 信号を送信端末が受信することにより，送信データが正常に AP に送信できたことを確認している．

B　無線 LAN の機器には，2.4GHz 帯の無線 LAN と 5GHz 帯の両方の周波数帯域でも使用できるデュアルバンド対応のデバイスが組み込まれたものがある．

① Aのみ正しい　　② Bのみ正しい
③ AもBも正しい　　④ AもBも正しくない

解説

・CSMA/CA 方式では，送信端末の送信データが他の無線端末の送信データと衝突しても，送信端末では衝突を検知することが困難であるため，アクセスポイント（AP）からのACK信号を送信端末が受信することにより，送信データが正常にAP に送信できたことを確認しています（A は誤り）．送信端末は送信前に電波を検知して他の無線端末が送信中か否かを検知し，他の端末が送信中でない場合にデータを送信します．**同時に他の端末が送信して送信データが衝突した場合は，AP はデータを正常に受信できないため，ACK 信号は返送されません**．この場合，送信端末は一定時間後，データを再送します．

・B は正しい．デュアルバンド対応のデバイスでサポートされている無線 LAN 規格の例として，2.4〔GHz〕帯の IEEE802.11g と 5〔GHz〕帯の IEEE802.11a があります．

【解答　オ：②（B のみ正しい）】

▶▶無線 LAN 規格について

デュアルバンド対応の無線 LAN 機器では，初期の頃は，2.4〔GHz〕帯の IEEE802.11b と IEEE802.11g，5〔GHz〕帯の IEEE802.11a がサポートされていましたが，その後，MIMO 技術を使用して高速通信を実現した無線 LAN 規格も提供されています．下表には，MIMO 技術を使用した無線 LAN 規格の比較を示します．

表　IEEE802.11n と IEEE802.11ac の比較

無線 LAN 規格	IEEE802.11n	IEEE802.11ac
周波数帯域	2.4〔GHz〕帯，5〔GHz〕帯	5〔GHz〕帯
伝送速度[*1]	600〔Mbit/s〕	6.93〔Gbit/s〕
1 次変調方式	64QAM[*2]	256QAM[*2]
2 次変調方式	OFDM	OFDM
MIMO 方式	最大 4×4(送信 4 本，受信 4 本)	最大 8×8（送信 8 本，受信 8 本）マルチユーザ MIMO も提供
周波数帯域幅	最大 40〔MHz〕（2 チャネルのチャネルボンディング）[*3]	最大 160〔MHz〕（8 チャネルのチャネルボンディング）[*3]

*1：伝送速度は仕様上の最大伝送速度で，電波の伝搬環境や伝送距離により変わる．
*2：サポートしている変調方式のうち，最も多くの情報の伝送が可能な変調方式．
*3：チャネルボンディングとは，複数のチャネルを組み合わせてより広い周波数帯域を使用すること．

| **問1** | **IEV用語** | 【R1-2　第1問(5)】 ☑☑☑ |

　通信機器は，自ら発生する電磁ノイズにより周辺の他の装置に影響を与えることがあり，JIS C 60050-161:1997EMC に関する IEV 用語では，ある発生源から電磁エネルギーが放出する現象を，　(オ)　と規定している．

　　① 電磁環境　　　② 電磁障害　　　③ 電磁両立性
　　④ イミュニティ　　　⑤ 電磁エミッション

解説

　通信機器は，自ら発生する電磁ノイズにより周辺の他の装置に影響を与えることがあり，JIS C 60050-161:1997「EMC に関する IEV 用語」では，ある発生源から電磁エネルギーが放出する現象を，(オ)**電磁エミッション**と規定しています．「エミッション」とは「放射」という意味です．

　なお，「**電磁両立性**」とは，各装置が正常に動作するように，「周囲の装置に対し許容できない電磁妨害を与えない」「その電磁環境でも満足に機能する」ことを併せもつことをいいます．また，「**イミュニティ**」とは，電磁妨害が存在する環境で，機器，装置またはシステムが性能低下せずに動作することができる能力を意味します．

【**解答　オ：⑤（電磁エミッション）**】

　本問題と同様の問題が平成 29 年度第 2 回試験に出題されています．

| **問2** | **コモンモードチョークコイル** | 【H31-1　第1問(5)】 ☑☑☑ |

　放送波などの電波が通信端末機器内部へ混入する経路において，屋内線などの通信線がワイヤ形の受信アンテナとなることで誘導される　(オ)　電圧を減衰させるためには，一般に，コモンモードチョークコイルが用いられている．

　　① 逆　相　　② 線　間　　③ 帰　還　　④ 正　相　　⑤ 縦

解説

　信号は，2 本の加入者線の間で電位差が生じ，加入者線を通って電流が流れることにより伝送されます．この**信号電流**を**ディファレンシャルモード電流**といい，**2 本の加入者線間の電位差**を**横電圧**といいます．一方，**加入者線と大地との間で浮遊容量があると，各加入者線と大地の間で電圧が生じます．これを縦電圧**(図 1 参照)といい，それによっ

て流れる電流は，コモンモード電流といい，信号に対する雑音となります．信号の源になる(オ)縦電圧を減衰させるためには，一般に，コモンモードチョークコイルが用いられます．

コモンモードチョークコイルは，図2に示すように，コアに二つの銅線を互いに逆回りに巻いたコイルです．2本の加入者線上を流れる信号電流は互いに逆方向ですが，それによって発生する磁束も逆方向になり弱め合うように結線されています．これにより**横電圧に対するインピーダンスを小さくし，信号電流の減衰が起こらないようにします**．

また，コモンモード電流によって発生するコイルの磁束は同方向にして強め合うようにします．これにより，**縦電圧に対するインピーダンスが高くなり，雑音となるコモンモード電流が抑止されます**．

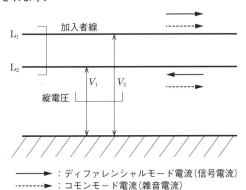

L_1 加入者線
L_2
V_1 V_2
縦電圧

———▶ ：ディファレンシャルモード電流（信号電流）
┈┈┈┈▶ ：コモンモード電流（雑音電流）

図1　加入者で発生する縦電圧

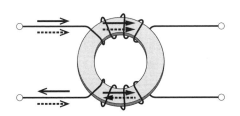

———▶ ：ディファレンシャルモード電流
┈┈┈┈▷ ：コモンモード電流
———▶ ：ディファレンシャルモード電流による磁束
┈┈┈┈▶ ：コモンモード電流による磁束

図2　コモンモードチョークコイルの構成原理

【解答　オ：⑤（縦）】

本問題と同様の問題が平成28年度第1回試験に出題されています．

EMC（電磁両立性）の IEV 用語　　　　【H30-2　第1問 (5)】 ☑☑☑

　通信機器は，周辺装置から発生する電磁ノイズの影響を受けることがある．JIS C 60050-161:1997EMC に関する IEV 用語において，電磁妨害が存在する環境で，機器，装置又はシステムが性能低下せずに動作することができる能力は，　(オ)　と規定されている．

---
① 電磁感受性　　② エミッション　　③ 妨害電磁界強度
④ 電磁遮蔽　　　⑤ イミュニティ

■解説■

　JIS C 60050-161:1997「EMC（Electromagnetic Compatibility：電磁両立性）に関する IEV 用語（International Electrotechnical Vocabulary）」において，電磁妨害が存在する環境で，機器，装置またはシステムが性能低下せずに動作することができる能力は，(オ)イミュニティと規定されています．なお，設問の選択肢に挙げられている用語で，「**電磁感受性**」とは，電磁妨害による装置やシステムの性能低下の発生しやすさを意味し，「**エミッション**」とは，電磁波などの「放射」を意味します．

【解答　オ：⑤（イミュニティ）】

本問題と同様の問題が平成 28 年度第 2 回試験に出題されています．

問4　**サージ防護デバイス**　　　　【H30-1　第1問 (5)】 ☑☑☑

　電圧制限形サージ防護デバイスは低圧の電源回路及び機器で使用されており，このデバイス内には，非直線性の電圧―電流特性を持つ　(オ)　，アバランシブレークダウンダイオードなどの素子が用いられている．

---
① エアギャップ　　② ガス入り放電管　　③ バリスタ
④ 限流ヒューズ　　⑤ サージ防護サイリスタ

■解説■

　電圧制限形サージ防護デバイスは低圧の電源回路および機器で使用されており，このデバイス内には，非直線性の電圧―電流特性をもつ(オ)バリスタ，アバランシブレークダウンダイオードなどの素子が用いられています．

　バリスタとは（**Variable Resistor**：バリアブル・レジスタ（変化する抵抗器の意）の**省略名**で，異常電圧をアースへ逃がし，危険のない電圧分だけを機器へ伝える定電圧ダイオードのような機能をもちます．

【解答　オ：③（バリスタ）】

問5　**サージ防護デバイス**　　　　　【H29-1　第1問 (5)】☑☑☑

　JIS C 5381-11:2014 において SPD は，サージ電圧を制限し，サージ電流を分流することを目的とした，1個以上の　(オ)　を内蔵しているデバイスとされている．

① リアクタンス　　② 非線形素子　　③ 線形素子
④ コンデンサ　　⑤ 三端子素子

解説

　JIS C 5381-11:2014 において SPD（Surge Protective Devices：サージ防護デバイス）は，サージ電圧を制限し，サージ電流を分流することを目的とした，1個以上の (オ)非線形素子を内蔵しているデバイスとされています．

　JIS C 5381-11:2014 では，「避雷器」「保安器」「アレスタ」「プロテクタ」など，基本的に雷サージから保護するための素子や装置は，SPD と定義されています．

　雷サージから端末設備を防護する方法はいろいろありますが，下記のように，主に避雷素子を用いて雷サージ電流を大地アースに流す方法が用いられます．

・バリスタ：異常電圧をアースへ逃がし，危険のない電圧分だけを機器へ伝えるよう，定電圧ダイオードのように働きます．応答速度が速く，大電流に耐えますが，大電流の雷サージが流れると特性が劣化してしまいます．

・アレスタ：内部に放電を起こして異常高電圧を大地へ逃がす放電管素子です．劣化が少なく，大電流に耐えますが，50〔V〕以上の電圧が常時かかっているような回路では異常電圧消滅後も接続された供給電圧によって放電が継続する現象（続流現象）が起こり，使用できません．そのため，主に通信回線のような回路に使用されますが，電源などには使用できません．

【解答　オ：②（非線形素子）】

本問題と同様の問題が平成27年度第1回試験に出題されています．

問6　**外部誘導ノイズ対策**　　　　　【H27-2　第1問 (5)】☑☑☑

　既設端末設備の外部誘導ノイズに対する対策としては，接地されていない高導電率の金属で電子機器を完全に覆う　(オ)　などが用いられる．

① アクティブシールド　　　　② 静電シールド
③ コモンモードチョークコイル　④ ハイパスフィルタ
⑤ 電磁シールド

　既設端末設備の外部誘導ノイズに対する対策としては，接地されていない高導電率の
金属で電子機器を完全に覆う $_{(オ)}$ 電磁シールドなどが用いられます．シールドとは「遮断」
という意味で，「電磁シールド」とは，外部の「電磁波の影響を遮断する」という意味
です．

　外部からの電気的影響とそれに対するシールドの方法は，次の三つに分類されます．

①電磁シールド：電磁波の影響を防ぐためのシールドです．金属板で覆い静電の影響
　を削除するとともに，電磁波による磁界を渦電流により削除するために，渦電流の
　流れやすい銅などが使われます．

②静電シールド：自分と異なる電位をもつ物体が周囲にあると静電気的な結合によっ
　て影響を受け，電位変動は交流ノイズになります．この電気力線を金属で遮り，接
　地することで電位を固定することを静電シールドといいます．

③磁気シールド：近くのトランス，スピーカ，電力線などとの電磁結合によって生じ
　る磁束の影響を防ぐためのシールドです．磁力線を遮るために，高透磁率の材料を
　閉じた磁気回路を形成するように配置しますが，その材料にはある程度の厚みが必
　要とされます．本問題の選択肢にある「①　アクティブシールド」は，磁気シール
　ド方式の一つで，主マグネットのすぐ外側に逆極性のキャンセルコイルを同心状に
　配置し，直列に結線したものです．単位重量当たりの磁気シールド効果が高く，静
　磁場の均一性を高く保持することができます．

【解答　オ：⑤（電磁シールド）】

2章
総合デジタル通信網の技術

本章の出題項目
2-1　基本ユーザ・網インタフェース
2-2　一次群速度ユーザ・網インタフェース

問 1	インタフェース参照点	【R1-2 第3問 (1)】 ✓✓✓

ISDN 基本ユーザ・網インタフェースにおける参照構成について述べた次の二つの記述は， （ア） ．

A TE には，ISDN 基本ユーザ・網インタフェースに準拠している TE1 があり，TE1 が NT2 に接続されるときの TE1 と NT2 の間の参照点は U 点である．

B NT2 は，一般に，TE と NT1 の間に位置し，NT2 には，交換や集線などの機能のほか，レイヤ2及びレイヤ3のプロトコル処理機能を有しているものがある．

① A のみ正しい   ② B のみ正しい
③ A も B も正しい   ④ A も B も正しくない

解説

ISDN 基本ユーザ・網インタフェースの参照点は下図を参照のこと．

・TE には，ISDN 基本ユーザ・網インタフェースに準拠している TE1（ISDN 端末）があり，TE1 が NT2 に接続されるときの TE1 と NT2 の間の参照点は S 点です．**U 点は NT1（DSU）と電話網の加入者線との間のインタフェースです（A は誤り）**．

・B は正しい．NT2 はレイヤ2およびレイヤ3のプロトコル処理機能を有する装置で，PBX や LAN などの宅内制御装置が相当します．

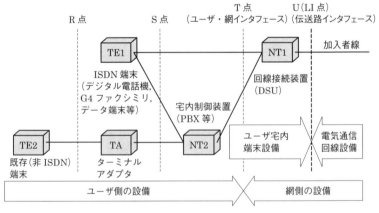

図 ISDN インタフェースの参照点

【解答 ア：② （B のみ正しい）】

本問題と同様の問題が平成 29 年度第 1 回試験に出題されています.

| **問 2** | **フレーム構成** | 【R1-2　第 3 問 (2)】 ☑☑☑ |

　ISDN 基本ユーザ・網インタフェースのレイヤ 1 におけるフレームは，1 フレームが各チャネルの情報ビットとフレーム制御用ビットなどを合わせた ☐ (イ) ☐ ビットで構成され，250 マイクロ秒の周期で繰り返し送受信される.

　　　① 16　　② 32　　③ 48　　④ 64　　⑤ 128

解説

　ISDN 基本ユーザ・網インタフェースのレイヤ 1 におけるフレームは，各チャネルの情報ビット（二つの B チャネル 16〔bit〕×2＋D チャネル 4〔bit〕＝36〔bit〕）とフレーム制御用ビットなどを合わせた(イ)48〔bit〕で構成され，250〔μs〕の周期で繰り返し送受信されます.

　48〔bit〕のフレームの情報は，各チャネルの情報ビット（二つの B チャネル 16〔bit〕×2＋D チャネル 4〔bit〕＝36〔bit〕）とフレーム制御用 12〔bit〕から成ります. 基本ユーザ・網インタフェースの伝送フレームの構成を下図に示します.

　48 ビット長のフレームを 250〔μs〕の周期で伝送するため，伝送速度は，48×1÷250×10^6＝192〔kbit/s〕となります.

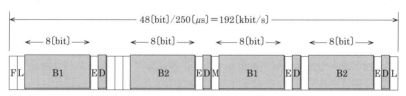

B1, B2：B(情報)チャネルビット(64〔kbit/s〕)
F：フレームビット(4〔kbit/s〕)：フレーム同期用(バイポーラ・バイオレーションを利用)
L：直流平衡ビット(8〔kbit/s〕)
E：エコービット(16〔kbit/s〕)：D チャネル競合制御用
D：D チャネルビット(16〔kbit/s〕)
M：マルチフレーミングビット(4〔kbit/s〕)
　その他の空きビットは，補助ビットまたは予備ビットを示す

図　基本ユーザ・網インタフェースの伝送フレーム構成

【解答　イ：③（48〔bit〕）】

本問題と同様の問題が平成 28 年度第 1 回試験に出題されています.

ISDN 基本ユーザ・網インタフェースにおいて，一つの物理コネクション上に複数のデータリンクコネクションが設定されている場合，個々のデータリンクコネクションの識別を行うために用いられる識別子は，　(エ)　といわれ，SAPI と TEI から構成される．

　　① DLCI　　② LAPB　　③ DNIC　　④ VPI　　⑤ HDLC

解説

　ISDN 基本ユーザ・網インタフェースにおいて，個々のデータリンクコネクションの識別を行うために用いられる識別子は，(エ)DLCI（Data Link Connection Identifier：データリンクコネクション識別子）といわれ，SAPI（サービスアクセスポイント識別子）と TEI（端末終端点識別子）で構成されます．TEI は 7〔bit〕で，オール "1" でブロードキャストを示します．SAPI は 6〔bit〕で，表せる範囲は 0〜63 ですが，SAPI の値としては，"0"（呼制御手順），"16"（パケット通信手順（X.25 レベル 3）），"63"（レイヤ 2 マネジメント手順）の 3 種類しか使われておらず，これら以外の SAPI は予約となっています．

【解答　エ：①（DLCI）】

ISDN 基本ユーザ・網インタフェースにおいて，パケット交換モードにより B チャネル上でパケット通信を行うときは，始めに発信端末と網間で D チャネルを用いてパケット通信に使用する B チャネルの設定を行う．続いて，　(オ)　プロトコルを用いて B チャネル上にデータリンクを設定する．

　　① LAPM　　② LAPD　　③ X.21　　④ X.25　　⑤ LAPF

解説

　ISDN 基本ユーザ・網インタフェースにおいて，パケット交換モードにより B チャネル上でパケット通信を行うときは，始めに発信端末と網間で D チャネルを用いてパケット通信に使用する B チャネルの設定を行います．続いて，(オ)X.25 プロトコルを用いて B チャネル上にデータリンクを設定します．

　レイヤ 2〜レイヤ 3 のパケット通信プロトコルとして X.25 が使用されます．

【解答　オ：④（X.25）】

本問題と同様の問題が平成 30 年度第 1 回試験に出題されています．

問5	試験ループバック	【H31-1　第3問 (1)】 ☑☑☑

　ISDN 基本ユーザ・網インタフェースにおいて，TTC 標準 JT-I430 で必須項目として規定されている保守のための試験ループバックは， (ア) で 2B＋D チャネルが折り返されるループであり，ループバック 2 といわれる．

> ① NT1　　② NT2　　③ TA　　④ TE1　　⑤ TE2

■解説

　ISDN 基本ユーザ・網インタフェースにおいて，TTC 標準 JT-1430 で必須項目として規定されている保守のための試験ループバックは，(ア)NT1 で 2B＋D チャネルが折り返されるループであり，ループバック 2 といわれます．**NT1 は Network Termination 1，すなわちレイヤ 1（物理層）での網終端を行う装置の意味で，DSU に相当します．**

【解答　ア：① (NT1)】

　本問題と同様の問題が平成 29 年度第 1 回試験に出題されています．

問6	インタフェース参照点	【H31-1　第3問 (2)】 ☑☑☑

　ISDN 基本ユーザ・網インタフェースにおける参照点について述べた次の二つの記述は， (イ) ．
A　R 点は，NT1 と NT2 の間に位置し，主に電気的・物理的な網機能について規定されている．
B　S 点は，アナログ端末などの非 ISDN 端末を接続するために規定されており，TA を介して網に接続される．

> ①　A のみ正しい　　　　②　B のみ正しい
> ③　A も B も正しい　　　④　A も B も正しくない

■解説

・NT1 と NT2 の間に位置し，主に電気的・物理的な網機能について規定されている参照点は T 点です（A は誤り）．

・アナログ端末などの非 ISDN 端末を TA（ターミナルアダプタ）に接続するために規定されている参照点は R 点です（B は誤り）．S 点は，ISDN 端末を NT2（PBX 等の宅内制御装置）に接続するために規定されている参照点です．

参考
S 点と T 点は等しいため両者をまとめて「S/T 点」と呼ぶことがある．

　ISDN 基本ユーザ・網インタフェースの参照点は，本節問 1 の解説の図を参照のこと．

本問題と同様の問題が平成29年度第2回と平成27年度第1回の試験に出題されています.

H 覚えよう！
ISDN基本ユーザ・網インタフェースの問題はよく出題されています．各参照点を覚えておこう．

| 問7 | レイヤ2（非確認形情報転送手順） | 【H31-1　第3問 (4)】 ☑☑☑ |

ISDN基本ユーザ・網インタフェースにおける非確認形情報転送手順について述べた次の二つの記述は，　(エ)　．

A　非確認形情報転送手順は，ポイント・ツー・ポイントデータリンク及びポイント・ツー・マルチポイントデータリンクのどちらにも適用可能である．

B　非確認形情報転送手順では，情報フレームの転送時に，誤り制御及びフロー制御は行われない．

① 　Aのみ正しい　　　② 　Bのみ正しい

③ 　AもBも正しい　　④ 　AもBも正しくない

解説

・Aは正しい．非確認形情報転送手順は，相手との間でコネクションを設定せず，情報をUI（Unnumbered Information）フレームで転送し，**誤り制御・回復や送達確認を行わない**ため，**ポイント・ツー・ポイントデータリンクおよびポイント・ツー・マルチポイントデータリンクのどちらにも適用可能**です．

参考
誤り制御・回復や送達確認を行う転送手順が適用できるのはポイント・ツー・ポイントデータリンクだけ．

・Bは正しい．非確認形情報転送手順では，情報フレームの転送時に，誤り制御およびフロー制御は行いません．

【解答　エ：③（AもBも正しい）】

本問題と同様の問題は平成30年度第1回と平成28年度第2回の試験に出題されています．

| 問8 | レイヤ3メッセージの共通部 | 【H31-1　第3問 (5)】 ☑☑☑ |

ISDN基本ユーザ・網インタフェースにおけるレイヤ3のメッセージの共通部は，全てのメッセージに共通に含まれており，大別して，プロトコル識別子，呼番号及び　(オ)　の3要素から構成されている．

> ① メッセージ種別　② 情報要素識別子　③ ユーザ情報
> ④ 送信元アドレス　⑤ 宛先アドレス

解説

ISDN 基本ユーザ・網インタフェースにおけるレイヤ 3 のメッセージの共通部は，すべてのメッセージに共通に含まれており，大別して，プロトコル識別子，呼番号および (オ)**メッセージ種別**の 3 要素から構成されています.

プロトコル識別子はユーザ・網間の呼制御メッセージを他のメッセージと識別するために用いられます. **呼番号**はユーザ・網で呼の登録・解除・要求を識別するために用いられます. **メッセージ種別**は転送しているメッセージの機能識別に用いられます.

> 🗒 **覚えよう！**
> ISDN 基本ユーザ・網インタフェースのレイヤ 3 メッセージ共通部の三つの要素（プロトコル識別子，呼番号，メッセージ種別）を覚えておこう.

【解答　オ：①（メッセージ種別）】

本問題と同様の問題は平成 27 年度第 2 回試験に出題されています. また，類似の問題が平成 28 年度第 2 回試験に出題されています.

問 9	**機能群（NT2）**	【H30-2　第 3 問 (1)】 ☑☑☑

ISDN 基本ユーザ・網インタフェースにおける機能群の一つである NT2 について述べた次の記述のうち，誤っているものは，　(ア)　である.

> ① 交換，集線及び伝送路終端の機能がある.
> ② レイヤ 2 及びレイヤ 3 のプロトコル処理機能がある.
> ③ 網終端装置 2 といわれ，一般に，TE と NT1 の間に位置する.
> ④ 具体的な装置として PBX などが相当する.

解説

ISDN 基本ユーザ・網インタフェースの参照点は，本節問 1 の解説の図を参照のこと.

・NT2 は PBX などの宅内制御装置に相当し，交換・集線機能はもちますが，伝送路終端の機能はありません. **伝送路終端は NT1（DSU）の機能**です（①は誤り）.

・②は正しい. **NT2 は PBX 相当の機能**をもち，レイヤ 2 およびレイヤ 3 のプロトコル処理機能があります.

・NT2 は PBX に相当し，**S 点で TE** を接続し，**T 点で NT1（DSU）**に接続されます. これより，③と④は正しい.

【解答　ア：①（誤り）】

ISDN 基本ユーザ・網インタフェースのレイヤ 1 では，複数の端末が一つの D チャネルを共用するため，アクセスの競合が発生することがある．D チャネルへの正常なアクセスを確保するための制御手順として，一般に，　(ウ)　といわれる方式が用いられている．

① CDMA　　　　　② 優先制御　　③ CSMA/CD
④ エコーチェック　⑤ TDMA

解説

ISDN 基本ユーザ・網インタフェースにおいて，複数の端末から D チャネルへの正常なアクセスを確保するための制御手順は「**D チャネル競合制御手順**」と呼ばれ，一般に，(ウ)エコーチェックといわれる方式が用いられています．

エコーチェック方式では，端末は DSU に送るフレームのエコービット (E) を設定し，自分の出したエコービットと同じものが DSU より返ってきた場合は引き続き送信してもよいと認識して信号を継続して送ります．自分の出したエコービットと異なるビットが返ってきた場合は信号送信を中止します．

【解答　ウ：④（エコーチェック）】

本問題と同様の問題が平成 29 年度第 1 回と平成 27 年度第 2 回の試験に出題されています．

ISDN 基本ユーザ・網インタフェースにおいて，レイヤ 2 のポイント・ツー・マルチポイントデータリンクでは，上位レイヤからの情報は　(エ)　により UI フレームを用いて転送される．

① ベーシック制御手順　　② 確認形情報転送手順　　③ 一斉着信手順
④ LAPF 手順　　　　　　⑤ 非確認形情報転送手順

解説

ISDN 基本ユーザ・網インタフェースにおいて，レイヤ 2 のポイント・ツー・マルチポイントデータリンクでは，上位レイヤからの情報は(エ)非確認形情報転送手順により UI（Unnumbered Information）フレームを用いて転送されます．**非確認形情報転送手順は**，誤り制御・回復や送達確認を行わない **UI** フレームを使用した**転送手順**で，相手との間でコネクションを設定しないため，ポイント・ツー・ポイントの通信のほかに

ポイント・ツー・マルチポイントの通信にも適用できます.

【解答　エ：⑤（非確認形情報転送手順）】

問 12　**回線交換モード**　　　　　　　【H30-2　第 3 問（5）】✓✓✓

　ISDN 基本ユーザ・網インタフェースにおける回線交換モードでは，通信中の端末を別のジャックに差し込んで通信を再開する場合などに呼中断／呼再開手順が用いられる. この手順の特徴について述べた次の二つの記述は，　(オ)　.

A　呼の再開時には，中断呼がそれまで使っていた呼番号がそのまま利用される.

B　中断呼に割り当てられた呼識別は，呼の中断状態の間に同一インタフェース上の他の中断呼に適用されない.

> ①　A のみ正しい　　　　②　B のみ正しい
> ③　A も B も正しい　　　④　A も B も正しくない

解説

・ISDN 基本ユーザ・網インタフェースにおける回線交換モードで使用される呼中断／呼再開手順では，呼の中断後，再開メッセージが送られると新しい呼番号が付与されて呼が再開されます（A は誤り）.

・B は正しい.

【解答　オ：②（B のみ正しい）】

本問題と同様の問題が平成 28 年度第 1 回試験に出題されています.

問 13　**機能群（NT1）**　　　　　　　【H30-1　第 3 問（1）】✓✓✓

　ISDN 基本ユーザ・網インタフェースにおける機能群の一つである NT1 の機能などについて述べた次の記述のうち，正しいものは，　(ア)　である.

> ①　インタフェース変換の機能を有しており，X シリーズ端末を接続できる.
> ②　フレーム同期の機能を有している.
> ③　レイヤ 1～3 のプロトコル処理を行っている.
> ④　具体的な装置として PBX などが相当する.
> ⑤　TTC 標準では，加入者線伝送方式はエコーキャンセラ方式を標準としている.

解説

**NT1 とは DSU（デジタル回線終端装置）のことで，ISDN 端末（TE1）または宅内

制御装置（PBX など）を接続し，ISDN 網の加入者線インタフェースのレイヤ 1 を終端します．

- ・NT1（DSU）はレイヤ 1 で終端し，インタフェース変換機能はないため，非ISDN の X シリーズ端末は接続できません（①は誤り）．X シリーズ端末とは，ITU-T 勧告 X シリーズで規定されるインタフェースを有する非 ISDN 端末で，X.25 で規定されるパケット端末などが該当します．
- ・②は正しい．NT1 は網側の加入者線を接続しているため，フレーム同期機能は必要です．
- ・NT1 が行っているのはレイヤ 1 の処理だけです（③は誤り）．
- ・PBX は NT1 ではなく NT2 に相当します（④は誤り）．
- ・TTC 標準 JT-G961 では，**NT1 と ISDN 網の間の加入者線伝送方式は TCM**（Time Compression Multiplexing：**時間圧縮多重）方式**（ピンポン伝送方式ともいう）を標準としています（⑤は誤り）．

【解答　ア：②（正しい）】

問 14 ┃ レイヤ 1 信号　　　　　　　　　　　　　【H30-1　第 3 問 (3)】　☑☑☑

ISDN 基本ユーザ・網インタフェースのレイヤ 1 において，TE と NT 間で INFO といわれる特定ビットパターンの信号を用いて行われる手順であり，通信の必要が生じた場合にのみインタフェースを活性化し，必要のない場合には不活性化する手順は，　(ウ)　の手順といわれる．

① 応答・切断　　② 起動・停止　　③ 接続・解放
④ 開通・遮断　　⑤ 設定・解除

解説

ISDN 基本ユーザ・網インタフェースのレイヤ 1 において，TE と NT 間で **INFO** といわれる特定ビットパターンの信号を用いて行われる手順であり，通信の必要が生じた場合にのみインタフェースを活性化し，必要のない場合には不活性化する手順は，(ウ)起動・停止の手順といわれます．

【解答　ウ：②（起動・停止）】

問 15 ┃ レイヤ 2　　　　　　　　　　　　　　【H29-2　第 3 問 (1)】　☑☑☑

ISDN 基本ユーザ・網インタフェースの特徴の一つは，一つの物理インタフェース上に同時に複数の　(ア)　を設定し，それぞれが独立に情報を転送することがで

きることである.

> ①　伝送変換サブレイヤ　　②　リンクアドレス　　③　サブアドレス
> ④　物理媒体サブレイヤ　　⑤　データリンク

解説

ISDN 基本ユーザ・網インタフェースの特徴の一つは，一つの物理インタフェース上に同時に複数の(ア)データリンクを設定し，それぞれが独立に情報を転送することができることです. 複数のデータリンクの設定により，一つのバスを介したポイント・ツー・マルチポイント接続において複数の **TE**（端末）を接続し，同時に通信を行うことができます.

【解答　ア：⑤（データリンク）】

問 16　**レイヤ 2 バス配線**　　【H29-2　第 3 問 (4)】☑☑☑

ISDN 基本ユーザ・網インタフェースにおけるレイヤ 2 では，バス配線に接続されている一つ又は複数の端末を識別するために，　(エ)　が用いられる.

> ①　LAPB　　②　LAPD　　③　TEI　　④　UI　　⑤　SAPI

解説

ISDN 基本ユーザ・網インタフェースにおけるレイヤ 2 では，バス配線に接続されている一つまたは複数の端末を識別するために，(エ)**TEI**（Terminal Endpoint Identifier：端末識別子）が用いられています. なお，**SAPI**（Service Access Point Identifier）は，D チャネル上で伝送される情報の識別（呼制御信号か，ユーザ情報か，管理情報かなど）に使用されます. LAPD と LAPB はレイヤ 2 の伝送制御手順の名称で，UI はフレームの種類の一つです.

【解答　エ：③（TEI）】

本問題と同様の問題が平成 28 年度第 1 回試験に出題されています.

問 17　**回線交換呼制御シーケンス**　　【H29-2　第 3 問 (5)】☑☑☑

図は，ISDN 基本ユーザ・網インタフェースにおける回線交換呼の基本呼制御シーケンスの一部を示したものである. 図中の X の部分のシーケンスについては，　(オ)　チャネルが使用される.

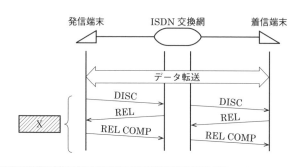

① 16 キロビット／秒の B	② 16 キロビット／秒の D
③ 32 キロビット／秒の B	④ 32 キロビット／秒の D
⑤ 64 キロビット／秒の B	⑥ 64 キロビット／秒の D

解説

設問の図中 X の部分のシーケンスは呼制御の一部で，ISDN 回線交換呼の切断が行われます．**ISDN の呼制御信号のやり取りでは，**(オ)16〔kbit/s〕の D チャネルが使用されます．

POINT

D チャネルの速度は基本ユーザ・網インタフェースで 16〔kbit/s〕，一次群速度インタフェースでは 64〔kbit/s〕．

【解答　オ：②（16〔kbit／s〕の D）】

問 18　**ISDN 基本ユーザ・網インタフェース**　　【H29-1　第 3 問 (5)】 ✓✓✓

図は，ISDN 基本ユーザ・網インタフェースの回線交換呼におけるレイヤ 3 の一般的な呼制御シーケンスを示したものである．網が B チャネルを着信側 TE と接続する動作を始めるのは，　(オ)　した直後である．

① 着信側 TE が網に ALERT を送信
② 発信側 TE が ALERT を受信
③ 網が発信側 TE に CALL PROC を送信
④ 着信側 TE が SETUP を受信
⑤ 網が着信側 TE から CONN を受信

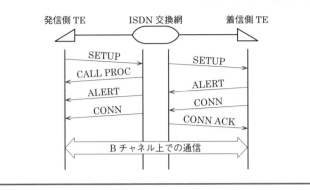

██ **解説** ██

設問の図で示される ISDN 基本ユーザ・網インタフェースの回線交換呼におけるレイヤ 3 の呼制御シーケンスにおいて，網が B チャネルを着信側 TE と接続する動作を始めるのは，(オ)網が発信側 TE に **CALL PROC** を送信した直後です.

「**ALERT**」は呼び出し中であることを示す信号で，「**CONN**（CONNECT）」は「**CALL PROC**（CALL PROCEEDING：呼設定受付）」に対する応答で，CONN 信号を受信すると B チャネルが接続され端末間の通信が可能となります.「**CONN ACK**（CONNECT ACKNOWLEDGE）」は「**CONN**」に対する応答確認です.

【解答　オ：③（網が発信側 TE に CALL PROC を送信）】

| **問19** | **インタフェース参照点** | 【H28-2　第3問 (1)】 ☑☑☑ |

ISDN 基本ユーザ・網インタフェースにおける参照点について述べた次の二つの記述は，　(ア)　．

A　S 点は，NT1 と NT2 の間に位置し，主に電気的・物理的な網機能について規定されている.

B　R 点は，アナログ端末などの非 ISDN 端末を接続するために規定されており，TA を介して網に接続される.

① A のみ正しい　　② B のみ正しい
③ A も B も正しい　④ A も B も正しくない

██ **解説** ██

・NT1 と NT2 の間に位置し，主に電気的・物理的な網機能について規定されているのは T 点です. **S 点**は，**NT2 と TE1（ISDN 端末）**の間，または **NT2 と TA**

POINT
NT2（PBX に相当）は S 点を介して TE1，TA を集線し NT1（DSU）に接続される.

（端末アダプタ）の間に位置します（A は誤り）.

・B は正しい. R 点は非 ISDN 端末を TA に接続するためのインタフェースです.

【解答　ア：②（B のみ正しい）】

ISDN 基本ユーザ・網インタフェースにおいて, NT から TE 及び TE から NT へ伝送される 48 ビット長のフレームは, ［　（ウ）　］マイクロ秒の周期で繰り返し伝送される.

　　　　① 125　　② 192　　③ 250　　④ 384　　⑤ 512

解説

ISDN 基本ユーザ・網インタフェースにおいて, NT から TE および TE から NT へ伝送される 48 ビット長のフレームは, (ウ)250〔μs〕の周期で繰り返し伝送されます. 48〔bit〕のフレームの情報は, 各チャネルの情報ビット（二つの B チャネル 16〔bit〕×2＋D チャネル 4〔bit〕＝36〔bit〕）とフレーム制御用 12〔bit〕から成ります.

　基本ユーザ・網インタフェースの伝送フレームの構成は本節問 2 の解説を参照のこと.

【解答　ウ：③（250）】

ISDN 基本ユーザ・網インタフェースにおけるレイヤ 3 のメッセージの共通部は, 全てのメッセージに共通に含まれており, 大別して, ［　（オ）　］, 呼番号及びメッセージ種別の 3 要素から構成されている.

　① 送信元アドレス　　② ユーザ情報　　③ 宛先アドレス
　④ 情報要素識別子　　⑤ プロトコル識別子

解説

ISDN 基本ユーザ・網インタフェースにおけるレイヤ 3 のメッセージの共通部は, すべてのメッセージに共通に含まれており, 大別して, (オ)プロトコル識別子, 呼番号およびメッセージ種別の 3 要素から構成されています.

　プロトコル識別子はユーザ・網間の呼制御メッセージを他のメッセージと識別するために用いられます. 呼番号はユーザ・網間で呼の登録・解除・要求を識別するために用いられます. また, メッセージ種別は転送しているメッセージの機能識別に用いられます.

【解答　オ：⑤（プロトコル識別子）】

本問題と同様の問題が平成 27 年度第 1 回試験に出題されています．

問 22 **機能群（NT2, NT1, TE1, TA）**　　　【H28-1　第 3 問（1）】☑☑☑

　ISDN 基本ユーザ・網インタフェースの機能群について述べた次の二つの記述は，
　（ア）　．

A　NT2 には，交換や集線などの機能のほか，レイヤ 2 及びレイヤ 3 のプロトコ
　ル処理機能を有しているものがあり，一般に，NT2 は TE と NT1 の間に設置さ
　れる．

B　TE には，ISDN 基本ユーザ・網インタフェースに準拠している TE1 があり，
　一般に，TE1 は TA を介して NT2 に接続される．

> ①　A のみ正しい　　　②　B のみ正しい
> ③　A も B も正しい　　④　A も B も正しくない

2章
総合デジタル通信網の技術

解説

・A は正しい．**NT2 は交換や集線などの機能をもつ**
　PBX 等の宅内制御装置で，TE1（ISDN 端末）と
　NT1（DSU：回線接続装置）の間に設置されます．

POINT
TE のうち，ISDN 端末を
TE1 といい，非 ISDN 端末
を TE2 という．

・ISDN 基本ユーザ・網インタフェースに準拠している
　TE1 は，NT2 または NT1 に直接接続されます．**TA（端**
　末アダプタ）を介して NT2 に接続される装置は ISDN 基本ユーザ・網インタフェー
　スに準拠していない TE2（非 ISDN 端末）です（B は誤り）．
　ISDN 基本ユーザ・網インタフェースの参照点は，本節問 1 の解説の図を参照のこと．

【解答　ア：①（A のみ正しい）】

問 23 **インタフェース参照点**　　　【H27-2　第 3 問（1）】☑☑☑

　ISDN 基本ユーザ・網インタフェースの参照構成について述べた次の二つの記述
は，　（ア）　．

A　TE には，ISDN 基本ユーザ・網インタフェースに準拠している TE1 があり，
　TE1 が NT2 に接続されるときの TE1 と NT2 の間の参照点は U 点となる．

B　NT2 は，一般に，TE と NT1 の間に設置され，NT2 には，交換や集線などの
　機能のほか，レイヤ 2 及びレイヤ 3 のプロトコル処理機能を有しているものが
　ある．

① Aのみ正しい　　② Bのみ正しい
③ AもBも正しい　　④ AもBも正しくない

解説

・TE には，ISDN 基本ユーザ・網インタフェースに準拠している TE1 があり，TE1 が NT2 に接続されるときの TE1 と NT2 の間の参照点は <u>S 点</u>です（A は誤り）.

・B は正しい. **NT2 の例として交換と集線の機能を有する PBX** があります. **NT1 は DSU**（回線接続装置）に相当します.

ISDN 基本ユーザ・網インタフェースの参照点は，本節問 1 の解説の図を参照のこと.

【解答　ア：②（B のみ正しい）】

| **問 24** | **レイヤ 2（情報転送手順）** | 【H27-2　第 3 問（4）】 ☑☑☑ |

ISDN 基本ユーザ・網インタフェースにおける情報転送手順について述べた次の二つの記述は，　(エ)　.

A　確認形情報転送手順は，ポイント・ツー・ポイントデータリンク及びポイント・ツー・マルチポイントデータリンクに適用される.

B　非確認形情報転送手順では，情報フレームの転送時に，誤り制御及びフロー制御は行われない.

① Aのみ正しい　　② Bのみ正しい
③ AもBも正しい　　④ AもBも正しくない

解説

・ISDN の情報転送手順である**確認形情報転送手順は，ポイント・ツー・ポイントデータリンクに適用されます**が，<u>ポイント・ツー・マルチポイントデータリンクには適用されません</u>. ポイント・ツー・マルチポイントデータリンクでは放送形式の通信が行われるため，**確認応答が不要な非確認形情報転送手順のみが使用されます**（A は誤り）.

・B は正しい. 非確認形情報転送手順では，確認応答や誤り制御，フロー制御などの通信品質を保証するための機能は含みません.

【解答　エ：②（B のみ正しい）】

問 25 | 回線交換モード 【H27-1 第 3 問 (2)】 ☑☑☑

ISDN 基本ユーザ・網インタフェースにおける回線交換モードについて述べた次の二つの記述は，□(イ)□．

A 呼設定のための情報は，D チャネルを使用して転送される．

B 呼設定終了後，ユーザ情報の転送に使用できるレイヤ 2 プロトコルは，X.25 のレイヤ 2 プロトコルと同じ LAPB に限定されている．

① A のみ正しい ② B のみ正しい
③ A も B も正しい ④ A も B も正しくない

■解説■

・A は正しい．

・呼設定終了後，ユーザ情報の転送に使用できるレイヤ 2 プロトコルとしては，LAPB（Link Access Procedure Balanced）のほかに LAPD（Link Access Procedure on the D-channel）が使用されます．**LAPD は D チャネル上でパケット転送を行うために使用されます．一方，LAPB は B チャネル上でのパケット転送に使用されます**（B は誤り）．

> **POINT**
> D チャネルは制御情報とユーザ情報の両方の転送に使用される．

【解答 イ：①（A のみ正しい）】

問 26 | TEI と SAPI 【H27-1 第 3 問 (4)】 ☑☑☑

ISDN 基本ユーザ・網インタフェースにおいて，TEI が自動割当ての TE は，TEI を取得するために，データリンクコネクション識別子（DLCI）の□(エ)□に設定した放送モードの非番号制情報（UI）フレームにより，網に対して TEI 割当て要求メッセージを送出する．

① SAPI 値を 0，TEI 値を 0 ② SAPI 値を 0，TEI 値を 63
③ SAPI 値を 63，TEI 値を 0 ④ SAPI 値を 63，TEI 値を 127
⑤ SAPI 値を 127，TEI 値を 63

■解説■

ISDN 基本ユーザ・網インタフェースにおいて，TEI が自動割当ての TE は，TEI を取得するために，データリンクコネクション識別子（DLCI）の(エ)SAPI 値を 63，TEI 値を 127 に設定した放送モードの非番号制情報（UI）フレームにより，網に対して TEI 割当て要求メッセージを送出します．DLCI は D チャネルフレーム（LAPD）の開

始フラグの後に設定され，6〔bit〕の SAPI（サービスアクセスポイント識別子）と 7〔bit〕の TEI（端末終端点識別子）の二つの要素から成ります．SAPI と TEI は用途により下表に示す数値が割り当てられます．

表　SAPI と TEI の割付け

	値	用　途
SAPI	0	呼制御信号の転送に使用
	16	ユーザ情報を転送するパケット通信手順で使用
	63	レイヤ 2 マネジメント手順（TEI 管理）で使用
TEI	0〜63	端末加入時のユーザ設定用として使用
	64〜126	端末が TEI を要求したときに網が割り付ける自動設定に使用
	127	全端末に向けた放送形通信に使用

【解答　エ：④（SAPI 値を 63，TEI 値を 127）】

▶▶ ISDN の確認形情報転送手順と非確認形情報転送手順

　ISDN インタフェースのレイヤ 2 で規定される情報転送手順として確認形情報転送手順と非確認形情報転送手順があります．上位層（レイヤ 3）の情報を転送するために，確認形では I（Information）フレームが使用され，非確認形では，UI（Unnumbered Information）フレームが使用されます．これらのフレームのフォーマットを下図に示します．

　I フレームでは，1 対 1 通信においてフレームが正しく受信されたかの確認応答とフレーム紛失時の再送のため，N(S) と N(R) が設定されます．UI フレームでは確認応答を行わないため，N(S) と N(R) が設定されず，1 対 1 通信のほかに 1 対 N 通信にも適用できます．なお，確認形情報転送手順では情報を転送する I フレームのほかに，受信確認のための監視フレームも規定されています．

〔byte〕	1	1	1	1 または 2	最大 260	2	1
	フラグ	SAPI	TEI	制御部	レイヤ 3 メッセージ	FCS（誤りチェック）	フラグ

| | N(S) | N(R) |

N(S)：送信側送信シーケンス番号
N(R)：送信側受信シーケンス番号

　制御部の長さは，I フレームの場合 2〔byte〕，UI フレームの場合 1〔byte〕
　N(S) と N(R) は，I フレームの場合に設定される．

問1 フレーム構成 【R1-2 第3問 (3)】 ☑☑☑

1.5メガビット／秒方式のISDN一次群速度ユーザ・網インタフェースにおけるフレーム構成について述べた次の二つの記述は，　(ウ)　.

A　4フレームごとのDチャネルビットで形成される特定の2進パターンがマルチフレーム同期信号パターンとして定義されている．

B　1マルチフレームは193ビットのフレームを24個集めた24フレームで構成される．

① Aのみ正しい　　② Bのみ正しい
③ AもBも正しい　　④ AもBも正しくない

解説

一次群速度ユーザ・網インタフェースにおけるフレーム構成を下図に示します．

・4フレームごとの**F（フレーム）**ビットで形成される特定の**2進パターン"001011"**がマルチフレーム同期信号パターンとして定義されています（Aは誤り）．

・Bは正しい．ISDN一次群速度ユーザ・網インタフェースでは，**193〔bit〕**のフレームが**125〔μs〕**周期で転送されます（193×8〔kHz〕＝1544〔kbit/s〕）．193〔bit〕のフレームは，Fビット（フレームビット）1〔bit〕と，1チャネル8〔bit〕のフレーム，24チャネル分（8×24＝192）から構成されます．

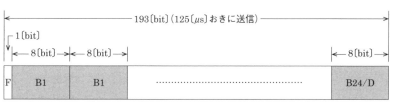

B1……B24：Bチャネル(64〔kbit/s〕)
D：Dチャネル(64〔kbit/s〕)，B24/DはBチャネルまたはDチャネルを意味する．
F：Fビット(8〔kbit/s〕)：フレーム同期用6〔bit〕("001011")，eビット(1〔bit〕)，mビット(1〔bit〕)から成る．

図　一次群速度ユーザ・網インタフェースのフレーム構成

【解答　ウ：②（Bのみ正しい）】

本問題と同様の問題が平成29年度第2回試験に出題されています．

1.5メガビット／秒方式のISDN一次群速度ユーザ・網インタフェースを用いた通信の特徴などについて述べた次の記述のうち，正しいものは，　(ウ)　である．

---

① ビット誤り検出は，FECで行っている．
② DSUは常時起動状態であるが，起動・停止手順を有している．
③ 複数端末が同時に情報を転送するときの手順として，Dチャネル競合制御手順を有している．
④ NT1とTEの間は，ポイント・ツー・マルチポイントの配線構成をとる．
⑤ 1フレームは，Fビットと24個のタイムスロットで構成されている．

解説

・ビット誤り検出はCRC(Cyclic Redundancy Check：巡回冗長検査)で行います（①は誤り）．

・ISDN一次群速度ユーザ・網インタフェースでは，DSUは常時起動状態であり，起動・停止手順は有していません（②は誤り）．起動・停止手順を有しているのは，ISDN基本ユーザ・網インタフェースです．

・ISDN一次群速度ユーザ・網インタフェースで接続できる端末は1台であるため，Dチャネル競合制御手順は有していません（③は誤り）．Dチャネル競合制御手順を有しているのは同一インタフェース上に複数のISDN端末を接続するISDN基本ユーザ・網インタフェースです．

・ISDN一次群速度ユーザ・網インタフェースでは，NT1(DSU)とTE(ISDN端末)の間は，ポイント・ツー・ポイントの配線構成だけで，ポイント・ツー・マルチポイント構成はとっていません（④は誤り）．ポイント・ツー・マルチポイント構成をとるのは，同一インタフェース上に複数のISDN端末を接続するISDN基本ユーザ・網インタフェースです．

・⑤は正しい．Fビットは，フレーム同期用に使われる4フレームごとのFビット(FAS=001011)，CRC誤り検出に使われる4フレームごとのeビット，リモートアラーム表示に使われる2フレームごとのmビットから構成されています．

【解答　ウ：⑤（正しい）】

1.5メガビット／秒方式のISDN一次群速度ユーザ・網インタフェースでは，1フレームを24個集めて1マルチフレームを構成していることから，24個のFビッ

トを活用することができる．これらのＦビットは，フレーム同期，CRC ビット誤り検出及び　(イ)　として使用されている．

---

① 呼制御メッセージ　　② サブアドレス表示　　③ バイト同期
④ リモートアラーム表示　　⑤ Ｄチャネル同期用フラグ

▓▓▓ **解説** ▓▓▓

1.5〔Mbit/s〕方式の ISDN 一次群速度ユーザ・網インタフェースで伝送されるフレームのＦビットは，フレーム同期，CRC ビット誤り検出および(イ)リモートアラーム表示として使用されています．

Ｆビットは 193〔bit〕/125〔μs〕フレーム×24 のマルチフレームを構成し， 4 フレームごと（1 マルチフレームに含まれる 24 個のＦビットのうち 6 個）のＦビット（FAS ＝001011）が**マルチフレーム同期用**に使われ，4 フレームごとの e ビットが CRC-6（Cyclic Redundancy Checking-6）手順による受信側での**伝送誤りの検出**に使われ，2 フレームごとの m ビットが**リモートアラーム表示**に使われています．

【**解答　イ：④（リモートアラーム表示）**】

本問題と同様の問題が平成 27 年度第 2 回試験に出題されています．

問 4	伝送速度，配線構成等	【H30-1　第 3 問 (2)】 ☑☑☑

1.5 メガビット／秒方式の ISDN 一次群速度ユーザ・網インタフェースを用いた通信の特徴などについて述べた次の記述のうち，**誤っているもの**は，　(イ)　である．

---

① 1 回線の伝送速度は，1.544 メガビット／秒である．
② Ｄチャネルのチャネル速度は，64 キロビット／秒である．
③ DSU に接続される端末（ルータなど）は，PRI を備えている．
④ NT1 と TE の間は，ポイント・ツー・ポイントの配線構成をとる．
⑤ 最大 12 回線の電話回線として利用できる．

▓▓▓ **解説** ▓▓▓

・①は正しい．
・②は正しい．一次群速度ユーザ・網インタフェースでは，チャネル速度はＤチャネル，Ｂチャネルとも 64〔kbit/s〕です．
・③は正しい．PRI は Primary Rate Interface の略で，

参考
基本ユーザ・網インタフェースのＤチャネル速度は 16〔kbit/s〕．

ISDN 一次群速度ユーザ・網インタフェースを意味します.

・④は正しい. 一次群速度ユーザ・網インタフェースでは, NT1 に接続される TE は1台だけです.

・1.5〔Mbit/s〕方式の ISDN 一次群速度ユーザ・網インタフェースでは, 最大24の B チャネル (24B の場合) を収容するため, 最大24回線の電話回線として利用できます. ただし, D チャネルを収容するときは, 23B＋D となり, 電話回線は最大23回線となります (⑤は誤り).

【解答 イ:⑤ (誤り)】

本問題と同様の問題が平成29年度第1回試験に出題されています.

問5	伝送路符号等	【H28-2 第3問 (2)】 ☑☑☑

1.5メガビット／秒方式の ISDN 一次群速度ユーザ・網インタフェースを用いた通信の特徴などについて述べた次の記述のうち, 正しいものは, (イ) である.

① 最大8台までの端末を接続できる.
② 最大2回線の電話回線として利用できる.
③ DSU に接続される端末 (ルータなど) には, BRI カードを必要とする.
④ 伝送路符号として, B8ZS 符号を用いている.
⑤ D チャネル競合制御手順を有している.

解説

・ISDN 一次群速度ユーザ・網インタフェースはポイント・ツー・ポイント構成であるため, 接続できる端末数は1台です (①は誤り).

・ISDN 一次群速度ユーザ・網インタフェースは23B＋D の構成の場合, 最大23回線の電話回線として利用できます (②は誤り).

・BRI (Basic Rate Interface) カードは, ISDN 基本ユーザ・網インタフェースとの接続に使用されます (③は誤り).

> **POINT**
> 一次群速度ユーザ・網インタフェースは PRI (Primary Rate Interface) という.

・④は正しい. **B8ZS (Binary8-Zero Substitution)** 符号とは, ビット0が連続したときでもビット同期 (基準クロックパルス位置の検出) ができるように, ビット0 (パルスなし) が8個連続すると, 連続する "0" が三つ以下とする特別のパターンに変換する符号化方式です.

・ISDN 一次群速度ユーザ・網インタフェースで接続できる端末は1台であるため, D チャネル競合制御手順は有していません (⑤は誤り).

POINT

D チャネル競合制御手順は，同一のバスに最大 8 台の端末を接続できる ISDN 基本ユーザ・網インタフェースにおいて，端末間のアクセス競合制御に使用される．

参考

①，②，③，⑤の設問の文章は ISDN 基本ユーザ・網インタフェースの説明としては正しい．ISDN の一次群速度ユーザ・網インタフェースと基本ユーザ・網インタフェースの違いを覚えておこう．

【解答　イ：④（正しい）】

問6	伝送路符号，伝送速度，配線構成等	【H28-1　第3問 (2)】 ☑☑☑

1.5 メガビット／秒方式の ISDN 一次群速度ユーザ・網インタフェースを用いた通信の特徴について述べた次の記述のうち，<u>誤っているもの</u>は，　(イ)　である．

① 伝送路符号として，B8ZS 符号を用いている．
② 1回線の伝送速度は，1.544 メガビット／秒である．
③ 1回線を用いて 25B＋D の伝送が可能である．
④ D チャネルのチャネル速度は，64 キロビット／秒である．
⑤ DSU と TE 間は，ポイント・ツー・ポイントの配線構成をとる．

解説

・①は正しい．B8ZS（Binary8-Zero Substitution）符号とは，ビット 0（伝送パルスなし）が，8個連続すると，バイポーラ・バイオレーションを含みパルスのある特別のパターンに変換する方式で，ビット 0 が連続したときでもビット同期ができるようになっています．**B8ZS は，ISDN 一次群速度インタフェースのレイヤ 1 で使用されています**．

・②は正しい．ISDN 一次群速度インタフェースでは，125〔μs〕周期で 193〔bit〕のフレームを伝送しています．このうち，情報ビットが 192〔bit〕で残りの 1〔bit〕を F ビットといい，フレーム同期用や誤りチェック符号，アラーム表示に使われています．このため，**ISDN 一次群速度インタフェースの伝送速度は，193〔bit〕×8〔kHz〕＝1544〔kbit/s〕＝1.544〔Mbit/s〕** となります．

・ISDN 一次群速度ユーザ・網インタフェースのチャネル数は 24 で，そのうち，一つのチャネルが D チャネルの場合，**B チャネル数は 23** です．そのため，1回線を用いて <u>23</u>B＋D の伝送が可能です（③は誤り）．

・④，⑤は正しい．

【解答　イ：③（誤り）】

　　ISDN 一次群速度ユーザ・網インタフェース（1.5 メガビット／秒方式）を使用して通信する場合の特徴について述べた次の記述のうち，正しいものは，　(ウ)　である．

① 最大8台までの端末を接続できる．
② 最大2回線の電話回線として利用できる．
③ Dチャネル競合制御手順を有している．
④ 伝送路符号として，HDB3 符号を用いている．
⑤ 1フレームは，Fビットと24個のタイムスロットで構成されている．

解説

・ISDN 一次群速度ユーザ・網インタフェースは**ポイント・ツー・ポイント構成**であるため，接続できる端末数は1台です（①は誤り）．

・ISDN 一次群速度ユーザ・網インタフェースは**23B＋D** の構成の場合，最大 23 回線の電話回線として利用できます（②は誤り）．

・ISDN 一次群速度ユーザ・網インタフェースで**接続できる端末は1台**であるため，Dチャネル競合制御手順は有していません（③は誤り）．

①，②，③の設問は ISDN 基本ユーザ・網インタフェースの説明になっています．

・ISDN 一次群速度ユーザ・網インタフェースでは，**符号化方式**として，B8ZS 符号を用いています（④は誤り）．

・⑤は正しい．ISDN 一次群速度ユーザ・網インタフェースでは，**193〔bit〕のフレーム**が **125〔μs〕周期で転送**されます（193×8〔kHz〕＝1544〔kbit/s〕）．**193〔bit〕のフレーム**は，**Fビット1〔bit〕**と，**24個のタイムスロットで構成**されます．タイムスロットはチャネル（1チャネル 8〔bit〕）ごとに割り当てられます．ISDN 一次群速度ユーザ・網インタフェースのフレーム構成は本節問1の解説を参照のこと．

【解答　ウ：⑤（正しい）】

3章
ネットワークの技術

問 1	伝送路符号化方式	【R1-2　第4問 (1)】 ✓✓✓

1000BASE-T では，送信データを 8 ビットごとに区切ったビット列に 1 ビットの冗長ビットを加えた 9 ビットが四つの 5 値情報に変換される ■（ア）■ といわれる符号化方式が用いられている．

① 8B／6T　　② 8B／10B　　③ 8B1Q4
④ MLT-3　　⑤ NRZI

解説

1000BASE-T では，送信データを 8〔bit〕ごとに区切ったビット列に 1〔bit〕の冗長ビットを加えた 9〔bit〕が四つの 5 値情報に変換される (ア)8B1Q4 といわれる符号化方式が用いられています．

変換前の 9〔bit〕の情報は 2 の 9 乗，$2^9 = 512$ 通りとなります．8B1Q4 の 5 値情報の符号とは，一つの符号に五つの値をもたせることで，1 回に「+2，+1，0，−1，−2」というように五つの値を送ります．1000BASE-T では，UTP ケーブル上で 5 値の情報を五つの電圧値として送ります．8B1Q4 では，5 値情報を 4 組送るので情報の組合せは 5 の 4 乗，$5^4 = 625$ 通りで，512 通りの 9〔bit〕の情報を，625 通りの 4 組の 5 値情報に置き換えることができます．

【解答　ア：③ (8B1Q4)】

問 2	10G ビットイーサネット	【R1-2　第5問 (5)】 ✓✓✓

10GBASE-LW の物理層では，上位 MAC 副層からの送信データを符号化後，WAN インタフェース副層において ■（オ）■ が行われ，WAN とのシームレスな接続を実現している．

① 媒体アクセス制御　　② クロック抽出　　③ パラレル／シリアル変換
④ 電気／光変換　　⑤ SDH/SONET フレーム化

解説

10GBASE-LW のように最後の文字が「**W**」である規格は，**SDH/SONET** の **WAN**（広域網）上で伝送される規格を意味します．この規格のイーサネットフレームの伝送では，上位 MAC 副層からの送信データを符号化後，WAN インタフェース副層において

(オ)SDH/SONET フレーム化が行われます.

【解答　オ：⑤（SDH/SONET フレーム化）】

| 問3 | 10G ビットイーサネット | 【H31-1　第2問 (5)】 ☑☑☑ |

　IEEE802.3ae として標準化された WAN 用の＿(オ)＿の仕様では，信号光の波長として 850 ナノメートルの短波長帯が用いられ，伝送媒体としてマルチモード光ファイバが使用される.

① 10GBASE-EW　　② 10GBASE-SW　　③ 10GBASE-LR
④ 10GBASE-SR　　⑤ 1000BASE-SX

解説

　IEEE802.3ae は，光ファイバを使用した 10G ビットイーサネットの規格の名称です．IEEE802.3ae において標準化された WAN 用の(オ)10GBASE-SW の仕様では，信号光の波長として **850〔nm〕の短波長帯**が用いられ，伝送媒体としてマルチモード光ファイバが使用されます．「10GBASE-SW」の名称の中で，「**S**」**は短波長帯（Short）を意味し，「W」は WAN 用を意味します.**

参考

IEEE802.3ae は，光ファイバを使用した 10G ビットイーサネットの規格の名称で，その種類を下表に示す.

表　10G ビットイーサネットの種類

規　格	伝送路	対応光ファイバ	伝送距離
10GBASE-LX4	LAN 用	MMF/SMF	300〔m〕（MMF） 10〔km〕（SMF）
10GBASE-SR		MMF	300〔m〕
10GBASE-LR		SMF	10〔km〕
10GBASE-ER			40〔km〕
10GBASE-SW	WAN 用	MMF	300〔m〕
10GBASE-LW		SMF	10〔km〕
10GBASE-EW			40〔km〕

SMF：シングルモード光ファイバ
MMF：マルチモード光ファイバ

【解答　オ：②（10GBASE-SW）】

本問題と同様の問題が平成 29 年度第 2 回試験に出題されています.

問4　伝送路符号化方式　　　　　　　　　　　【H31-1　第4問 (1)】☑☑☑

　デジタル信号を送受信するための伝送路符号化方式において，符号化後に高レベルと低レベルなど二つの信号レベルだけをとる2値符号には　(ア)　符号がある．

① PR-4　　② MLT-3　　③ PAM-5　　④ AMI　　⑤ NRZI

解説

　デジタル信号を送受信するための伝送路符号化方式において，符号化後に高レベルと低レベルなど二つの信号レベルだけをとる2値符号には(ア)NRZI符号があります．NRZI（Non Return to Zero Inversion）は，下図に示すように2値符号でビット値1が発生するごとに信号レベルが低レベルから高レベルへ，または高レベルから低レベルへと遷移する符号化方式です．

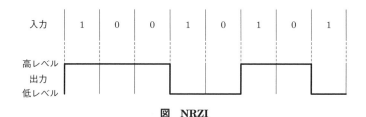

図　NRZI

参考

試験には，本問題の選択肢のうち，AMI符号とMLT-3符号がよく出題されているが，AMI符号は信号が "0" の場合，電位0となり，信号が "1" の場合，ビットのスロットの中で「電位E→電位0」への変化と，「電位−E→電位0」への変化を交互に行う．また，MLT-3符号ではデータが "0" のときはレベルに変化はなく，データが "1" のときは，Middle → High → Middle → Low → Middle と順次変化するというように，ともに3値をとる．

【解答　ア：⑤（NRZI）】

問5　10Gビットイーサネット　　　　　　　　　【H30-2　第2問 (5)】☑☑☑

　IEEE802.3ae において標準化された LAN 用の　(オ)　の仕様では，信号光の波長として 1,550 ナノメートルの超長波長帯が用いられ，伝送媒体としてシングルモード光ファイバが使用される．

① 10GBASE-LR　　② 10GBASE-ER　　③ 10GBASE-SR
④ 10GBASE-LW　　⑤ 1000BASE-LX

解説

IEEE802.3ae において標準化された LAN 用の(オ)10GBASE-ER の仕様では，信号光の波長として 1,550〔nm〕の超長波長帯が用いられ，伝送媒体としてシングルモード光ファイバが使用されます．

10GBASE-ER の規格の名称のうち，「E」は長距離伝送が可能な 1,550〔nm〕の超長波長帯，「R」は LAN 用の規格を意味します．10G ビットイーサネットの規格の一覧は，本節問 3 の解説の表を参照のこと．

【解答　オ：②（10GBASE-ER）】

本問題と同様の問題が平成 29 年度第 1 回試験に出題されています．

問6	10G ビットイーサネット	【H30-1　第2問 (5)】 ☑☑☑

IEEE802.3ae において標準化された WAN 用の＿＿(オ)＿＿ の仕様では，信号光の波長として 1,310 ナノメートルの長波長帯が用いられ，伝送媒体としてシングルモード光ファイバが使用される．

① 1000BASE-SX ② 10GBASE-LX4 ③ 10GBASE-CX4
④ 10GBASE-ER ⑤ 10GBASE-LW

解説

IEEE802.3ae において標準化された WAN 用の(オ)10GBASE-LW の仕様では，信号光の波長として 1,310〔nm〕の長波長帯が用いられ，伝送媒体としてシングルモード光ファイバが使用されます．**10GBASE-LW の規格の名称の中で，「L」は波長が 1,310〔nm〕の長波長帯**，また，**「W」は SDH 上で伝送される WAN 用の規格を意味します．**

IEEE802.3ae は，光ファイバを使用した 10G ビットイーサネットの規格の名称です．IEEE802.3ae 規格の種類は本節問 3 の解説の表を参照のこと．

【解答　オ：⑤（10GBASE-LW）】

問7	伝送路符号化方式	【H30-1　第4問 (1)】 ☑☑☑

デジタル信号を送受信するための伝送路符号化方式のうち＿＿(ア)＿＿符号は，図に示すように，ビット値 0 のときは信号レベルを変化させず，ビット値 1 が発生するごとに，信号レベルが 0 から高レベルへ，高レベルから 0 へ，又は 0 から低レベルへ，低レベルから 0 へと，信号レベルを 1 段ずつ変化させる符号である．

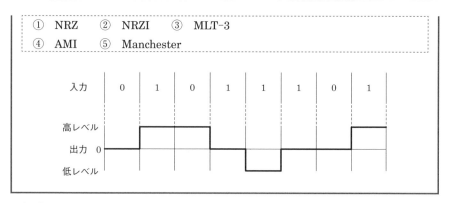

① NRZ　② NRZI　③ MLT-3
④ AMI　⑤ Manchester

解説

設問の図で示されるように，ビット値0のときは信号レベルを変化させず，ビット値1が発生するごとに，信号レベルが0から高レベルへ，高レベルから0へ，または0から低レベルへ，低レベルから0へと，信号レベルを1段ずつ変化させる符号は，(ア)MLT-3 です.

【解答　ア：③（MLT-3）】

本問題と同様の問題が平成28年度第1回試験に出題されています.

| 問8 | 伝送路符号化方式 | 【H29-2　第4問 (1)】 ☑☑☑ |

100BASE-FXでは，送信するデータに対して4B/5Bといわれるデータ符号化を行った後，　(ア)　といわれる方式で信号を符号化する.　(ア)　は，図に示すように2値符号でビット値1が発生するごとに信号レベルが低レベルから高レベルへ又は高レベルから低レベルへと遷移する符号化方式である.

① NRZ　② NRZI　③ MLT-3
④ AMI　⑤ Manchester

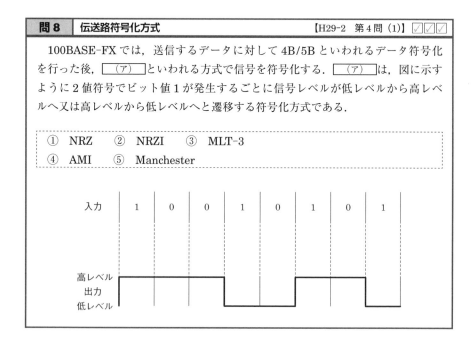

解説

設問の図のように，2値符号でビット値1が発生するごとに信号レベルが低レベルから高レベルへ，または高レベルから低レベルへと遷移する符号化方式は$_{(ア)}$**NRZI**（Non Return to Zero Inversion）です．ビット値0の場合は，信号レベルは変化しません．

【解答　ア：②（NRZI）】

本問題と同様の問題が平成28年度第2回試験に出題されています．

問9	イーサネットのフレームフォーマット	【H29-1　第4問 (1)】 ☑☑☑

IEEE802.3で規定されたイーサネットのフレームフォーマットを用いてフレームを送信する場合は，受信側に受信準備をさせるなどの目的で，フレーム本体ではない信号を最初に8バイト送信する．これは7バイトのプリアンブルとそれに続く1バイトの［　(ア)　］で構成され，［　(ア)　］は10101011のビットパターンをもち，この直後からイーサネットフレーム本体が開始されることを示す．

　　①　FCS　　②　Length　　③　SA　　④　DA　　⑤　SFD

解説

IEEE802.3で規定されたイーサネットのフレームで，7〔byte〕のプリアンブル（"10101010"が7個連続する）の後に，1〔byte〕の$_{(ア)}$SFD（Start Frame Delimiter）が送信されます．SFDのビットパターンは，"10101011"で，**最後のビットが"1"であることによりプリアンブルと区別されます**．SFDの直後からイーサネットフレーム本体が送信されます．

【解答　ア：⑤（SFD）】

問10	イーサネットのフレームフォーマット	【H28-2　第4問 (1)】 ☑☑☑

IEEE802.3で規定されたイーサネットのフレームフォーマットを用いてフレームを送信する場合は，受信側に受信準備をさせるなどの目的で，フレーム本体ではない信号を最初に送信する．これは［　(ア)　］といわれ，7バイトで構成され，10101010のビットパターンが7回繰り返される．受信側は［　(ア)　］を受信中に受信タイミングの調整などを行う．

　　①　SFD　　②　DA　　③　SA　　④　Preamble　　⑤　FCS

解説

IEEE802.3で規定されたイーサネットのフレームフォーマットを用いてフレームを

送信する場合は，受信側に受信準備をさせるなどの目的で，フレーム本体ではない信号を最初に送信します．これは_(ア)Preamble（プリアンブル）といわれ，7〔byte〕で構成され，10101010のビットパターンが7回繰り返されます．受信側は_(ア)Preamble を受信中に受信タイミングの調整などを行います．

　なお，Preamble は，ハードウェアにより生成され，受信後に破棄されるためイーサネットフレームのサイズには含まれません．イーサネットフレームのサイズは，最小64〔byte〕，最大 1,518〔byte〕となっています．

【解答　ア：④（Preamble）】

▶▶イーサネットフレームのフォーマット

　イーサネットのフレームフォーマットを下図に示します．イーサネットフレームのサイズは，プリアンブルと SFD を除く DA から FCS までで，最大 1,518〔byte〕，最小64〔byte〕となっています．フレームサイズが最小の場合のユーザデータ長は 46〔byte〕となります．最小パケット長の 64〔byte〕は，初期の同軸ケーブルを使用したバス型イーサネットにおいて，通信速度が 10〔Mbit/s〕の場合に CSMA/CD 方式で確実にデータの衝突を検知するために規定されました．なお，現在のスイッチングハブでは，異なるノード間で送信データの衝突は起こらないため，衝突検知の機能は不要となっています．

〔byte〕	7	1	6	6	2	46〜1,500	4
	プリアンブル	SFD	DA	SA	タイプ	ユーザデータ	FCS

プリアンブル：ビットパターン "10101010" の7回繰返し
SFD：Start Frame Delimiter，ビットパターンは，"10101011"
DA：宛先 MAC アドレス
SA：送信元 MAC アドレス
タイプ：上位層パケットの種類を表す（例：IPv4：0x0800，ARP：0x0806，
　　　　RARP：0x8035，IPv6：0x86dd）
FCS：Frame Check Sequence，誤りチェック符号

問 1	G-PON	【R1-2 第2問 (1)】 ☑☑☑

　光アクセスシステムを構成する PON の一つとして，ITU-T G.984 として標準化され，GTC フレームと GEM フレームを使用し，最大伝送速度が下り方向では 2.4 ギガビット／秒，上り方向では 1.2 ギガビット／秒の ［　(ア)　］ がある．

　① B-PON　　② GE-PON　　③ G-PON
　④ XG-PON　　⑤ NG-PON2

■解説

　光アクセスシステムを構成する PON の一つで，ITU-T G.984 として標準化された PON は $_{(ア)}$G-PON です．日本では GE-PON が広く使用されていますが，G-PON は GE-PON（上り下りとも 1.25〔Gbit/s〕）よりも高速で，主に欧米で広く使用されています．G-PON では，上り速度が 156〔M〕，622〔M〕，1.24〔G〕，2.49〔Gbit/s〕，下り速度が 1.24〔G〕，2.49〔Gbit/s〕と規定され，上り速度が下り速度を上回らないという条件で組み合わせて使用されます．

【解答　ア：③（G-PON）】

問 2	光アクセスネットワーク	【R1-2 第4問 (2)】 ☑☑☑

　光アクセスネットワークの設備構成として，電気通信事業者のビルから配線された光ファイバの1心を，分岐点において光スプリッタで分岐し，個々のユーザにドロップ光ファイバケーブルを用いて配線する構成を採るシステムは，［　(イ)　］といわれる．

　① OTN　　② PON　　③ xDSL　　④ TCM　　⑤ HFC

■解説

　光アクセスネットワークの設備構成として，電気通信事業者のビルから配線された光ファイバの1心を，**分岐点において光スプリッタで分岐**し，個々のユーザにドロップ光ファイバケーブルを用いて配線する構成をとるシステムは，$_{(イ)}$PON（Passive Optical Network）システムといわれます．ドロップ光ファイバケーブルとは，電柱から個人宅，マンションへの引込み等に使用する光ファイバケーブルです．

【解答　イ：②（PON）】

本問題と同様の問題が平成 29 年度第 2 回試験に出題されています.

| 問 3 | **GE-PON** | 【H31-1　第 2 問 (1)】 ☑☑☑ |

GE-PON の上り信号及び下り信号について述べた次の二つの記述は，　(ア)　.

A　GE-PON の上り信号は光スプリッタで合波されるため，各 ONU からの上り信号が衝突しないよう OLT が各 ONU に対して送信許可を通知することにより，上り信号を時間的に分離して衝突を回避している.

B　GE-PON の下り信号は放送形式で OLT 配下の全 ONU に到達するため，各 ONU は，受信フレームの取捨選択をイーサネットフレームのプリアンブルに収容された LLID といわれる識別子を用いて行っている.

① 　A のみ正しい　　　② 　B のみ正しい
③ 　A も B も正しい　　④ 　A も B も正しくない

解説

・A は正しい. 各 ONU からの上り信号が衝突しないよう OLT が各 ONU に対して送信許可を通知することにより，上り信号を時間的に分離して衝突を回避する方式は TDMA（Time Division Multiple Access：時分割多元接続）といいます. なお，似た用語として DBA（Dynamic Bandwidth Allocation：動的帯域割当て）がありますが，DBA とは，「ONU から OLT への上り帯域をトラヒック量に応じて動的に割り当てる機能」という意味です.

・B は正しい. プリアンブルとは，受信側がビット同期を行うために，フレーム本体の前に送信される信号です.

【解答　ア：③（A も B も正しい）】

本問題と同様の問題が平成 27 年度第 2 回試験に出題されています.

| 問 4 | **ADSL** | 【H31-1　第 4 問 (2)】 ☑☑☑ |

ITU-T G.992.1 及び G.992.2 として標準化された ADSL の変調方式は，　(イ)　といわれ，帯域幅が 4 キロヘルツのサブキャリアを多数配置することにより広い帯域を細かく区切り，個々に独立した帯域を使用する方法が用いられている.

① 　DMT　　② 　PCM　　③ 　ATM　　④ 　STM　　⑤ 　TDM

解説

ITU-T G.992.1 および G.992.2 において標準化された ADSL の変調方式は, $_{(\mathcal{T})}$DMT といわれます. G.992.1 は,「フルレート ADSL」とも呼ばれ, 25〔kHz〕~1.1〔MHz〕の周波数帯域の高周波数部分に下り最大 223 個, 低周波数部分に上り最大 32 個のサブキャリアを用意した方式です. G.992.2 は「簡易版 ADSL」とも呼ばれ, サブキャリア数は G.992.1 よりも少ない.

【解答 イ：① (DMT)】

本問題と同様の問題が, 平成 29 年度第 1 回と平成 28 年度第 1 回および平成 27 年度第 1 回の試験に出題されています.

問 5	GE-PON	【H30-2 第 2 問 (1)】 ☑☑☑

GE-PON システムでは, 1 心の光ファイバで上り方向と下り方向の信号を同時に送受信するために, 上りと下りで異なる波長の光信号を用いる ┃ (ア) ┃ 技術が用いられている.

① WDM　② ATM　③ TDD　④ TDM　⑤ TDMA

解説

GE-PON システムでは, 1 心の光ファイバで上り方向と下り方向の信号を同時に送受信するために, 上りと下りで異なる波長の光信号を用いる$_{(\mathcal{T})}$WDM 技術が用いられています. WDM(Wavelength Division Multiplexing)は波長分割多重という意味です. GE-PON では, 上り方向(ONU → OLT)の伝送で 1.31〔μm〕帯, 下り方向(OLT → ONU)で 1.49〔μm〕帯の波長が用いられています.

【解答 ア：① (WDM)】

問 6	光アクセスネットワーク	【H30-2 第 4 問 (1)】 ☑☑☑

光アクセスネットワークの設備構成などについて述べた次の二つの記述は, ┃ (ア) ┃.

A　電気通信事業者のビルから配線された光ファイバの 1 心を, 分岐点において光スプリッタで分岐し, 個々のユーザにドロップ光ファイバケーブルを用いて配線する構成を採る方式は, xDSL といわれる.

B　CATV センタからの映像をエンドユーザへ配信する CATV システムにおいて, ヘッドエンド設備からアクセスネットワークの途中の光ノードまでの区間に光ファイバケーブルを用い, 光ノードからユーザ宅までの区間に同軸ケーブルを用

いて配線する構成を採る方式は，HFC といわれる．

> ①　A のみ正しい　　　②　B のみ正しい
> ③　A も B も正しい　　④　A も B も正しくない

解説

・電気通信事業者のビルから配線された光ファイバの 1 心を，分岐点において光スプリッタで分岐し，個々のユーザにドロップ光ファイバケーブルを用いて配線する構成をとる方式は，<u>PON（Passive Optical Network）</u>といわれます（A は誤り）．
・B は正しい（HFC：Hybrid Fiber Coaxial）．

【解答　ア：②（B のみ正しい）】

問 7	GE-PON	【H30-1　第 2 問 (1)】 ☑☑☑

GE-PON システムについて述べた次の二つの記述は，　(ア)　．

A　GE-PON の上り信号は合波されるため，各 ONU からの上り信号が衝突しないよう OLT が各 ONU に対して送信許可を通知することにより，上り信号を時間的に分離して衝突を回避している．

B　GE-PON システムは，OLT と ONU との間において，給電が必要な能動素子で構成される多重化装置を用いて光信号を合・分波し，1 台の OLT に複数の ONU が接続される．

> ①　A のみ正しい　　　②　B のみ正しい
> ③　A も B も正しい　　④　A も B も正しくない

解説

・A は正しい．上り信号を時間的に分離して衝突を回避する方式は，**TDMA** といいます．
・GE-PON システムは，OLT と ONU との間において，**給電が不要な受動素子で構成される光スプリッタ**を用いて光信号を合・分波し，1 台の OLT に複数の ONU が接続されます（B は誤り）．

【解答　ア：①（A のみ正しい）】

問8 光アクセスネットワーク 【H30-1 第4問 (2)】 ☑☑☑

光アクセスネットワークの設備構成などについて述べた次の二つの記述は, ___(イ)___.

A 電気通信事業者のビルから集合住宅の MDF 室などまでの区間には光ファイバケーブルを使用し, MDF 室などに設置された集合メディア変換装置から各戸までの区間には VDSL 方式を適用して既設の電話用配線を利用する方法がある.

B 電気通信事業者のビルから配線された光ファイバの1心を, 分岐点において光受動素子を用いて分岐し, 個々のユーザの引込み区間にドロップ光ファイバケーブルを使用して配線する構成を採る方式は, ADS 方式といわれる.

① A のみ正しい   ② B のみ正しい
③ A も B も正しい   ④ A も B も正しくない

解説

・A は正しい. VDSL は ADSL と同様, 電話回線を使用した伝送方式で, ADSL に比べ伝送距離は短いが, 伝送速度は高いという特徴があります. このため, 主に集合住宅内の伝送に使用されます.

・電気通信事業者のビルから配線された光ファイバの1心を, 分岐点において光受動素子を用いて分岐し, 個々のユーザの引込み区間にドロップ光ファイバケーブルを使用して配線する構成をとる方式は, PDS (Passive Double Star) 方式といわれます (B は誤り).

この光アクセスネットワークは「**PON**」と呼ばれていますが, 光スプリッタという受動素子 (Passive 素子) を用いて光ファイバを2度 (Double) 分岐するスター (Star) 構成であるため, **PDS (パッシブ・ダブルスター)** といわれます.

【解答 イ:① (A のみ正しい)】

問9 GE-PON 【H29-2 第2問 (1)】 ☑☑☑

GE-PON システムで用いられている OLT 及び ONU の機能などについて述べた次の二つの記述は, ___(ア)___.

A OLT は, ONU がネットワークに接続されるとその ONU を自動的に発見し, 通信リンクを自動で確立する. この機能は P2MP ディスカバリといわれる.

B OLT は, 同一の下り信号を放送形式で配下の全 ONU に送信するため, 各 ONU は受信したフレームが自分宛であるかどうかを受信フレームの DA (Destination Address) フィールドに収容された LLID (Logical Link ID) といわれる

識別子により判断し，取捨選択を行っている．

```
①　Aのみ正しい　　　②　Bのみ正しい
③　AもBも正しい　　④　AもBも正しくない
```

・Aは正しい．「P2MPディスカバリ」では，ユーザ側のONUがPONに接続された場合に，そのONUを通信事業者側のOLTが自動的に発見し，ONUにLLID（Logical Link Identification：論理リンク識別子）を付与して通信リンクを自動的に確立します．

・OLTは，同一の下り信号を放送形式で配下の全ONUに送信するため，各ONUは受信したフレームが自分宛であるかどうかを受信フレームのプリアンブルに収容されたLLIDといわれる識別子により判断し，取捨選択を行っています（Bは誤り）．

　　　　　　　　　　　　　　　　　【解答　ア：①（Aのみ正しい）】

本問題と同様の問題が平成28年度第1回試験に出題されています．

問10　**GE-PON**　　　　　　　　　【H29-1　第2問（1）】☑☑☑

GE-PONにおける上り帯域制御などについて述べた次の二つの記述は，
　（ア）　．

A　GE-PONの上り信号は光スプリッタで合波されるため，各ONUからの上り信号が衝突しないようOLTが各ONUに対して送信許可を通知することにより，上り信号を時間的に分離して衝突を回避している．

B　GE-PONでは，伝送帯域を有効活用するため，一般に，上り信号の帯域を動的に制御しており，各ONUは上りのデータ量をOLTへ通知し，OLTが各ONUに帯域を割り当てるP2MPといわれる機能が用いられている．

```
①　Aのみ正しい　　　②　Bのみ正しい
③　AもBも正しい　　④　AもBも正しくない
```

・Aは正しい．

・GE-PONでは，伝送帯域を有効活用するため，一般に，上り信号の帯域を動的に制御しており，各ONUは上りのデータ量をOLTへ通知し，OLTが各ONUに帯域を割り当てる **DBA**（Dynamic Bandwidth Allocation）といわれる機能が用いられています（Bは誤り）．

「**P2MP ディスカバリ**」とは，ユーザ側の ONU が PON に接続された場合に，その ONU を OLT が自動的に発見し，ONU に LLID（Logical Link Identification：論理リンク識別子）を付与して通信リンクを自動的に確立する機能です.

【解答　ア：①（A のみ正しい）】

問 11　　光アクセスネットワーク　　　　　　　　【H29-1　第 4 問 (2)】　☑☑☑

光アクセスネットワークの設備構成などについて述べた次の記述のうち，<u>誤っているもの</u>は，　 （イ） 　である.

① 　光アクセスネットワークの設備構成には，電気通信事業者のビルから集合住宅の MDF 室などまで光ファイバケーブルを敷設し，ユーザ側は光信号を電気信号に変換して，VDSL により既設の電話用の配線を利用する形態のものがある.

② 　光アクセスネットワークには，OLT と ONU の間に光信号を合・分波する光スプリッタを設置し，一つの OLT に複数の ONU を接続する方式がある.

③ 　光アクセスネットワークには，波長分割多重伝送技術を使い，上り，下りで異なる波長の光信号を用いて，1 心の光ファイバで上り，下りの信号を同時に送受信する全二重通信を行う方式がある.

④ 　ADS は，電気通信事業者のビルから配線された光ファイバの 1 心を，分岐点において光受動素子を用いて 8 分岐又は 16 分岐し，個々のユーザにドロップ光ファイバケーブルを用いて配線する方式である.

解説

・①〜③は正しい.

・<u>PDS</u> は，電気通信事業者のビルから配線された光ファイバの 1 心を，分岐点において光受動素子（光スプリッタ）を用いて 8 分岐または <u>4 分岐</u>し，個々のユーザにドロップ光ファイバケーブルを用いて配線する方式です. **電源を必要としない光受動素子を使用するため**，**PDS**（Passive Double Star：パッシブダブルスター）**といいます.**「パッシブ」は受動（電源を使用しない），「ダブル」は二重という意味（④は誤り）.

なお，ADS は Active Double Star の略で，"Active（アクティブ）"は電源を使用することを意味します.

【解答　イ：④（誤り）】

GE-PON システムについて述べた次の二つの記述は，　(ア)．

A　GE-PON システムは，転送フレーム形式にイーサネットフレームを用いた光アクセスネットワークであり，OLT と ONU との間において，給電が必要な能動素子で構成される．一般に，RT といわれる多重化装置を用いて光信号を合・分波し，1 台の OLT に複数の ONU が接続される．

B　GE-PON の上り信号は合波されるため，各 ONU からの上り信号が衝突しないよう OLT が各 ONU に対して送信許可を通知することにより，上り信号を時間的に分離して衝突を回避している．

① 　A のみ正しい　　　② 　B のみ正しい
③ 　A も B も正しい　　④ 　A も B も正しくない

解説

・GE-PON システムは，転送フレーム形式にイーサネットフレームを用いた光アクセスネットワークであり，OLT と ONU との間において，給電が<u>不要な受働素子</u>で構成される．一般に，<u>光スプリッタ（スターカプラとも呼ばれる）</u>といわれる分岐装置を用いて光信号を合・分波し，1 台の OLT に複数の ONU が接続されます（A は誤り）．

・B は正しい．送信許可の通知方法は IEEE802.3ah で規定されていて，「GATE」と呼ばれる制御フレームを OLT から各 ONU へ送信することにより行われます．**GATE フレームには，ONU に対する送信開始時刻と送信量が設定されていて，ONU はその指示に従って上り信号の送信を行います．**

【解答　ア：② （B のみ正しい）】

光アクセスネットワークの設備構成のうち，電気通信事業者の設備から配線された光ファイバ回線を分岐することなく，電気通信事業者側とユーザ側に設置されたメディアコンバータなどとの間を 1 対 1 で接続する構成は，　(オ)　といわれる．

① 　PDS　　② 　ADS　　③ 　HDSL　　④ 　HFC　　⑤ 　SS

解説

光アクセスネットワークの設備構成のうち，電気通信事業者の設備から配線された光ファイバ回線を分岐すること

POINT
Single Star は 1 対 1 接続を意味する．

なく，電気通信事業者側とユーザ側に設置されたメディアコンバータなどとの間を**1
対1で接続する構成**は，(オ)SS（Single Star）といわれます．

　これに対し，OLT と ONU の間で受動素子である**光スプリッタを2台使用して1対
Nのスター構成をとる PON** は，**PDS**（Passive Double Star）といわれます（"Passive"
は受動素子，"Double" は二重を意味する）．

【解答　オ：⑤（SS）】

問 14	ADSL	【H27-2　第4問 (1)】 ☑☑☑

　ITU-T G.992 において標準化された ADSL 規格には，付帯規格として　(ア)
があり，これは ISDN 回線からの漏話による ADSL 回線への影響を緩和する対策
がとられている規格である．

　　①　Annex B　　　②　Annex C　　　③　Annex D
　　④　Annex E　　　⑤　Annex H

解説

　ITU-T G.992 において標準化された ADSL 規格には，付帯規格として(ア)Annex C
があり，これは ISDN 回線からの漏話による ADSL 回線への影響を緩和する対策がと
られている規格です．

　日本の ISDN では，ピンポン伝送を行っているため，ISDN 回線からの漏話の大きさ
が周期的に変化します．そこで，**Annex C** では，ISDN から受ける漏話の影響を最小
限にするため，ISDN 雑音の大きい漏話（近端漏話）のタイミングではデータ量を少な
く，ISDN 雑音の小さい漏話（遠端漏話）のタイミングではデータ量を多くするように
制御します．

【解答　ア：②（Annex C）】

問 15	GE-PON	【H27-2　第4問 (2)】 ☑☑☑

　GE-PON について述べた次の二つの記述は，　(イ)　．

A　GE-PON では，毎秒 10 ギガビットの上り帯域を各 ONU で分け合うので，上
　り帯域を使用していない ONU にも帯域が割り当てられることによる無駄をなく
　すため，OLT に DBA（動的帯域割当）アルゴリズムを搭載し，上りのトラヒッ
　ク量に応じて柔軟に帯域を割り当てている．

B　GE-PON の DBA アルゴリズムを用いた DBA 機能には，一般に，帯域制御機
　能と遅延制御機能がある．

① Aのみ正しい　　② Bのみ正しい
③ AもBも正しい　　④ AもBも正しくない

・GE-PON の伝送速度は <u>1〔Gbit/s〕</u> で，ONU から OLT への上り方向の伝送では，**DBA アルゴリズムを使用して，ONU の上りのトラヒック量に応じて，各 ONU に柔軟に伝送帯域を割り当てています**（A は誤り）．

・B は正しい．**帯域制御機能とは上述の DBA アルゴリズムを使用して伝送帯域を割り当てる機能**です．遅延制御機能とは，ONU が端末から受信したデータを OLT に送信するまでの待ち時間（遅延時間）に対し，低遅延クラスと通常遅延クラスの二つのクラスを設定して，低遅延クラスでは，ONU から OLT への上りトラヒックに加わる遅延時間をある一定の範囲内に収まるように制御する機能です．低遅延クラスは，IP 電話やテレビ電話など，遅延時間に厳しいサービスに適用されます．

【解答　イ：②（B のみ正しい）】

問 16　　**GE-PON**　　　　　　　　　　　【H27-1　第 2 問 (1)】　☑☑☑

　GE-PON では，OLT が配下の各 ONU に対して上り信号を ［　(ア)　］ するため送信許可を通知し，各 ONU からの上り信号は衝突することなく，光スプリッタで合波されて OLT に送信される．

① 波長ごとに分離　　② 位相ごとに合成　　③ 空間的に分離
④ 偏波面ごとに合成　　⑤ 時間的に分離

　GE-PON では，OLT が配下の各 ONU に対して上り信号を $_{(ア)}$時間的に分離するため送信許可を通知し，各 ONU からの上り信号は衝突することなく，光スプリッタで合波されて OLT に送信されます．**上り信号を時間的に分離して衝突を回避する方式は，TDMA**（Time Division Multiple Access：時分割多元接続）といいます．

【解答　ア：⑤（時間的に分離）】

問 17　　**GE-PON**　　　　　　　　　　　【H27-1　第 4 問 (2)】　☑☑☑

　GE-PON では，OLT からの下り信号が放送形式で配下の全 ONU に到達するため，各 ONU は受信フレームの取捨選択をイーサネットフレームの ［　(イ)　］ に収容された LLID（Logical Link ID）といわれる識別子を用いて行っている．

> ① PA（PreAmble） ② DA（Destination Address）
> ③ SA（Source Address） ④ PAD（Padding Bit）
> ⑤ FCS（Frame Check Sequence）

■解説■

　GE-PON では，OLT からの下り信号が放送形式で配下の全 ONU に到達するため，各 ONU は受信フレームの取捨選択をイーサネットフレームの(ｲ)PA（PreAmble）に収容された LLID（Logical Link ID）といわれる識別子を用いて行っています．**LLID は GE-PON のフレームの先頭 8〔byte〕の PA（プリアンブル）に埋め込まれます.**

【解答　イ：①（PA（PreAmble））】

3章

ネットワークの技術

▶▶ GE-PON における上り信号制御

　GE-PON では，TDMA 方式により ONU から OLT への上り信号を時間的に分離して衝突を回避しています．また，DBA 機能を使用して，ONU からのトラヒック量に応じて各 ONU に伝送帯域を割り当てています．これら上り信号の伝送制御は，IEEE802.3ah で規定されている MPCP（Multi Point Control Protocol）というプロトコルを使用して実現されています．OLT は MPCP で規定されている GATE フレームにより，それぞれの ONU が時間的に衝突することなく送信できるように送信開始時刻と送信量を指示します．一方，ONU は REPORT フレームにより ONU のバッファに蓄積されている送信待ちのデータ量を OLT に伝えます．この GATE フレームと RE-PORT フレームとを用いた上り信号制御の手順を下図に示します.

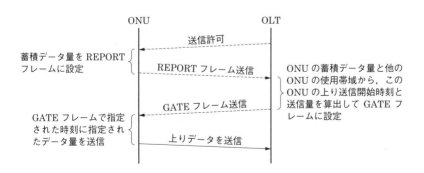

3-3 IP ネットワークの技術

問 1　ルーティングプロトコル　　【R1-2　第 4 問 (5)】 ✓✓✓

　広域イーサネットなどについて述べた次の二つの記述は，　(オ)　.

A　IP-VPN がレイヤ 3 の機能をデータ転送の仕組みとして使用するのに対して，広域イーサネットはレイヤ 2 の機能をデータ転送の仕組みとして使用する.

B　広域イーサネットにおいて利用できるルーティングプロトコルには，EIGRP，IS-IS などがある.

```
① 　Aのみ正しい　　　　② 　Bのみ正しい
③ 　AもBも正しい　　　④ 　AもBも正しくない
```

解説

・A は正しい. **IP はレイヤ 3，イーサネットはレイヤ 2 のプロトコルです.**

・B は正しい. **EIGRP** は，RIP のようなディスタンスベクタ型と，OSPF のようなリンクステート型の両方の特徴を備えたシスコ独自のハイブリッド型ルーティングプロトコルです. **IS-IS** は OSPF と同様，リンクステート型のルーティングプロトコルの一種で，OSI プロトコルの一つです.

【解答　オ：③（AもBも正しい）】

本問題と類似の問題が平成 29 年度第 2 回試験に出題されています.

問 2　音声パケット伝送　　【R1-2　第 4 問 (4)】 ✓✓✓

　IP 電話の音声品質に影響を与える IP パケットの転送遅延は，端末間の伝送路の物理的な距離による伝送遅延と，ルータなどにおける　(エ)　による遅延が主な要因となる.

```
① 　セッション管理　　② 　モニタリング　　③ 　エコー
④ 　キューイング　　　⑤ 　圧縮／伸張
```

解説

　IP 電話において，人が音声を発してから受信側で音声を再生するまでの遅延時間は次の①〜④を足し合わせた時間になります. このうち，**IP ネットワーク内での伝送遅延は②と③の時間を加えた時間になります.**

　①発信側の IP 電話端末などで，音声をデジタル化し IP パケットに収容し伝送を開

始するまでの時間

② IP ネットワークの伝送路上にパケットの信号を伝送する場合の伝送距離に依存する伝搬遅延

③ ルータなどにおいて，IP パケットを受信してから，バッファに(エ)キューイングして待ち合わせて伝送するまでの遅延

④ 受信側の IP 電話端末などで，一定時間（数十〔ms〕程度）音声パケットを蓄積してから音声の再生を開始するまでの揺らぎ吸収遅延

【解答　エ：④（キューイング）】

3章　ネットワークの技術

問3	IPv4 ヘッダ	【R1-2　第5問 (4)】 ☑☑☑

優先制御や帯域保証に対応している IPv4 ベースの IP 網において，IPv4 ヘッダにおける　(エ)　フィールドは，IP データグラムの優先度や，データグラム転送における遅延，スループット，信頼性などのレベルを示している．

① GFC（Generic Flow Control）　　② ToS（Type of Service）
③ TTL（Time To Live）　　④ ID（Identification）
⑤ PT（Payload Type）

解説

IPv4 のヘッダにおける(エ)ToS（Type of Service：サービスタイプ）フィールドは，IP データグラムの優先度や，データグラム転送における遅延，スループット，信頼性などのレベルを示しています．

「優先度」には，どの IP パケットを優先的に転送するかという優先レベルが設定されます．

【解答　エ：②（ToS（Type of Service））】

本問題と同様の問題が平成 30 年度第 2 回と平成 29 年度第 1 回の試験に出題されています．

問4	ICMPv6	【H31-1　第4問 (4)】 ☑☑☑

ICMPv6 について述べた次の二つの記述は，　(エ)　．

A　ICMPv6 の情報メッセージでは，IPv6 のアドレス自動構成に関する制御などを行う ND（Neighbor Discovery）プロトコルで使われるメッセージなどが定義されている．

B　IPv6 ノードによって使用される ICMPv6 は，IPv6 を構成する一部分であるが，

IPv6 ノードの使用形態によっては ICMPv6 を実装しなくてもよいと規定されている.

① A のみ正しい　　② B のみ正しい
③ A も B も正しい　　④ A も B も正しくない

・A は正しい. **ND**（Neighbor Discovery：近隣探索）プロトコルでは，**ICMPv6** を使用して **IPv6 のアドレス自動構成に関する制御**などを行います. 具体的には，ルータ探索や，ルータからの通知メッセージの受信を行います. また，ICMPv6 メッセージの交換により通信したい相手の IPv6 アドレスから相手のレイヤ 2 アドレス（MAC アドレス）を求めます.

・IPv6 では ND プロトコルにより，ICMPv6 を使用して行われます. このような **IPv6 にとって必須の処理を行うために，ICMPv6 の実装も必須となっています**（B は誤り）.

📖 **参考**

IPv4 では ICMP の実装は必須ではない. IPv4 では，IP アドレスから MAC アドレスを求める処理は ARP を使用して行っている.

【解答　エ：①（A のみ正しい）】

問 5　**IPv6 アドレス**　　　　　　　【H30-2　第 4 問 (3)】 ☑☑☑

IPv6 アドレスは 128 ビットで構成され，マルチキャストアドレスは，128 ビット列のうちの □ (ウ) □ が全て 1 である.

① 先頭 8 ビット　　② 末尾 8 ビット　　③ 先頭 16 ビット
④ 末尾 16 ビット　　⑤ 先頭 32 ビット　　⑥ 末尾 32 ビット

IPv6 アドレスでは，マルチキャストアドレスは，128 ビット列のうちの (ウ) 先頭 8〔bit〕がすべて 1 です. IPv6 のアドレスの型を指定する先頭ビットは「プレフィックス」と呼ばれ，IPv6 では次頁の表の値が定義されています.

アドレスの型	プレフィックス
マルチキャスト	1111 1111
リンクローカルユニキャスト	1111 1110 10
ユニークローカルユニキャスト	1111 110
グローバルユニキャスト	上記以外

表　IPv6 アドレスの型とプレフィックス

【解答　ウ：①（先頭 8〔bit〕）】

本問題と同様の問題が平成 28 年度第 2 回試験に出題されています．

問 6	IPv6 パケット	【H30-1　第 4 問 (3)】 ☑☑☑

IPv6 の中継ノード（ルータなど）で転送されるパケットについては，送信元ノードのみがパケットを分割することができ，中継ノードはパケットを分割しないで転送するため，IPv6 では□(ウ)□機能を用いることにより，あらかじめ送信先ノードまでの間で転送可能なパケットの最大長を検出する．

- ① MLD（Multicast Listener Discovery）
- ② ND（Neighbor Discovery）
- ③ DBA（Dynamic Bandwidth Allocation）
- ④ PMTUD（Path MTU Discovery）
- ⑤ CIDR（Classless Inter-Domain Routing）

解説

IPv6 の中継ノード（ルータなど）で転送されるパケットについては，送信元ノードのみがパケットを分割することができ，中継ノードはパケットを分割しないで転送するため，IPv6 では(ウ)PMTUD（Path MTU Discovery）機能を用いることにより，あらかじめ送信先ノードまでの間で転送可能なパケットの最大長を検出します．

　PMTUD のコマンドを発行すると，ICMP メッセージでさまざまな長さのパケットが伝送されます． 途中のルータでパケット長が MTU（最大パケットサイズ）を超えるパケットを受信すると廃棄するため，相手へのパケット到着可否によって送信側で MTU の長さを判断できます．

【解答　ウ：④（PMTUD）】

問 7 | ルーティングプロトコル | 【H29-2 第 4 問（4）】 ☑☑☑

広域イーサネットなどについて述べた次の二つの記述は，　（エ）　．

A　IP-VPN は，レイヤ 2 の機能をデータ転送の仕組みとして使用するのに対して，広域イーサネットは，レイヤ 3 の機能をデータ転送の仕組みとして使用する．

B　広域イーサネットにおいて利用できるルーティングプロトコルとして，電気通信事業者が指定したプロトコルのほかに，EIGRP，IS-IS などがある．

① Aのみ正しい　　　② Bのみ正しい
③ AもBも正しい　　④ AもBも正しくない

解説

・IP-VPN は，<u>レイヤ 3</u> の機能をデータ転送の仕組みとして使用するのに対して，広域イーサネットは，<u>レイヤ 2</u> の機能をデータ転送の仕組みとして使用します（Aは誤り）．

POINT
IP はレイヤ 3，イーサネットはレイヤ 2 のプロトコル．

・Bは正しい．EIGRP は，RIP のようなディスタンスベクタ型と，OSPF のようなリンクステート型の両方の特徴を備えたシスコ独自のハイブリッド型ルーティングプロトコルです．IS-IS は OSPF と同様，リンクステート型のルーティングプロトコルの一種で，OSI プロトコルの一つです．

【解答　エ：②（Bのみ正しい）】

問 8 | IPv6 パケットの分割処理 | 【H28-2 第 4 問（4）】 ☑☑☑

IPv6 ネットワークで転送されるパケットの分割処理などについて述べた次の二つの記述は，　（エ）　．

A　IPv6 ネットワークでは，送信しようとしたパケットがリンク MTU 値より大きいため送信できない場合などに，パケットサイズ過大（Packet Too Big）を示す ICMPv6 のエラーメッセージがパケットの送信元に返される．

B　IPv6 ネットワークのパケット転送においては，送信元ノードのみがパケットを分割することができ，中継ノードはパケットを分割しないで転送するため，パス MTU 探索機能により，あらかじめ送信先ノードまでの間で転送可能なパケットの最大長を検出する．

① Aのみ正しい　　　② Bのみ正しい
③ AもBも正しい　　④ AもBも正しくない

解説

・Aは正しい．ICMPv6のエラーメッセージには，「パケットサイズ過大」のほかに「宛先到達不能」「時間切れ（ホップリミット超過）」「パラメータ異常」などがあります．

・Bは正しい．IPv6では，中継ノードはパケットを分割しないで転送するため，送信元ノードは **PMTUD**（Path Maximum Transmission Unit Discovery：**パス MTU 探索機能**）により，**あらかじめ送信先ノードまでの間で転送可能なパケットの最大長を検出します**．PMTUDでは，途中のルータでパケット長がMTU（最大パケットサイズ）を超えるパケットを受信すると廃棄するため，相手へのパケット到着可否によって送信側でMTUの長さを判断します．

> **参考**
> IPv4では中継ノードでパケット分割を行う機能があるが，IPv6では中継ノードでのパケット分割は行わず，送信元ノードでのみ行う．

【解答　エ：③（AもBも正しい）】

本問題と同様の問題が平成27年度第2回試験に出題されています．

問9	IP パケットの分割処理	【H28-1　第4問 (2)】 ☑☑☑

　IPv6及びIPv4での中継ノード（ルータなど）で転送されるパケットの分割処理について述べた次の二つの記述は， [(イ)]．

A　IPv6では，送信元ノードのみがパケットを分割することができ，中継ノードはパケットを分割しないで転送するため，送信元ノードは，PMTUD（Path MTU Discovery）機能により，あらかじめ送信先ノードまでの間で転送可能なパケットの最大長を検出する．

B　IPv4では，中継ノードで転送されるパケットのDFビット値が1の場合は，パケットの送信元ノードから送信先ノードまでのパスにおいて，パスの最小MTU値より大きなパケットは分割されて転送される．

① Aのみ正しい　　② Bのみ正しい
③ AもBも正しい　④ AもBも正しくない

解説

・Aは正しい．PMTUDの説明は本節問8の解説を参照のこと．

・IPv4では，中継ノードで転送されるパケットのDF（Don't Fragment）ビット値が"0"の場合に，パケットの送信元ノードから送信先ノードまでのパスにおいて，パスの最大MTU値より大きなパケットは分割されて転送されます（Bは誤り）．なお，MTU値とは，ユーザデータにIPヘッダとその上位のヘッダ（TCPヘッダ，

ICMP ヘッダ）を加えた値を意味します．

【解答　イ：①（A のみ正しい)】

問 10　**IPv6 アドレス**　　　　　　　　　　　【H28-1　第 4 問（4)】 ☑☑☑

IPv6 アドレスについて述べた次の記述のうち，<u>誤っているもの</u>は，　(エ)　である．

> ①　IPv6 アドレスは，ユニキャストアドレス，マルチキャストアドレス及び
>   エニーキャストアドレスの 3 種類のタイプが定義されている．
> ②　IPv6 のマルチキャストアドレスは，上位 8 ビットが全て 1 である．
> ③　ユニキャストアドレスは，アドレス構造を持たずに 16 バイト全体でノー
>   ドアドレスを示すものと，先頭の複数ビットがサブネットプレフィックスを
>   示し，残りのビットがインタフェース ID を示す構造を有するものに大別さ
>   れる．
> ④　ユニキャストアドレスのうちリンクローカルユニキャストアドレスは，特
>   定リンク上に利用が制限されるアドレスであり，128 ビット列のうちの上位
>   16 ビットを 16 進数で表示すると fec0 である．

解説

IPv6 アドレスの型とプレフィックスの値は本節問 5 の解説の表を参照のこと．

・①，②は正しい．

・③は正しい．**IPv6 のユニキャストアドレス**には，先頭の複数ビットがサブネット
プレフィックスを示し，残りのビットがインタフェース ID を示す構造を有する「**グ
ローバルユニキャストアドレス**」，「**ユニークローカルユニキャストアドレス**」と，
アドレス構造をもたない「**リンクローカルユニキャストアドレス**」に大別されます．
グローバルユニキャストアドレスは全世界でユニークなアドレスです．一方，ユニ
クローカルユニキャストアドレスは，一つのユーザネットワーク内に閉じて使用さ
れます．

・IPv6 のユニキャストアドレスのうちリンクローカルユニキャストアドレスは，特
定リンク上でのみ使用されるアドレスで，先頭のプレフィックス 10〔bit〕が "1111
1110 10" であるため，128 ビット列のうちの上位 16〔bit〕を 16 進数で表示する
と "<u>fe80</u>" です（④は誤り）．

【解答　エ：④（誤り)】

3-4 MPLS を使用したネットワーク

問1 MPLS 網の構成 【H31-1 第4問 (5)】 ☑☑☑

広域イーサネットなどにおいて用いられる EoMPLS 技術について述べた次の二つの記述は，　(オ)　．

A　MPLS 網を構成する機器の一つであるラベルスイッチルータ（LSR）は，MPLS ラベルを参照して MPLS フレームを高速中継する．

B　MPLS 網内を転送された MPLS フレームは，一般に，MPLS ドメインの出口にあるラベルエッジルータ（LER）に到達した後，MPLS ラベルの除去などが行われ，オリジナルのイーサネットフレームとしてユーザネットワークのアクセス回線に転送される．

① Aのみ正しい　　② Bのみ正しい
③ AもBも正しい　　④ AもBも正しくない

解説

・A は正しい．MPLS におけるラベル情報を参照するラベルスイッチング処理では，前もって通信パスが設定されているため，一般に，IP のようにレイヤ3情報を参照してルーティング処理を行うパケットの転送速度と比較して速い．

・B は正しい．MPLS ラベルを付加したり，外したりするルータはラベルエッジルータ（LER：Label Edge Router）で，MPLS ラベルを参照して MPLS 網内でフレームを転送するルータはラベルスイッチングルータ（LSR：Label Switching Router）といいます．

【解答　オ：③（AもBも正しい）】

問2 EoMPLS 【H30-2 第4問 (4)】 ☑☑☑

広域イーサネットなどにおいて用いられる EoMPLS では，ユーザネットワークのアクセス回線から転送されたイーサネットフレームは，一般に，MPLS ドメインの入口にあるラベルエッジルータで PA（Preamble/SFD）と FCS が除去され，　(エ)　と MPLS ヘッダが付与される．

① VLAN タグ　　② IP ヘッダ　　③ TCP ヘッダ
④ L2 ヘッダ　　⑤ VC ラベル

3章

ネットワークの技術

101

EoMPLSでは，ユーザネットワークのアクセス回線から転送されたイーサネットフレームは，一般に，**MPLSドメインの入口にあるラベルエッジルータでPA（Preamble/SFD）とFCSが除去され**，(エ)L2ヘッダとMPLSヘッダが付与されます。

選択肢のうちのVLANタグは，イーサネットのレベルで仮想LAN（VLAN）を構築する場合に使用されます。

【解答 エ：④（L2ヘッダ）】

問 3	EoMPLS	【H30-1 第4問 (4)】 ☑☑☑

広域イーサネットで用いられるEoMPLSなどについて述べた次の二つの記述は，　(エ)　．

A　EoMPLSにおけるラベル情報を参照するラベルスイッチング処理によるフレームの転送速度は，一般に，レイヤ3情報を参照するルーティング処理によるパケットの転送速度と比較して遅い．

B　MPLS網を構成する主な機器には，MPLSラベルを付加したり，外したりするラベルエッジルータと，MPLSラベルを参照してフレームを転送するラベルスイッチルータがある．

① Aのみ正しい　　② Bのみ正しい
③ AもBも正しい　　④ AもBも正しくない

・EoMPLSにおけるラベル情報を参照するラベルスイッチング処理によるフレームの転送速度は，一般に，レイヤ3情報を参照するルーティング処理によるパケットの転送速度と比較して速い．つまり，**MPLSによるルーティングはIPによるルーティングよりも速い**（Aは誤り）．

・Bは正しい．イーサネットとの接続部にあって，MPLSラベルを付加したり，外したりするルータは**LER**（Label Edge Router）で，MPLS網内でMPLSラベルを参照してフレームを転送するルータは**LSR**（Label Switching Router）です。

【解答 エ：②（Bのみ正しい）】

問 4	EoMPLS	【H29-1 第4問 (4)】 ☑☑☑

広域イーサネットなどにおいて用いられるEoMPLS技術について述べた次の二つの記述は，　(エ)　．

A　MPLS 網を構成する機器の一つであるラベルスイッチルータ（LSR）は，MPLS ラベルを参照して MPLS フレームを高速中継する．

B　MPLS 網内を転送された MPLS フレームは，一般に，MPLS ドメインの出口にあるラベルエッジルータ（LER）に到達した後，MPLS ラベルが取り除かれ，オリジナルのイーサネットフレームとしてユーザネットワークのアクセス回線に転送される．

①　A のみ正しい　　　②　B のみ正しい
③　A も B も正しい　　④　A も B も正しくない

解説

・A は正しい．**LSR**（Label Switching Router）は，MPLS 網内において MPLS ラベルを参照して高速中継を行うルータです．

・B は正しい．逆にフレームがイーサネットから MPLS 網に転送されるときは，LER（Label Edge Router）で MPLS ラベルが付加されます．**LER** は MPLS 網においてイーサネットを接続するためのルータです．

【解答　エ：③（A も B も正しい）】

問 5　EoMPLS　　　　　　【H27-2　第 4 問 (3)】　☑☑☑

EoMPLS におけるイーサネットフレームを転送する技術などについて述べた次の記述のうち，誤っているものは　(ウ)　である．

①　ユーザネットワークのアクセス回線から転送されたイーサネットフレームは，一般に，MPLS ドメインの入口にあるラベルエッジルータ（LER）で PA（PreAmble/SFD）と FCS が除去され，レイヤ 3 転送用のヘッダと MPLS ヘッダが付加される．

②　MPLS ドメインの入口にある LER に転送されたユーザのイーサネットフレームは，ユーザを特定するための VC ラベルが付加され，トンネルラベルでカプセル化される．

③　MPLS ドメインの入口にある LER で転送用に付加される MPLS ヘッダは，トンネルラベルと VC ラベルから構成され，Shim ヘッダともいわれ，トンネルラベルは MPLS 網内のラベルスイッチルータ（LSR）で付け替えられて転送される．

④　トンネルラベルは，MPLS ドメインの出口にある LER の一段前の LSR

で削除される.

⑤　MPLS 網内を転送された MPLS フレームは，一般に，MPLS ドメインの出口にある LER に到達した後，ラベルが取り除かれ，オリジナルのイーサネットフレームとしてユーザネットワークのアクセス回線に転送される.

解説

・ユーザネットワークのアクセス回線から転送されたイーサネットフレームは，一般に，MPLS ドメインの入口にあるラベルエッジルータ（LER）で PA（PreAmble/SFD）と FCS（Frame Check Sequence）が除去され，<u>レイヤ 2 転送用のヘッダ</u>と MPLS ヘッダが付加されます（①は誤り）.
・②～⑤は正しい. Shim ヘッダ（シムヘッダ）を構成するトンネルラベルと VC ラベルの位置を下図に示します.

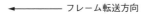

図　MPLS（Shim）ヘッダの構成

【解答　ウ：①（誤り）】

| **問6** | **EoMPLS** | 【H27-1　第4問 (3)】 ☑☑☑ |

EoMPLS におけるイーサネットフレームを転送する技術などについて述べた次の二つの記述は，　(ウ)　.

A　ユーザネットワークのアクセス回線から転送されたイーサネットフレームは，一般に，MPLS ドメインの入口にあるラベルエッジルータで PA（PreAmble/SFD）と FCS が除去され，レイヤ 3 転送用の MAC ヘッダと MPLS ヘッダが付与される.

B　MPLS 網内を転送された MPLS フレームは，一般に，MPLS ドメインの出口にあるラベルエッジルータで MPLS 網内転送用の MAC ヘッダが除去され，イーサネットフレームとしてユーザネットワークのアクセス回線に転送される.

①　A のみ正しい　　②　B のみ正しい
③　A も B も正しい　④　A も B も正しくない

解説

・ユーザネットワークのアクセス回線から転送されたイーサネットフレームは，一般

に，**MPLS** ドメインの入口にあるラベルエッジルータで PA（PreAmble/SFD）と FCS が除去され，レイヤ 2 転送用の MAC ヘッダと MPLS ヘッダが付与されます（A は誤り）.

・B は正しい．MPLS 網内を転送された MPLS フレームは，一般に，**MPLS** ドメインの出口にあるラベルエッジルータで MPLS 網内転送用の MAC ヘッダと MPLS ヘッダが除去され，PA（PreAmble/SFD）と FCS が付加されたイーサネットフレームとしてユーザネットワークのアクセス回線に転送されます.

【解答　ウ：②（B のみ正しい）】

▶▶ **MPLS** 網における **LER** と **LSR** の役割

本節問 5 で述べた EoMPLS におけるイーサネットフレームのルーティングは，下図にように表されます．MPLS 網内の転送経路（パス）はトンネルラベルで識別され，LSR で転送経路を示すトンネルラベルを付け替えて（下図では，T1，T2）転送されます.

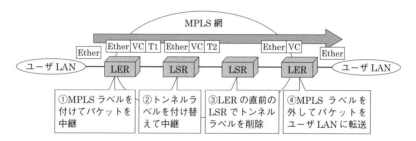

LER：Label Edge Router
LSR：Label Switching Router

Ether：ユーザ LAN から送られてきたイーサネットフレーム
VC：MPLS の VC ラベル
T1　T2：MPLS のトンネルラベル

MPLS は，EoMPLS のほかに，ユーザの IP ネットワークどうしを接続する IP-VPN（IP の仮想私設網）にも適用されています．MPLS では転送に先立って中継経路を決定してラベル情報の割当てを行い，中継経路の決定と転送処理が分離されていて，定期的にルーティング情報を交換する必要がないため，ルータの処理負荷が小さく高速ルーティングができるという特長があります.

3-5 ATM

【H30-2 第4問 (5)】 ✓✓✓

問1 伝送コンバージェンスサブレイヤ

SDH ベースのユーザ・網インタフェースにおける ATM の各レイヤのうち，伝送コンバージェンスサブレイヤの機能について述べた次の二つの記述は，　（オ）．

A　必要に応じて空きセルをパディングしてセル流の速度整合を行う．

B　セル同期の確立及びセルヘッダの誤り訂正を行う．

① Aのみ正しい　　② Bのみ正しい

③ AもBも正しい　④ AもBも正しくない

解説

ATM プロトコルの物理層のサブレイヤ（副層）である伝送コンバージェンスサブレイヤでは，ATM セルの速度整合，セル同期の確立およびセルヘッダの誤り検出／訂正を行います．ATM プロトコルの構成を下図に示します．

・A は正しい．「ATM セルの速度整合」とは，セルの伝送レートを一定に保つことであり，必要に応じて空きセルの挿入・削除を行うことによりセルの伝送レートを調整します．

・B は正しい．「セルヘッダの同期」とは，伝送されるセルビット列からセルの先頭を見つけ出すことであり，「セルヘッダの誤り検出／訂正」とは，セルのヘッダ部の誤っている部分を検出し元の正しい値に訂正することです．セル同期とセルヘッダの誤り検出／訂正には，セルのヘッダ部にある 1 〔byte〕の HEC（Header Er-

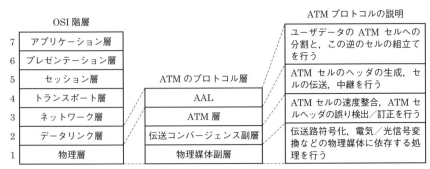

図　ATM のプロトコル構成

ror Control）が使用されます．セルのヘッダ部の誤り検出処理の中で HEC の位置
がわかりますので，同時にセル同期も行えます．

HEC を含む ATM のセルヘッダの構成は本節問 2 の解説を参照のこと．

【解答　オ：③（A も B も正しい）】

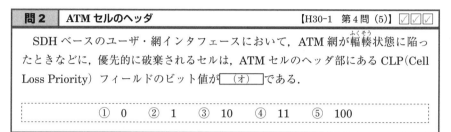

問2	ATM セルのヘッダ	【H30-1　第4問 (5)】 ☑☑☑

　SDH ベースのユーザ・網インタフェースにおいて，ATM 網が輻輳状態に陥っ
たときなどに，優先的に破棄されるセルは，ATM セルのヘッダ部にある CLP（Cell
Loss Priority）フィールドのビット値が　(オ)　である．

　　　　① 0　　② 1　　③ 10　　④ 11　　⑤ 100

解説

　SDH ベースのユーザ・網インタフェースにおいて，ATM 網が輻輳状態に陥ったと
きなどに，優先的に破棄されるセルは，ATM セルのヘッダ部にある CLP（Cell Loss
Priority）フィールドのビット値が(オ)1です．CLP はセル廃棄の順位を示す 1〔bit〕の
フィールドです．

　CLP を含む ATM のセルヘッダの構成を下図に示します．

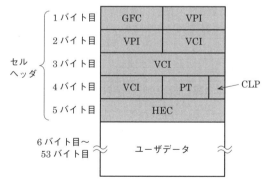

- ・GFC：一般的フロー制御
- ・CLP（1〔bit〕）：セル廃棄の順位
- ・HEC（ヘッダ誤り制御）：ヘッダ部分の誤り検出／訂正およびセル同期に使用

図　セルヘッダの構成

【解答　オ：②（1）】

3
章

ネットワークの技術

| 問3 | ATM 網の通信品質と伝送路符号化方式 | 【H29-2　第4問 (5)】 ☑☑☑ |

ATM の技術などについて述べた次の二つの記述は，　(オ)　．

A　ATM 網の通信品質は，セル損失率だけではなく，セルを受信端末に送り届けるまでに要する時間，遅延時間の揺らぎの程度などのパラメータも規定されている．

B　伝送コンバージェンスサブレイヤにおいて，転送される信号は，伝送媒体ごとに光信号は NRZ 符号に，電気信号は CMI 符号に伝送路符号化される．

```
①　A のみ正しい　　　　②　B のみ正しい
③　A も B も正しい　　　④　A も B も正しくない
```

解説

・A は正しい．ATM の通信品質を示すパラメータとして，**セル損失率**，**伝送遅延時間**，**遅延時間の揺らぎ**（**CDV**：Cell Delay Variation：セル遅延変動）があります．

・ATM の**物理媒体サブレイヤ**において，転送される信号は，伝送媒体ごとに**光信号はスクランブルド 2 値 NRZ** 符号に，**電気信号は NRZI** 符号に伝送路符号化されます（NTT の ATM 専用サービスの技術参考資料より，B は誤り）．

　　ATM プロトコルの伝送コンバージェンスサブレイヤでは，ATM セルの速度整合と ATM セルヘッダの誤り検出／訂正を行います．伝送路符号化や電気／光信号変換などの物理媒体に依存する処理は物理媒体サブレイヤで行います（本節問 1 の解説の ATM プロトコル構成の図を参照）．

【解答　オ：①（A のみ正しい）】

| 問4 | セルヘッダの構成と空きセルの挿入／破棄 | 【H29-1　第4問 (5)】 ☑☑☑ |

ATM の技術などについて述べた次の二つの記述は，　(オ)　．

A　ATM 網が輻輳状態に陥ったときなどに優先的に破棄されるセルは，セルのヘッダ部にある CLP（Cell Loss Priority）フィールドのビット値が 1 である．

B　SDH ベースのユーザ・網インタフェースにおいて，ATM アダプテーションレイヤで生成・挿入された空きセルは，転送先の ATM アダプテーションレイヤで破棄される．

```
①　A のみ正しい　　　　②　B のみ正しい
③　A も B も正しい　　　④　A も B も正しくない
```

解説

- Aは正しい．CLPを含むセルヘッダの構成は，本節問2の解説の図を参照．
- SDHベースのユーザ・網インタフェースにおいて，**空きセルの挿入・削除**は，速度整合（伝送レートを一定に保つ）のため，**ATMの物理層の一部の「伝送コンバージェンスサブレイヤ」**で実行されます．また，空きセルの挿入・削除は発信側，着信側の交換機のほかに中継交換機においても行われます（Bは誤り）．ATMのプロトコル構成は，本節問1の解説の図を参照．

【解答　オ：①（Aのみ正しい）】

本問題と同様の問題が平成27年度第1回試験に出題されています．

問5	ATM網の通信品質と空きセルの挿入／破棄	【H28-1　第4問 (5)】 ☑☑☑

ATMについて述べた次の二つの記述は，　(オ)　．

A　ATMアダプテーション・レイヤで速度整合のために生成・挿入された空きセルは，転送先のATMアダプテーション・レイヤで破棄される．

B　ATM網の通信品質は，セル損失率だけではなく，セルを受信端末に送り届けるまでに要する時間，遅延時間の揺らぎの程度などのパラメータも規定されている．

① Aのみ正しい　　② Bのみ正しい
③ AもBも正しい　　④ AもBも正しくない

解説

- 空きセルの挿入または破棄は，速度整合（伝送レートを一定に保つ）のため，**ATMの物理層の一部の「伝送コンバージェンスサブレイヤ」**で実行されます．発信側の伝送コンバージェンスサブレイヤで生成・挿入された空きセルは，転送先の伝送コンバージェンスサブレイヤで破棄されます（Aは誤り）．

　ATMアダプテーション・レイヤ（AAL：ATM Adaptation Layer）では，ユーザデータをATMセルに収容するため，送信側においてユーザデータの分割を行い，受信側でこの逆のATMセルのデータの組立てを行います（本節問1のATMプロトコル構成の図を参照）．

- Bは正しい．**遅延時間の揺らぎの程度は，CDV**（Cell Delay Variation：セル遅延変動）といいます．

【解答　オ：②（Bのみ正しい）】

SDH ベースのユーザ・網インタフェースにおける ATM の技術などについて述べた次の記述のうち，正しいものは，　(オ)　である．

① ATM アダプテーション・レイヤで生成・挿入された空きセルは，転送先の ATM アダプテーション・レイヤで破棄される．

② ATM 網が輻輳(ふくそう)状態に陥ったときなどに，優先的に破棄されるセルは，ATM セルのヘッダ部にある CLP（Cell Loss Priority）フィールドのビット値が 0 である．

③ 伝送コンバージェンスサブレイヤにおいて，転送される信号は，伝送媒体ごとに光信号は NRZ 符号に，電気信号は CMI 符号に伝送路符号化される．

④ 伝送コンバージェンスサブレイヤでは，上位レイヤからのセル流を下位レイヤに流すための速度整合を行う．

⑤ 物理媒体依存サブレイヤの機能であるセル同期は，一般に，自己同期スクランブラといわれるアルゴリズムが推奨されている．

解説

・空きセルの削除や挿入は，速度整合（伝送レートを一定に保つ）のため，発信側，着信側の ATM 交換機のほかに中継交換機において，ATM 物理層の<u>伝送コンバージェンスサブレイヤ</u>で行われます（①は誤り）．ATM のプロトコル構成は，本節問1の解説を参照のこと．

・ATM 網が輻輳状態に陥ったときなどに，優先的に破棄されるセルは，ATM セルのヘッダ部にある CLP（Cell Loss Priority）フィールドのビット値が <u>"1"</u> です（"0" のときは破棄されない．②は誤り）．

・ATM プロトコルの物理媒体サブレイヤにおいて，転送される信号は，伝送媒体ごとに光信号は<u>スクランブルド2値 NRZ</u> 符号に，電気信号は <u>NRZI</u> 符号に伝送路符号化されます（③は誤り）．

・④は正しい．

・**<u>伝送コンバージェンスサブレイヤの機能であるセル同期</u>**は，一般に，自己同期スクランブラといわれるアルゴリズムが推奨されています（⑤は誤り）．

【解答　オ：④（正しい）】

4章
トラヒック理論

本章の出題項目
・呼損率
・呼　量
・即時式完全線群
・待時式完全線群

呼損率を確率的に導く式であるアーラン B 式が成立する前提条件について述べた次の二つの記述は，　(ア)　.

A　入回線に生起する呼の回線保留時間は互いに独立で，いずれも指数分布に従い，かつ，損失呼は再発信する．

B　入回線数が無限で，出回線数が有限のモデルにランダム呼が加わる．

① A のみ正しい　　② B のみ正しい
③ A も B も正しい　④ A も B も正しくない

解説

呼損率を確率的に導く式であるアーラン B 式が成立する前提条件として次のことが挙げられます．

・呼の回線保留時間が互いに独立で指数分布に従い，かつ，損失呼は消滅する（A は誤り）．

・入回線数が無限で，出回線数が有限の**即時式完全線群**のモデルにランダム呼が加わる（B は正しい）．

即時式完全線群の「**完全線群**」とは，空いている出回線があれば，どの入回線からもその出回線へ接続できることを意味します．「**即時式**」とは，出回線がすべて塞がっている場合には，生起した呼は捨てられることを意味します．

【解答　ア：②（B のみ正しい）】

| 問 2 | 呼損率 | 【R1-2 第 5 問 (2)】 ☑☑☑ |

出回線数が 17 回線の交換線群に 15.0 アーランの呼量が加わったとき，呼損率を　(イ)　とすれば，回線の平均使用率は 60.0 パーセントである．

① 0.19　② 0.28　③ 0.32　④ 0.47　⑤ 0.53

解説

回線の平均使用率は出線能率ともいいます．

出線能率＝使用回線数÷回線数＝運ばれた呼量÷回線数

であるため，また，

運ばれた呼量＝加わった呼量（1－呼損率）

であるため，回線数を N，加わった呼量を a，出線能率を η とすれば，呼損率 B は次式で表されます．

$$B = \frac{加わった呼量 - 運ばれた呼量}{加わった呼量} = \frac{加わった呼量 - 出回線数 \times 出線能率}{加わった呼量}$$

$$= \frac{a - N \times \eta}{a}$$

これに，$N = 17$，$a = 15.0$ アーラン，出線能率 $\eta = 60$〔％〕（$= 0.6$）を代入すると，

呼損率 $B = \dfrac{a - N \times \eta}{a} = \dfrac{15 - 17 \times 0.6}{15} = \dfrac{4.8}{15} = 0.32$ （(イ)③）

となります．

【解答　イ：③（0.32）】

| **問3** | **アーランC式** | 【R1-2　第5問 (3)】 ☑☑☑ |

　あるコールセンタに設置されている四つのオペレータ席への平常時における電話着信状況を調査したところ，1時間当たりの顧客応対数が 16 人，顧客 1 人当たりの平均応対時間が 6 分であった．顧客がコールセンタに接続しようとした際に，全てのオペレータ席が応対中のため，応対待ちとなるときの平均待ち時間は，図を用いて算出すると　(ウ)　秒となる．

①　0.4　　②　1.6　　③　3.6　　④　7.2　　⑤　14.4

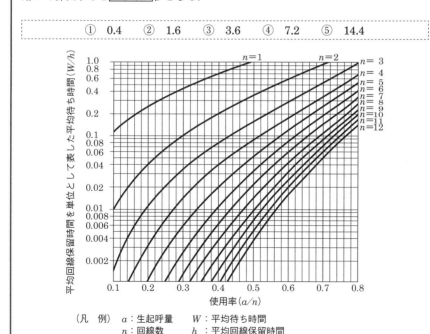

（凡　例）　a：生起呼量　　W：平均待ち時間
　　　　　　n：回線数　　h：平均回線保留時間

設問の図は，待時式完全線群の待合せ時間を示すアーランC式で，横軸に出回線の使用率（出線能率，a/n），縦軸に平均待ち時間（W）を平均回線保留時間（h）で割った値（W/h）を示します．これより，オペレータ席（四つ）が回線数（n），1時間当たりの顧客対応数（16人）が生起呼量（a），顧客1人当たりの平均応対時間（6分）が平均回線保留時間（h）に相当し，$n=4$，$a=16$，$h=6$〔分〕$=360$〔秒〕，となります．また，横軸の出回線の使用率 $=(a \times h) \div (60 \times n) = (16 \times 6) \div (60 \times 4) = 0.4$ となります（時間の単位を分に合わせて計算）．

求め方は，図で $n=1 \sim 12$ のうち，$n=4$ の曲線と横軸の出回線の使用率 0.4 の交点に対応する縦軸の値 W/h を求めます．$W/h = 0.04$ であるため，$W = 0.04 \times 6$〔分〕$= 0.04 \times 360$〔秒〕$=_{(ウ)}\underline{14.4}$〔秒〕となります．

【解答　ウ：⑤（14.4）】

問4　完全線群のトラヒック　　　【H31-1　第5問 (1)】 ☑☑☑

完全線群のトラヒックについて述べた次の二つの記述は，　[(ア)]　.

A　出回線数及び生起呼量が同じ条件であるとき，待時式の系は，即時式の系と比較して出線能率が高くなる．

B　待時式の系において，生起した呼が出回線塞がりに遭遇する確率は，一般に，呼損率といわれる．

- ①　Aのみ正しい　　　②　Bのみ正しい
- ③　AもBも正しい　　　④　AもBも正しくない

■解説■

・Aは正しい．**待時式**の系においては，生起した呼が出回線塞がりに遭遇した場合，その呼を廃棄せず，出回線が空くまで待ち合わせます．一方，**即時式**の系においては，生起した呼が出回線塞がりに遭遇した場合，その呼を廃棄します(呼損という)．そのため，待時式の系の方が，出回線が有効に使用され，即時式の系と比較して出線能率が高くなります．

・即時式の系において，生起した呼が出回線塞がりに遭遇する確率は，一般に，呼損率といわれます．**呼損は即時式の系で発生します**（Bは誤り）．

【解答　ア：①（Aのみ正しい）】

本問題と同様の問題が，平成29年度第1回試験に出題されています．

| 問5 | 呼損率 | 【H31-1 第5問 (2)】 ☑☑☑ |

　　入回線数及び出回線数がそれぞれ等しい即時式完全線群と即時式不完全線群とを比較すると，加わった呼量が等しい場合，一般に，呼損率は　(イ)　.

- ① 待合せ率の大きい方が小さい
- ② 即時式完全線群の方が大きい
- ③ 即時式不完全線群の方が大きい
- ④ 等しい

解説

　　即時式完全線群とは，出回線が空いている場合は常に接続できるスイッチを意味し，即時式不完全線群とは，出回線が空いていても接続できない場合があることを意味します．このため，即時式完全線群と即時式不完全線群とで入回線数，出回線数それぞれが同じ条件では，入回線に同時に入る呼量が同じ場合，使用される出回線数は，即時式完全線群の方が多くなり，運ばれる呼量も即時式完全線群の方が多くなります．

　　　　呼損率＝（加わった呼量－運ばれる呼量）／加わった呼量

であるため，呼損率は，運ばれる呼量がより少ない (イ)即時式不完全線群の方が大きい．

　　　　　　　【解答　イ：③（即時式不完全線群の方が大きい）】

本問題と同様の問題が平成27年度第2回試験に出題されています．

| 問6 | 呼量 | 【H31-1 第5問 (3)】 ☑☑☑ |

　　ある回線群の午前9時00分から午前9時20分まで及び午前9時20分から午前9時50分までの，それぞれの時間帯に運ばれた呼量及び平均回線保留時間は，表に示すとおりであった．この回線群で午前9時00分から午前9時50分までの50分間に運ばれた総呼数は，　(ウ)　呼である．

調査時間	9時00分～9時20分	9時20分～9時50分
運ばれた呼量	20.0アーラン	18.0アーラン
平均回線保留時間	200秒	150秒

- ① 163
- ② 290
- ③ 326
- ④ 336
- ⑤ 396

解説

　　　　　　呼量＝呼数×平均回線保留時間÷調査時間

の式より，調査時間9時00分～9時20分の間の呼数は，

　　　　　呼数＝呼量÷平均回線保留時間×調査時間＝20.0÷200×20×60＝120

調査時間9時20分～9時50分の間の呼数は，

$$呼数 = 呼量 \div 平均回線保留時間 \times 調査時間 = 18.0 \div 150 \times 30 \times 60 = 216$$

よって，

$$調査時間における総呼数 = 120 + 216 = \underset{(ウ)}{\underline{336}}\,④$$

【解答　ウ：④（336）】

問 7　呼量　　　　　　　　　　　　　【H30-2　第5問 (1)】 ☑☑☑

　出回線が 12 回線の即時式完全線群の交換機において 30 分間に 150 呼が加わった．このとき 1 呼当たりの平均回線保留時間が 120 秒であった場合，この交換機に加わった呼量は，　(ア)　アーランである．

　　　　① 0.1　　② 8　　③ 10　　④ 24　　⑤ 37.5

解説

　　　呼量 = 単位時間当たりの呼数 × 平均回線保留時間

　　　　　= 150〔呼〕× 120〔秒〕÷ 30〔分〕= 150 × 120 ÷ 60 ÷ 30 = 10 アーラン

【解答　ア：③（10）】

問 8　アーランの損失式　　　　　　　【H30-2　第5問 (2)】 ☑☑☑

　アーランの損失式は，出回線数を n，生起呼量を a アーラン，呼損率を B としたとき，$B = $　(イ)　と表される．

①
$$\cfrac{\cfrac{a^n}{n!}}{1 + \cfrac{a}{1!} + \cfrac{a^2}{2!} + \cdots + \cfrac{a^n}{n!}}$$

②
$$\cfrac{1 + \cfrac{a}{1!} + \cfrac{a^2}{2!} + \cdots + \cfrac{a^n}{n!}}{\cfrac{a^n}{n!}}$$

③
$$\cfrac{\cfrac{n^a}{a!}}{1 + \cfrac{n}{1!} + \cfrac{n^2}{2!} + \cdots + \cfrac{n^a}{a!}}$$

④
$$\cfrac{1 + \cfrac{n}{1!} + \cfrac{n^2}{2!} + \cdots + \cfrac{n^a}{a!}}{\cfrac{n^a}{a!}}$$

解説

　アーランの損失式は，出回線数を n，生起呼量を a アーラン，呼損率を B としたとき，B は，$\underset{(イ)}{}$ 設問の①の式で表されます．

　アーランの損失式で，「！」は階乗の記号で $3! = 3 \times 2 \times 1$ となります．アーランの損失式を選択する問題がよく出されますが，次のように覚えるとよいでしょう．

呼損率は1より大きくなることはない．よって，②と④は誤りとわかる．

呼損率は，出回線数 n がどのような値でも，生起呼 a が大きくなるに従い"1"に近づく．簡単のため，$n=1$ とすると，③の式≦1/2 a! となり"0"に近づく．一方，①の式は $=a/(1+a)$ で，これは a が大きくなるに従い"1"に近づく．よって，①以外は誤りとわかる．なお，階乗の式は整数であり，生起呼量 a は整数でない場合もあるので，a! を含む式は誤りと考えてもよい．

【解答　イ：①】

本問題と同様の問題が平成29年度第1回試験に出題されています．

問9　**待時式完全線群**　　　　　【H30-2　第5問 (3)】　☑☑☑

　あるコールセンタのオペレータ席への平常時における電話着信状況を1時間調査したところ，5人のオペレータが顧客対応をしたとき，顧客を待たせず応対できた数が135件，全てのオペレータが応対中のため顧客が応対待ちとなった数が15件であった．この応対待ちとなる確率を0.02以下にするには，表を用いて求めると，少なくとも　＿＿（ウ）＿＿　人のオペレータの増員が必要となる．

待時式完全線群負荷表

単位：アーラン

$M(0)$ \ n	0.01	0.02	0.05	0.10	$M(0)$ \ n	0.01	0.02	0.05	0.10
1	0.01	0.02	0.05	0.10	6	1.76	2.05	2.53	3.01
2	0.15	0.21	0.34	0.50	7	2.30	2.63	3.19	3.73
3	0.43	0.56	0.79	1.04	8	2.87	3.25	3.87	4.46
4	0.81	0.99	1.32	1.65	9	3.46	3.88	4.57	5.22
5	1.26	1.50	1.91	2.31	10	4.08	4.54	5.29	5.99

（凡　例）　　$M(0)$：待合せ率　　n：出回線数

①　1　　②　2　　③　3　　④　6　　⑤　7

解説

　設問の表で，出回線数 n はオペレータ数に相当します．オペレータ数 $n=5$ のときの待合せ率 $M(0) = 15 \div (15 + 135) = 0.10$ であるため，設問の表より呼量は2.31アーランとなります．

　呼量が2.31アーランのときに，待合せ率 $M(0)$ を0.02以下とするために必要なオペレータ数は，設問の表で $M(0) = 0.02$ で，呼量が2.31より大きくなる（2.63）$n=7$ です．このため，$7-5=2$ で，少なくとも 2 人のオペレータの増員が必要となります．

【解答　ウ：② (2)】

問 10　ランダム呼

【H30-1　第5問 (1)】 ☑☑☑

呼がランダム呼である場合の呼の生起条件について述べた次の二つの記述は，　(ア)　.

A　十分短い時間をとれば，その間に二つ以上の呼が生起する確率は無視できるほど小さい.

B　いつの時点でも呼が生起する確率は変動している. また，ある呼が生起する確率はその前に生起した呼の数に左右される.

①　Aのみ正しい　　　　②　Bのみ正しい
③　AもBも正しい　　　④　AもBも正しくない

解説

・Aは正しい. 十分に短い時間とは，呼が発生する確率が小さい時間を意味します.
・ランダム呼では，ある呼が生起する確率はその前に生起した呼の数に左右されません（Bは誤り）.「ランダム」とは事象が互いに影響されずに独立に発生することを意味します.

【解答　ア：①（Aのみ正しい)】

問 11　即時式完全線群

【H30-1　第5問 (2)】 ☑☑☑

出回線数が N の即時式完全線群において，加わった呼量が a アーラン，出線能率が η であるとき，呼損率は　(イ)　で表される.

①　$\dfrac{N \times (1-\eta)}{a}$　　　② $\dfrac{N \times \eta}{a}$　　　③ $\dfrac{a}{N \times (1-\eta)}$

④　$\dfrac{a - N \times \eta}{a}$　　　⑤ $\dfrac{a \times (1-\eta)}{N}$

解説

即時式完全線群において，出回線数が N，加わった呼量が a アーラン，出線能率が η であるとき，

　　　　出線能率 ＝ 運ばれた呼量 ÷ 出回線数

であるため，呼損率は次式で表されます.

$$\text{呼損率} = \frac{\text{加わった呼量} - \text{運ばれた呼量}}{\text{加わった呼量}} = \frac{\text{加わった呼量} - \text{出回線数} \times \text{出線能率}}{\text{加わった呼量}}$$

$$= \frac{a - N \times \eta}{a} \quad {}_{(イ)}④$$

【解答　イ：④】

本問題と同様の問題が平成 28 年度第 1 回試験に出題されています．

問12　呼量　　　　　　　　　　　　　　　　【H30-1　第5問 (3)】 ☑☑☑

　ある回線群の午前 9 時 00 分から午前 9 時 30 分まで及び午前 9 時 30 分から午前 10 時 00 分までの，各 30 分間に運ばれた呼数及び平均回線保留時間を調査したところ，表に示す結果が得られた．この回線群の午前 9 時 00 分から午前 10 時 00 分までの 1 時間に運ばれた呼量は，□(ウ)□アーランである．

時　刻	9 時 00 分〜9 時 30 分	9 時 30 分〜10 時 00 分
運ばれた呼数	180 呼	210 呼
平均回線保留時間	160 秒	120 秒

① 7.5　　② 15.0　　③ 15.2　　④ 30.0　　⑤ 30.3

解説

　　　　　　呼量＝運ばれた呼数×平均回線保留時間÷調査時間

で，調査時間は，午前 9 時 00 分〜午前 10 時 00 分までの 1 時間（3,600 秒）であるため，

　　　　　呼量＝$(180 \times 160 + 210 \times 120) \div 3600 = (28800 + 25200) \div 3600$

　　　　　　　＝$\underline{15.0}$ アーラン ${}_{(ウ)}②$

【解答　ウ：② (15.0)】

問13　呼量　　　　　　　　　　　　　　　　【H29-2　第5問 (1)】 ☑☑☑

　ある時間の間に出回線群で運ばれた呼量は，同じ時間の間にその回線群で運ばれた呼の平均回線保留時間中における□(ア)□の値に等しい．

① 待ち呼数　　② 最大呼数　　③ 呼数密度
④ 平均呼数　　⑤ 損失呼数

解説

　　　　　呼量＝呼数×呼の平均保留時間÷調査時間

　　　　　　　＝(呼数÷調査時間)×呼の平均保留時間

　　　　　　　＝平均呼数×呼の平均保留時間

よって，ある時間の間に出回線群で運ばれた呼量は，同じ時間の間にその出回線群で運ばれた呼の平均回線保留時間中における$_{(ア)}$平均呼数の値に等しい．

【解答　ア：④（平均呼数）】

問14	呼損率	【H29-2　第5問 (2)】 ✓✓✓

公衆交換電話網（PSTN）において一つの呼の接続が完了するためには，一般に，複数の交換機で出線選択を繰り返す．呼が経由する n 台の交換機の出線選択時の呼損率をそれぞれ B_1, B_2, ……, B_n とすれば，生起呼がいずれかの交換機で出線全話中に遭遇する確率，すなわち，総合呼損率は，　（イ）　の式で表される．

① $1-(1-B_1)(1-B_2)\cdots(1-B_n)$ 　② $\dfrac{1}{n}\sum_{k=1}^{n}(1-B_k)$ 　③ $1-\sum_{k=1}^{n}B_k$

④ $1-B_n n!$ 　⑤ $1-\dfrac{1}{n}\sum_{k=1}^{n}=1\,(1-B_k)$

解説

呼が経由する n 台の交換機の出線選択時の呼損率をそれぞれ B_1, B_2, ……, B_n とすると，運ばれた呼量の割合は（1－呼損率）であるため，生起呼が各交換機で，呼損とならずに次の交換機に運ばれる呼の割合は $(1-B_x)$ となります．また，呼がすべての交換機を通って運ばれる割合は，$(1-B_1)(1-B_2)\cdots\cdots(1-B_n)$ となります．

呼損率は（1－運ばれる呼の割合）であるため，呼がいずれかの交換機で出線全話中に呼損に遭遇する確率，すなわち，総合呼損率は，

$_{(イ)}1-(1-B_1)(1-B_2)\cdots(1-B_n)$

の式で表されます．

【解答　イ：①】

本問題と同様の問題が平成27年度第1回試験に出題されています．

問15	即時式完全線群	【H29-2　第5問 (3)】 ✓✓✓

即時式完全線群のトラヒックについて述べた次の二つの記述は，　（ウ）　．

A　ある回線群に加わった呼量が 32.0 アーラン，運ばれた呼量が 19.2 アーランであるとき，この回線群における呼損率は，0.6 である．

B　ある回線群についてトラヒックを 30 分間調査し，保留時間別に呼数を集計したところ，表に示す結果が得られた．調査時間中におけるこの回線群の呼量は，2.0 アーランである．

| ① Aのみ正しい | ② Bのみ正しい |
| ③ AもBも正しい | ④ AもBも正しくない |

1呼当たりの保留時間	100秒	150秒	200秒
呼　数	6呼	8呼	9呼

解説

・呼損率＝(生起呼量−運ばれた呼量)／生起呼量＝(32.0−19.2)/32.0＝0.4

　呼損率は0.4となります（Aは誤り）．

・呼量＝Σ(呼数×呼の平均保留時間)÷調査時間

　　＝(6×100＋8×150＋9×200)÷(30×60)

　　＝2.0

　呼量は2.0アーランとなります（Bは正しい）．

【解答　ウ：②（Bのみ正しい）】

問16　即時式完全線群　　　【H29-1　第5問 (3)】☑☑☑

　ある会社のPBXにおいて，外線発信通話のため発信専用の出回線が5回線設定されており，このときの呼損率は0.03であった．1年後，外線発信時につながりにくいため調査したところ，外線発信呼数が1時間当たり66呼で1呼当たりの平均回線保留時間が2分30秒であった．呼損率を当初の0.03に保つためには，表を用いて求めると，少なくとも　　(ウ)　　回線の出回線の増設が必要である．

| ① 1　　② 2　　③ 3　　④ 6　　⑤ 7 |

即時式完全線群負荷表　　単位：アーラン

n＼B	0.01	0.02	0.03	0.05	0.10
1	0.01	0.02	0.03	0.05	0.11
2	0.15	0.22	0.28	0.38	0.60
3	0.46	0.60	0.72	0.90	1.27
4	0.87	1.09	1.26	1.53	2.05
5	1.36	1.66	1.88	2.22	2.88
6	1.91	2.28	2.54	2.96	3.76
7	2.50	2.94	3.25	3.74	4.67
8	3.13	3.63	3.99	4.54	5.60
9	3.78	4.35	4.75	5.37	6.55
10	4.46	5.08	5.53	6.22	7.51

（凡　例）　B：呼損率　　n：出回線数

4章

トラヒック理論

121

　外線発信呼数が1時間（3,600秒）当たり66呼で，平均回線保留時間が2分30秒（150秒）であるため，呼量（アーラン）＝ 66×150÷3600 = 2.75 アーラン．表より呼損率が0.03となる呼量は，出回線数 $n = 6$ のとき 2.54 アーラン，出回線数 $n = 7$ のとき 3.25 アーランであるため，呼量が 2.75 アーランでも呼損率を 0.03 以下に保つためには，出回線数は 7 回線必要で，現状 5 回線設定されているため，増設する出回線数 ＝ 7 − 5 = 2$_{(\text{ウ})}$②となります．

【解答　ウ：②（2）】

問 17	呼損率	【H28-2　第5問 (1)】 ☑☑☑

　公衆交換電話網（PSTN）において一つの呼の接続が完了するためには，一般に，複数の交換機で出線選択を繰り返す．生起呼がどこかの交換機で出線全話中に遭遇する確率，すなわち，総合呼損率は，各交換機における出線選択時の呼損率が十分小さければ，各交換機の呼損率の　［　ア　］　にほぼ等しい．

　　① 最小値　　② 積　　③ 平均値　　④ 和　　⑤ 最大値

■解説■

　公衆交換電話網（PSTN）において一つの呼の接続が完了するためには，一般に，複数の交換機で出線選択を繰り返します．生起呼がどこかの交換機で出線全話中に遭遇する確率，すなわち，総合呼損率は，各交換機における出線選択時の呼損率が十分小さければ，下記のように，各交換機の呼損率の$_{(\text{ア})}$和にほぼ等しい．

　ある呼が呼損とならずに運ばれる確率は，呼損率を B_X とすると $(1 - B_X)$ となります．

　複数の交換機が多段に接続されている交換網において，各交換機における出線選択時の呼損率をそれぞれ，B_1，B_2，B_3，……とし，総合呼損率を B とすると，

　　　呼損なく運ばれる呼量の割合 ＝ $1 - B = (1 - B_1)(1 - B_2)(1 - B_3)$ ……

となり，これは，B_1，B_2，B_3 が十分小さい場合，$B_1 B_2$，$B_1 B_3$，$B_2 B_3$ の各値が B_1，B_2，B_3 に比べ，無視できるほど小さくなるため，

　　　$1 - B = (1 - B_1)(1 - B_2)(1 - B_3) \fallingdotseq 1 - (B_1 + B_2 + B_3)$

　これより，

　　　総合呼損率 $B \fallingdotseq B_1 + B_2 + B_3$　　（各交換機の呼損率 B_1，B_2，B_3 の和）

となります．

【解答　ア：④（和）】

問18　即時式完全線群　　【H28-2　第5問 (2)】 ☑☑☑

即時式完全線群のトラヒックについて述べた次の二つの記述は，　[　(イ)　].

A　ある回線群において，加わった呼量を a アーラン，そのときの呼損率を B とすると，この回線群で運ばれた呼量は，$a(1-B)$ アーランで表される.

B　ある回線群において，120分間に運ばれた呼数が 60 呼，その平均回線保留時間が 80 秒であったとき，この回線群で運ばれた呼量は 40 アーランである.

① Aのみ正しい　　　② Bのみ正しい

③ AもBも正しい　　④ AもBも正しくない

解説

・Aは正しい．運ばれた呼量の割合 $=1-$ 呼損率，であるため，

　　運ばれた呼量 $=$ 加わった呼量 $\times(1-$ 呼損率$)=a(1-B)$ アーラン

となります.

・呼量 $=$ 単位時間当たりの呼数 $\times$ 平均保留時間

　　$=60\times80$〔秒〕$\div120$〔分〕$=60\times80\div60\div120$

　　$≒\underline{0.67}$ アーラン（Bは誤り）.

POINT
呼量の計算では時間の単位（分，秒）を合わせて行う.

【解答　イ：①（Aのみ正しい）】

問19　出線能率　　【H28-2　第5問 (3)】 ☑☑☑

出回線数が 40 回線の回線群について，使用中の回線数を 3 分ごとに調査したところ，表に示す結果が得られた．この回線群の調査時間中における出線能率は，[　(ウ)　]パーセントとみなすことができる.

① 5　　② 8　　③ 20　　④ 24　　⑤ 53

調査時刻	9:00	9:03	9:06	9:09	9:12	9:15	9:18	9:21	9:24	9:27	9:30
使用中の回線数	8	15	5	6	9	5	7	7	6	12	8

解説

30分間の使用中回線数の平均は，

　　$(8+15+5+6+9+5+7+7+6+12+8)\div11=8$

　　出線能率 $=$ 使用中回線数 $\div$ 出回線数 $=8\div40\times100=20$〔%〕（③が正しい）

【解答　ウ：③（20）】

アーラン B 式は，　　(ア)　　の即時式完全線群のモデルにランダム呼が加わり，呼の回線保留時間分布が指数分布に従い，かつ，損失呼は消滅するという前提に基づき，呼損率を確率的に導く式である.

① 入線数有限，出線数有限　　② 入線数有限，出線数無限
③ 入線数無限，出線数有限　　④ 入線数無限，出線数無限
⑤ 入線数と出線数が同数

解説

アーラン B 式は，(ア) 入線数無限，出線数有限の即時式完全線群のモデルにランダム呼が加わり，呼の回線保留時間分布が指数分布に従い，かつ，損失呼は消滅するという前提に基づき，呼損率を確率的に導く式です.「完全線群」とは，空いている出回線があれば，どの入回線からもその出回線へ接続できることを意味します.「即時式」とは，出回線がすべて塞がっている場合に，生起した呼は捨てられることを意味します.

一方，空いている出回線がない場合に，その呼を待たせておき，出回線が空き次第割り当てる方式は「待時式」といい，入回線数は無限，ランダム呼，保留時間は指数分布という条件で，生起呼量と出回線数から呼の待合せ率を求める式は，アーラン C 式といいます.

【解答　ア：③（入線数無限，出線数有限）】

あるコールセンタに設置されている五つのオペレータ席への平常時における電話着信状況を調査したところ，1 時間当たりの顧客応対数が 20 人，顧客 1 人当たりの平均応対時間が 6 分であった. 顧客がコールセンタに接続しようとした際に，全てのオペレータ席が応対中のため，応対待ちとなるときの平均待ち時間は，図を用いて算出すると　　(ウ)　　秒となる.

①　0.4　　②　2.0　　③　3.6　　④　7.2　　⑤　14.4

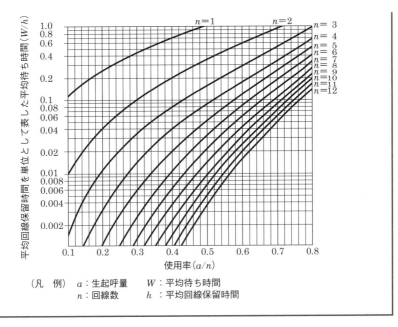

(凡　例)　a：生起呼量　　　W：平均待ち時間
　　　　　n：回線数　　　　h：平均回線保留時間

4章

トラヒック理論

■■**解説**■■

　設問の図は，待時式完全線群の待合せ時間を示すアーランＣ式で，横軸に出回線の使用率（出線能率，a/n），縦軸に平均待ち時間（W）を平均回線保留時間（h）で割った値（W/h）を示します．これより，オペレータ席（五つ）が回線数（n），1時間当たりの顧客対応数（20人）が生起呼量（a），顧客1人当たりの平均応対時間（6分）が平均回線保留時間（h）に相当し，$n=5$，$a=20$，$h=6$〔分〕$=360$〔秒〕，となります．また，

　　　　横軸の出回線の使用率 $= (a \times h) \div (60 \times n) = (20 \times 6) \div (60 \times 5) = 0.4$

となります．

　求め方は，図で $n=1 \sim 12$ のうち，$n=5$ の曲線と横軸の出回線の使用率 0.4 の交点に対応する縦軸の値 W/h を求めます．$W/h = 0.02$ であるため，

　　　　$W = 0.02 \times h = 0.02 \times 360$〔秒〕$ = {}_{(\upsilon)}\underline{7.2}$〔秒〕

となります．

【解答　ウ：④ (7.2)】

| 問22 | 即時式完全線群 | 【H27-2　第5問 (1)】 | ☑☑☑ |

　即時式完全線群のトラヒックについて述べた次の二つの記述は，　(ア)　．

A　ある回線群で運ばれた呼量は，出回線群の平均同時接続数，出回線群における

1時間当たりのトラヒック量などで表される.

B　ある回線群における出線能率は，出回線数を運ばれた呼量で除することにより
求められる.

① Aのみ正しい　　② Bのみ正しい
③ AもBも正しい　　④ AもBも正しくない

■解説■

・Aは正しい.

呼量＝単位時間当たりの呼数×平均保留時間

設問Aの出回線群の「平均同時接続数」は，「単位時間当たりの呼数」に相当し，
設問Aの「出回線群における1時間当たりのトラヒック量」は，「平均保留時間」
に相当します.

・出線能率＝使用回線数÷出回線数

使用回線数は運ばれた呼量（アーラン）に等しいため，出線能率は運ばれた呼量
を出回線数で除することにより求められます（Bは誤り）.

【解答　ア：①（Aのみ正しい)】

| 問23 | 呼　量 | 【H27-2　第5問 (3)】 ✓✓✓ |

ある回線群についてトラヒックを20分間調査し，保留時間別に呼数を集計した
ところ，表に示す結果が得られた.調査時間中におけるこの回線群の呼量が3.0アー
ランであるとき，保留時間が160秒の呼数は，　（ウ）　呼である.

① 2　　② 3　　③ 4　　④ 5　　⑤ 6

1呼当たりの保留時間	110秒	120秒	150秒	160秒
呼　数	5	10	7	（ウ）

■解説■

まず，1呼当たりの保留時間の異なる呼の「呼数×回線の平均保留時間」の総和を求
めます.

$$総和＝\sum 呼数×回線の平均保留時間$$
$$＝110×5＋120×10＋150×7＋160×x$$
$$＝550＋1200＋1050＋160x＝2800＋160x$$

ここで，x は保留時間が160〔秒〕の呼数

呼量＝Σ呼数×回線の平均保留時間÷調査時間

呼量＝3.0 アーラン，調査機関 20〔分〕（1,200〔秒〕）を代入する．

$3.0 = (2800 + 160x) \div 1200$ より，$160x = 3600 - 2800 = 800$

これより，保留時間が 160〔秒〕の呼数 $x = 5$ $_{(ウ)}$④）

【解答　ウ：④（5）】

問 24　**ランダム呼**　　　　　　　　　　　　　　【H27-1　第 5 問（1）】　☑☑☑

呼がランダム呼である場合の呼の生起条件について述べた次の二つの記述は，
　(ア)　．

A　いつの時点でも呼が生起する確率は変動している．また，ある呼が生起する確率はその前に生起した呼の数に左右される．

B　十分短い時間をとれば，その間に二つ以上の呼が生起する確率は無視できるほど小さい．

　①　Aのみ正しい　　　②　Bのみ正しい
　③　AもBも正しい　　　④　AもBも正しくない

■解説■

・ランダム呼では，いつの時点でも呼が生起する確率は同じです．また，ある呼が生起する確率はその前に生起した呼の数に左右されません（Aは誤り）．ランダムであることは事象が前の事象の発生に影響されず独立に発生することを意味します．

・Bは正しい．呼はランダムであるために，短い時間内に呼が連続して発生する確率は少ない．

【解答　ア：②（Bのみ正しい）】

問 25　**呼損率**　　　　　　　　　　　　　　【H27-1　第 5 問（3）】　☑☑☑

ある会社の PBX において，外線発信通話のため発信専用の出回線が 4 回線設定されており，このときの呼損率は 0.03 であった．1 年後，外線発信時につながりにくいため調査したところ，外線発信呼数が 1 時間当たり 72 呼で 1 呼当たりの平均回線保留時間が 2 分 30 秒であった．呼損率を当初の 0.03 に保つためには，表を用いて算出すると，少なくとも　(ウ)　回線の出回線の増設が必要である．

　　　　　①　1　　②　2　　③　3　　④　6　　⑤　7

即時式完全線群負荷表　　　単位：アーラン

n ＼ B	0.01	0.02	0.03	0.05	0.1
1	0.01	0.02	0.03	0.05	0.11
2	0.15	0.22	0.28	0.38	0.60
3	0.46	0.60	0.72	0.90	1.27
4	0.87	1.09	1.26	1.53	2.05
5	1.36	1.66	1.88	2.22	2.88
6	1.91	2.28	2.54	2.96	3.76
7	2.50	2.94	3.25	3.74	4.67
8	3.13	3.63	3.99	4.54	5.60
9	3.78	4.35	4.75	5.37	6.55
10	4.46	5.08	5.53	6.22	7.51

（凡　例）　B：呼損率　　n：出回線数

■解説

　1時間当たり72呼で1呼当たりの平均回線保留時間が2分30秒であるため，呼量は，72×150〔秒／時間〕$= 72 \times 150 \div 3600 = 3$アーランです．設問の表より，呼損率 B を0.03に維持した上で3アーランの呼を処理するためには出回線は7回線必要となります（7回線であると3.25アーラン処理できるが，6回線だと2.54アーランで3アーランまで処理できない）．現在の回線数は4回線であるため，増設する回線数は$_{(ウ)}$3回線となります．

【解答　ウ：③（3）】

5章
情報セキュリティの技術

問1	情報の盗み出し	【R1-2 第6問 (1)】 ☑☑☑

　暗号化処理を行っている装置が発する電磁波，装置の消費電力量，装置の処理時間の違いなどの物理的な特性を外部から測定することにより，秘密情報の取得を試みる攻撃手法は，一般に，　(ア)　攻撃といわれる．

① ブルートフォース　　② DDoS　　③ 選択暗号文
④ スマーフ　　⑤ サイドチャネル

解説

　装置が発する電磁波，装置の消費電力量，装置の処理時間の違いなどの物理的な特性を外部から測定することにより，暗号化された秘密情報の取得を試みる攻撃手法は，(ア)サイドチャネル攻撃といわれます．

　サイドチャネル攻撃は，暗号機能を内蔵した IC カードなど，暗号処理機能が組み込まれた電子機器や半導体製品を主な攻撃対象としています．サイドチャネル攻撃では，機器にさまざまなデータを入力し，**復号にかかる処理時間**や，**復号時の消費電力量，外部に発する電磁波，熱，音の変動**を測定し解析することにより暗号鍵を推測します．

【解答　ア：⑤ （サイドチャネル）】

問2	コンピュータウイルスの検出方式	【R1-2 第6問 (4)】 ☑☑☑

　コンピュータウイルス対策ソフトにおけるコンピュータウイルスを検出する方式について述べた次の二つの記述は，　(エ)　．

A　パターンマッチング方式では，既知のコンピュータウイルスのパターンが登録されているアクセス制御リスト（ACL）と検査の対象となるメモリやファイルなどを比較してウイルスを検出している．

B　ヒューリスティックスキャン方式では，拡張子が「.com」，「.exe」などの実行型ファイルが改変されていないかを確認することによってウイルスを検出している．

① Aのみ正しい　　② Bのみ正しい
③ AもBも正しい　　④ AもBも正しくない

■解説■

・パターンマッチング方式では，既知のコンピュータウイルスのパターンが登録されているウイルス定義ファイルと検査の対象となるメモリやファイルなどを比較してウイルスを検出しています（Aは誤り）．

・拡張子が「.com」「.exe」などの実行型ファイルが改変されていないかの確認とウイルスの検出には，ファイルのサイズやチェックサムをあらかじめ登録し，定期的に変更を確認することにより検出するチェックサム方式などが使用されます．**ヒューリスティックスキャン方式とは，プログラムの構造，動作，属性を解析し，他のプログラムでは見られない動作からウイルスを検出する方式です**（Bは誤り）．

拡張子が「.com」「.exe」などの実行型ファイルを改変するウイルスはファイル感染型ウイルスといいます．ファイル感染型ウイルスはプログラム実行時に起動したPC内で発病し，自己増殖やデータ破壊を行います．

【解答　エ：④（AもBも正しくない）】

問3	バッファオーバフロー攻撃	【H31-1　第6問（4）】 ☑☑☑

バッファオーバフロー攻撃は，あらかじめ用意したバッファに対して　（エ）　のチェックを厳密に行っていないOSやアプリケーションの脆弱性を利用するものであり，サーバが操作不能にされたり特別なプログラムが実行されて管理者権限を奪われたりするおそれがある．

① ファイルの拡張子　　② 関数呼び出し　　③ 入力データの冗長性
④ 入力データの機密性　　⑤ 入力データのサイズ

■解説■

バッファオーバフロー攻撃は，あらかじめ用意したバッファに対して(エ)入力データのサイズのチェックを厳密に行っていないOSやアプリケーションの脆弱性を利用するものであり，サーバが操作不能にされたり特別なプログラムが実行されて管理者権限を奪われたりするおそれがあります．

コンピュータのバッファは，プログラムの動作に必要な情報などを格納するスタック領域と，アプリケーションが操作するデータなどを格納するヒープ領域に分類されます．**バッファオーバフロー攻撃では，あらかじめ確保してあるこれらバッファのサイズを超えたデータを送り込むことで，バッファをオーバフローさせ，プログラムの誤作動を起こさせます**．バッファオーバフローを起こさせないために，入力データのサイズのチェックが必要になります．

【解答　エ：⑤（入力データのサイズ）】

5章
情報セキュリティの技術

| 問4 | スパムメール対策 | 【H30-2　第6問 (1)】 ☑☑☑ |

　ISP（Internet Service Provider）によるスパムメール対策として，ISP があらかじめ用意しているメールサーバ以外からのメールを ISP の外へ送信しない仕組みは，　(ア)　といわれる．

① SMTP-AUTH　　② DKIM　　③ OP25B
④ オープンリレー　　⑤ POP

解説

　ISP（インターネットサービス事業者）によるスパムメール対策として，ISP があらかじめ用意しているメールサーバ以外からのメールを ISP の外へ送信しない仕組みは，(ア)OP25B といわれます．

　OP25B（Outbound Port 25 Blocking）は，**自ネットワークから外部ネットワークへの TCP 25 番ポートの通信を遮断することにより，迷惑メールをブロックする技術**です．迷惑メールは，自ネットワーク（ISP）のメールサーバを用いずに，送信先メールサーバの TCP 25 番ポートへ直接接続して配送されるため，OP25B により外部のメールサーバへの通信をできなくすることにより迷惑メールの送信を抑止します．

【解答　ア：③（OP25B）】

　本問題と同様の問題が平成 27 年度第 2 回試験に出題されています．

| 問5 | 安全性の検証テスト | 【H30-2　第6問 (4)】 ☑☑☑ |

　ネットワークに接続された情報システムが，システムの外部からの攻撃に対して安全かどうか実際に攻撃手法を用いて当該情報システムに侵入を試みることにより，安全性の検証を行うテスト手法は，一般に，　(エ)　といわれる．

① ホワイトボックステスト　　② サニタイジング
③ データマイニング　　④ ペネトレーションテスト
⑤ パターンマッチング

解説

　ネットワークに接続された情報システムが，システムの外部からの攻撃に対して安全かどうか**実際に攻撃手法を用いて当該情報システムに侵入を試みることにより，安全性の検証を行うテスト手法**は，一般に，(エ)ペネトレーションテストといわれます．

　ペネトレーションテストでは，実際にハッカーなどの攻撃手法によりシステムへの侵入を試みて，セキュリティホールなどのシステムの脆弱性をもたらす要因を検出します．

【解答　エ：④（ペネトレーションテスト）】

本問題と同様の問題が平成 29 年度第 2 回試験に出題されています.

| **問 6** | **コンピュータウイルス** | 【H30-1　第 6 問 (1)】☑☑☑ |

コンピュータウイルス及びその対策について述べた次の二つの記述は，　(ア)　.

A　拡張子が「.com」や「.exe」で表示されるコンピュータウイルスは，システム領域感染型ウイルスといわれる.

B　ウイルスを検知する仕組みの違いによるウイルス対策ソフトウェアの方式区分において，コンピュータウイルスに特徴的な挙動の有無を調べることによりコンピュータウイルスを検知するものは，一般に，ヒューリスティック方式といわれる.

①　Aのみ正しい　　②　Bのみ正しい
③　AもBも正しい　　④　AもBも正しくない

解説

・拡張子が「.com」や「.exe」で表示されるコンピュータウイルスは，**ファイル感染型ウイルス**といいます（A は誤り）.

・B は正しい. **ヒューリスティック方式**では，ウイルスがとると予想される挙動をあらかじめ登録しておき，検査対象コードに含まれる挙動と比較して検知します. ヒューリスティック方式は，ウイルス定義ファイルに頼ることなく，構造，動作，その他の属性を解析することでウイルスを検出するため，未知のウイルスに対しても効果的な検知方式です.

【解答　ア：②（Bのみ正しい）】

本問題と同様の問題が平成 29 年度第 1 回試験に出題されています.

| **問 7** | **SQL インジェクション** | 【H30-1　第 6 問 (4)】☑☑☑ |

SQL インジェクションについて述べた次の記述のうち，正しいものは，　(エ)　である.

①　攻撃者が，Web サーバとクライアント間の通信に割り込んで，正規のユーザになりすますことにより，その間でやり取りしている情報を盗んだり，改ざんしたりする攻撃である.

②　攻撃者が，セッション管理に使うクッキーデータにアクセスし，ブラウザ

5
章

情報セキュリティの技術

に広告などのダミー画面を表示させる攻撃である.

③ 攻撃者が，データベースと連動した Web サイトにおいて，データベースへの問合せや操作を行うプログラムの脆弱性を利用して，データベースを改ざんしたり，情報を不正に入手したりする攻撃である.

④ 攻撃者が，スクリプトをターゲットとなる Web サイト経由でユーザのブラウザに送り込むことにより，そのターゲットにアクセスしたユーザのクッキーデータの奪取や改ざんなどを行う攻撃である.

解説

・攻撃者が，Web サーバとクライアント間の通信に割り込んで，正規のユーザになりすますことにより，その間でやり取りしている情報を盗んだり，改ざんしたりする攻撃は，中間者攻撃といいます（①は誤り）.

・攻撃者が，セッション管理に使うクッキーデータにアクセスし，ブラウザに広告などのダミー画面を表示させる攻撃は，セッションハイジャックといいます（②は誤り）.

・③は正しい．**SQL インジェクション**とは，アプリケーションのセキュリティ上の不備を利用し，**アプリケーションが想定しない SQL 文を実行させることにより，データベースシステムを不正に操作する攻撃**です.

・攻撃者が，スクリプトをターゲットとなる Web サイト経由でユーザのブラウザに送り込むことにより，そのターゲットにアクセスしたユーザのクッキーデータの奪取や改ざんなどを行う攻撃は，クロスサイトスクリプティングといいます（④は誤り）.

【解答　エ：③（正しい）】

問8	ネットワーク上での攻撃	【H28-2　第6問 (4)】 ☑☑☑

ネットワーク上での攻撃などについて述べた次の二つの記述は，　(エ)　.

A　ネットワーク上を流れる IP パケットを盗聴して，そこから ID やパスワードなどを拾い出す行為は，IP スプーフィングといわれる.

B　送信元 IP アドレスを詐称することにより，別の送信者になりすまし，不正行為などを行う手法は，パケットスニッフィングといわれる.

① Aのみ正しい　　② Bのみ正しい
③ AもBも正しい　④ AもBも正しくない

解説

・ネットワーク上を流れる IP パケットを盗聴して，そこから ID やパスワードなどを拾い出す行為は，パケットスニッフィングといわれます（A は誤り）.

・送信元 IP アドレスを詐称することにより，別の送信者になりすまし，不正行為などを行う手法は，IP スプーフィングといわれます（B は誤り）.

【解答　エ：④（A も B も正しくない）】

| 問9 | 情報の盗み出し | 【H28-1　第6問 (1)】 ☑☑☑ |

　人間の心理的な隙や行動のミスなどにつけ込むことにより，認証のために必要となるパスワードなどの重要な情報を盗み出す方法は，一般に，　(ア)　といわれる.

① ウォークスルー　　② スキミング　　③ マルウェア
④ ボット　　　　　　⑤ ソーシャルエンジニアリング

解説

　人間の心理的な隙や行動のミスなどにつけ込むことにより，認証のために必要となるパスワードなどの重要な情報を盗み出す方法は，一般に，(ア)ソーシャルエンジニアリングといいます.

【解答　ア：⑤（ソーシャルエンジニアリング）】

| 問10 | コンピュータウイルスの検出方式 | 【H28-1　第6問 (3)】 ☑☑☑ |

　コンピュータウイルス対策ソフトにおけるコンピュータウイルスを検出する方式について述べた次の二つの記述は，　(ウ)　.

A　パターンマッチング方式では，既知のコンピュータウイルスのパターンが登録されているウイルス定義ファイルと，検査の対象となるメモリやファイルなどを比較してウイルスを検出している.

B　ヒューリスティックスキャン方式では，拡張子が「.com」，「.exe」などの実行型ファイルが改変されていないかを確認することによってウイルスを検出している.

① A のみ正しい　　② B のみ正しい
③ A も B も正しい　　④ A も B も正しくない

解説

・A は正しい.

・拡張子が「.com」「.exe」などの実行型ファイルが改変されていないかの確認とウイルスの検出には，ファイルのサイズやチェックサムをあらかじめ登録し，定期的に変更を確認することにより検出する**チェックサム方式**などが使用されます．**ヒューリスティックスキャン方式**とは，プログラムの構造，動作，属性を解析し，他のプログラムでは見られない動作からウイルスを検出する方式です（Bは誤り）．

【解答　ウ：①（Aのみ正しい）】

問 11　**セッション管理**　　　　　　　　　　　　【H27-1　第6問 (1)】　☑☑☑

Webサーバで設定した値などをWebブラウザを通じて利用者のコンピュータにファイルの形で保存させておくための仕組みは，　(ア)　といわれ，セッション管理に使用されるが，この情報が漏れるとなりすましが行われるおそれがある．

①　CSS　　②　Cookie　　③　DES　　④　DNS　　⑤　CGI

解説

Webサーバで設定した値などをWebブラウザを通じて利用者のコンピュータにファイルの形で保存させておくための仕組みは，(ア)**Cookie**といわれ，セッション管理に使用されますが，この情報が漏れるとなりすましが行われるおそれがあります．Cookieが不正な第三者に盗まれると，ブラウザとWebサーバの間で行われる通信のセッションが第三者によって乗っ取られる**セッションハイジャック**が発生します．

【解答　ア：②（Cookie）】

問 12　**コンピュータウイルス対策**　　　　　　　【H27-1　第6問 (3)】　☑☑☑

コンピュータウイルス対策について述べた次の二つの記述は，　(ウ)　．

A　必要があってメールの添付ファイルを開く際は，一般に，ウイルスチェックを行うとともに，拡張子を表示してファイル形式を確認してから実行することが望ましいとされている．

B　WordやExcelでは，一般に，ファイルを開くときにマクロを自動実行する機能を有効にしておくことが望ましいとされている．

①　Aのみ正しい　　　　②　Bのみ正しい

③　AもBも正しい　　　④　AもBも正しくない

解説

・Aは正しい．拡張子が「.com」「.exe」などの実行型ファイルを改変するウイルス

はファイル感染型ウイルスといいます．ファイル感染型ウイルスはプログラム実行時に起動したパソコン内で発病し，自己増殖やデータ破壊を行います．

・Word や Excel では，**感染したデータファイルを開いたとき自動的にマクロが実行されると，標準テンプレートがウイルスに感染します．**次に文書を読み込んだときに，汚染された標準テンプレートのウイルスが実行され，データファイルに感染していきます．このため，一般に，ファイルを開くときにマクロを自動実行する機能を<u>無効</u>にしておくことが望ましいとされています（B は誤り）．

【解答　ウ：①（A のみ正しい）】

問 13	DoS 攻撃	✓✓✓

　攻撃対象に TCP の SYN パケットを大量に送り付け，応答 SYN ACK を受けたあと，その応答 ACK を意図的に送信しないようにして，攻撃対象に大量の TCP 接続の待ち状態を作り出し，過大な負担を与える攻撃は，　（ア）　攻撃といわれる．

　　①　ランド　　②　スマーフ　　③　SYN フラッド　　④　Ping of Death

解説

　TCP 接続のための最後の ACK 送信を意図的に行わないようにして，攻撃対象に大量の TCP 接続待ち状態を作り出し，過大な負荷を与える攻撃は，(ア)<u>SYN フラッド</u>攻撃です．以下は選択肢に挙げた他の DoS 攻撃の説明です．

・ランド攻撃：送信元 IP アドレスと宛先 IP アドレスを攻撃対象の IP アドレスに詐称した TCP の接続要求パケット（SYN パケット）を攻撃対象に送信します．攻撃対象とされたコンピュータは受信した SYN パケットに対する応答 SYN ACK を自分自身に返し，さらにその応答 ACK を自分自身に返してしまいます．このようにして攻撃対象に過大な負荷をかけます．

・スマーフ攻撃：発信元 IP アドレスを攻撃対象のホストの IP アドレスに偽装した ICMP エコー要求パケットを，攻撃対象のホストが所属するネットワークにブロードキャストで送信することにより，攻撃対象のホストを過負荷状態にします．

・Ping of Death：規定外サイズの ICMP エコー要求パケットを送信することにより，送信先のコンピュータやルータをクラッシュさせる攻撃です．

【解答　ア：③（SYN フラッド）】

| 問1 | バイオメトリクス認証 | 【R1-2　第6問 (2)】 ☑☑☑ |

バイオメトリクス認証では，認証時における被認証者本人の体調，環境などにより入力される生体情報が変動する可能性があるため，照合結果の判定には一定の許容範囲を持たせる必要がある．許容範囲は，本人拒否率と他人受入率を考慮して判定の　(イ)　を設定することにより決定される．

> ①　しきい値　　②　確率分布　　③　3σ　　④　標準偏差

解説

バイオメトリクス認証では，認証時における被認証者本人の体調，環境などにより入力される認証用の生体情報が変動する可能性があるため，照合結果の判定には一定の許容範囲をもたせる必要があります．許容範囲は，本人拒否率と他人受入率を考慮して判定の(イ)しきい値を設定する

POINT
一般に，判別しきい値が高いと本人拒否率が増加し，判別しきい値が低いと他人受入率が増加する．

ことにより決定されます．**本人拒否率**とは，本人であるにもかかわらず本人でないと誤認識する確率であり，**他人受入率**とは，本人ではないのに本人と誤認識する確率です．

【解答　イ：① （しきい値）】

本問題と同様の問題が平成29年度第2回試験に出題されています．

| 問2 | 無線 LAN のセキュリティ | 【R1-2　第6問 (3)】 ☑☑☑ |

無線 LAN のセキュリティについて述べた次の二つの記述は，　(ウ)　．
A　WEP は通信の暗号化に AES を用いており，暗号鍵を一定時間おきに動的に更新できる．
B　IEEE802.11i では，通信の暗号化に TKIP や AES を用いること，及び端末の認証に IEEE802.1x を用いることを定めている．

> ①　A のみ正しい　　　②　B のみ正しい
> ③　A も B も正しい　　④　A も B も正しくない

解説

・WEP は通信の暗号化アルゴリズムとして RC4 を用いており，暗号鍵を一定時間おきに動的に更新する機能はありません．暗号鍵を一定時間おきに動的に更新する

暗号方式は WEP を改良した TKIP（Temporal Key Integrity Protocol）です（A は誤り）．

> 📖 **参 考**
> WEP の暗号方式は脆弱性が指摘されているため，現在，無線 LAN の暗号方式としては，一般的に，暗号強度が高い AES が使用されている．

・B は正しい．なお，IEEE802.11i 規格をもとに業界団体 Wi-Fi アライアンスで作成された WPA2 規格では暗号化アルゴリズムとして AES が採用されています．

> 📖 **参 考**
> 現在，無線 LAN 製品の多くは WPA2 規格を使用している．

【解答 ウ：②（B のみ正しい）】

本問題と同様の問題が平成 27 年度第 2 回試験に出題されています．

問 **3**	**PPP とユーザ認証プロトコル**	【H31-1 第 6 問 (2)】 ☑☑☑

PPP は，特定の相手との 1 対 1 の接続を実現するデータリンク層のプロトコルであり，PPP 接続時におけるユーザ認証用プロトコルに， ___(イ)___ がある．

① APOP と IMAP4　　② PGP と S/MIME
③ TCP と UDP　　④ PAP と CHAP

■解説

PPP は，特定の相手との 1 対 1 の接続を実現するデータリンク層のプロトコルであり，PPP 接続時におけるユーザ認証用プロトコルに，(イ)PAP と CHAP があります．

PPP は，クライアント PC とサーバ間の接続など 2 点間の通信に必要なさまざまな機能を有しており，通信の前に，接続してきた PC の認証，PC へのアドレスの割当てなどを行います．

PAP（Password Authentication Protocol）は，ユーザ ID とパスワードを暗号化しないで送信し認証を受けるプロトコルで，**CHAP**（Challenge Handshake Authentication Protocol）は，ハッシュ関数と一時的な乱数（チャネル）を使用してユーザ ID とパスワードの盗聴を困難にして安全に認証が行えるようにしたプロトコルです．

残りの選択肢で，APOP と IMAP4 は電子メールの受信プロトコル，PGP と S/MIME は電子メールのデジタル署名と暗号化のためのプロトコル，TCP と UDP は OSI 参照モデルのトランスポート層のプロトコルです．

【解答 イ：④（PAP と CHAP）】

リモートログイン　　　　　　　　　　【H31-1　第6問 (3)】☑☑☑

　ネットワークに接続された機器を遠隔操作するために使用され，パスワード情報を含めて全てのデータが暗号化されて送信されるプロトコルに，　(ウ)　がある．

　　　① rlogin　　② DHCP　　③ RSA　　④ telnet　　⑤ SSH

■**解説**■

　ネットワークに接続された機器を遠隔操作するために使用され，パスワード情報を含めてすべてのデータが暗号化されて送信されるプロトコルに，(ウ)SSH があります．

　遠隔のコンピュータを操作するためのコマンドとして，telnet, rlogin, SSH がありますが，telnet と rlogin ではパスワードと送信データが暗号化されないのに対して，SSH では送信内容がすべて暗号化されるため，SSH の使用が安全です．

【解答　ウ：⑤ (SSH)】

　本問題と同様の問題が平成30年度第1回試験に出題されています．

認証方式　　　　　　　　　　　　　【H30-2　第6問 (2)】☑☑☑

　電子データの送受信における脅威とその対策について述べた次の二つの記述は，　(イ)　．

A　送信者が，後になって送信の事実を否定したり，内容が改ざんされたと主張することを防止するための手段として，一般に，電子データの暗号化が有効とされている．

B　電子データが悪意のある第三者によって不正に変更されていないことを確認するための手段として，一般に，メッセージ認証が有効とされている．

　　① Aのみ正しい　　　② Bのみ正しい
　　③ AもBも正しい　　④ AもBも正しくない

■**解説**■

・送信者が，後になって送信の事実を否定したり，内容が改ざんされたと主張したりすることを防止するための手段として，一般に，電子データの**デジタル署名方式**が有効とされています（Aは誤り）．デジタル署名は送信者だけが所有する秘密鍵により暗号化されるため，送信事実の否定（否認）の防止ができます．

・Bは正しい．メッセージ認証では，**送信データのハッシュ値を暗号化したメッセージ認証コードを相手に送信**します．受信側では，受信データから送信側と同様の方法でメッセージ認証コードを求め，受信したメッセージ認証コードと一致すれば，

不正な変更がなかったと判断します．

【解答　イ：②（Ｂのみ正しい）】

本問題と同様の問題が平成 28 年度第 2 回試験に出題されています．

問 6	**PPP 機能を拡張した認証プロトコル**	【H29-1　第 6 問（2）】☑☑☑

　PPP の認証機能を拡張し，IEEE802.1X 規格を実装してセキュリティを強化した利用者認証プロトコルは，□（イ）□といわれ，無線 LAN 環境におけるセキュリティ強化などのためのプロトコルとして用いられている．

---

① NAPT　　② LDAP　　③ EAP

④ CHAP　　⑤ SMTP AUTH

解説

　PPP の認証機能を拡張し，IEEE802.1X 規格を実装してセキュリティを強化した利用者認証プロトコルは，(イ)EAP（Extensible Authentication Protocol）といわれ，無線 LAN 環境におけるセキュリティ強化などのためのプロトコルとして用いられています．

　EAP は，PPP の認証機能を強化・拡張し，ユーザ名，パスワードによる認証やワンタイムパスワード認証，電子証明書を使った認証を可能としています．

【解答　イ：③（EAP）】

問 7	**IPsec**	【H29-1　第 6 問（3）】☑☑☑

　IPsec について述べた次の記述のうち，正しいものは，□（ウ）□である．

---

① IPsec では，鍵交換の方法の違いによって，トンネルモードとトランスポートモードの二つの方法が提供されている．

② IPsec の AH プロトコルでは，ネットワーク上を流れるデータを暗号化することによって，ネットワーク上における盗聴からデータを保護できる．

③ IPsec は，データを送信する際にデータに認証情報を付加して送信することにより，受信側では通信経路途中でのデータの改ざんの有無を確認することができる．

④ IPsec は，SSL/TLS と同じく，トランスポート層のプロトコルであり，クライアントとサーバ間相互の通信や電子メール通信において利用されている．

■解説■

・IPsec では，暗号化と認証を行う情報の範囲の違いによって，トンネルモードとトランスポートモードの二つの方法が提供されています．鍵交換の方法はトンネルモードとトランスポートモードで同じです（①は誤り）.

参考

IPsec で IP ヘッダとデータの暗号化と認証を行うのはトンネルモード．トランスポートモードではデータ部分のみ暗号化と認証を行う．

・IPsec の ESP プロトコルでは，ネットワーク上を流れるデータを暗号化することによって，ネットワーク上における盗聴からデータを保護できます．AH プロトコルはネットワーク上を流れるデータに認証情報を付加することによって，ネットワーク上におけるデータの改ざんを検出できます．なお，ESP では暗号化のほかにデータの認証も行えます（②は誤り）.

・③は正しい．なお，改ざんの有無を確認するための認証情報の付加は，AH または ESP で行えます．

・SSL/TLS はトランスポート層のプロトコルですが，IPsec は，ネットワーク層のプロトコルであり，どのアプリケーション層のプロトコルの通信でも利用されています（④は誤り）.

【解答　ウ：③（正しい）】

問8	暗号方式	【H28-1　第6問 (2)】 ☑☑☑

暗号方式について述べた次の記述のうち，正しいものは，　（イ）　である．

① 共通鍵暗号方式は，公開鍵暗号方式と比較して，一般に，鍵の配送と管理が容易である．
② RSA は，離散対数問題を応用した公開鍵暗号方式の一つである．
③ 公開鍵暗号方式は，共通鍵暗号方式と比較して，一般に，暗号化・復号の処理速度が速い．
④ ストリーム暗号は，共通鍵暗号方式に分類され，RC4，SEAL などがある．
⑤ デジタル署名は，一般に，共通鍵暗号方式を利用して，ユーザ認証及びメッセージ認証を行う．

■解説■

・共通鍵暗号方式は，通信を行う者どうしが共通の秘密鍵を保有する必要があるため，管理すべき暗号鍵の数は $n(n-1)/2$（n：通信者）と多くなります．一方，公開鍵暗号方式では，公開鍵と秘密鍵は通信者ごとにそれぞれ1個，全体で n 個（n：通信者）となります．このため，鍵の配送と管理は，共通鍵暗号方式は，公開鍵暗

号方式と比較して複雑になります（①は誤り）.

・RSA は，素因数分解問題を応用した公開鍵暗号方式の一つです（②は誤り）. 離散対数問題を応用した公開鍵暗号方式として，ElGamal 暗号（エルガマル暗号）と楕円曲線暗号があります.

・公開鍵暗号方式は，共通鍵暗号方式と比較して，一般に，暗号化・復号の処理に時間がかかります. つまり，処理速度が遅い（③は誤り）.

・④は正しい. 共通鍵暗号方式の種類として，ブロック暗号とストリーム暗号があり，ブロック暗号の例として DES と AES，ストリーム暗号の例として RC4 と SEAL があります.

・デジタル署名は，一般に，公開鍵暗号方式を利用して，ユーザ認証およびメッセージ認証を行います（⑤は誤り）. デジタル署名は署名の発行元が正しいことを証明するために使用されるもので，秘密鍵を用いて作成されます.

【解答　イ：④（正しい）】

| **問9** | 暗号化電子メールの方式 | 【H27-2　第6問 (2)】 ☑☑☑ |

暗号化電子メールを実現する代表的な方式である PGP と S/MIME の異なる点について述べた次の記述のうち，正しいものは，　(イ)　である.

①　送信者が，電子メールの内容を共通鍵で暗号化し，その鍵を受信者の公開鍵を用いて暗号化する方式をとるか否かである.
②　送信者が，電子メールの内容を公開鍵で暗号化し，その鍵を受信者の共通鍵を用いて暗号化する方式をとるか否かである.
③　電子メールに電子署名を付加するか否かである.
④　公開鍵を証明するための第三者機関が必要であるか否かである.

解説

・PGP，S/MIME とも，送信者が，電子メールの内容を共通鍵で暗号化し，その鍵を受信者の公開鍵を用いて暗号化しています（①は誤り）.

・電子メールの内容は共通鍵で暗号化し，その共通鍵を受信者の公開鍵を用いて暗号化します（②は誤り）.

・PGP，S/MIME とも，電子メールに電子署名を付加します（③は誤り）.

・④は正しい. PGP と S/MIME では，メッセージの暗号化とデジタル署名の作成に使用される公開鍵暗号の正当性を保証する方法が異なります. **S/MIME** では，認証局という公的な第三者機関が公開鍵を保証しています. 一方，**PGP** では認証局を使用せず，利用者の双方と信頼関係にある第三者などに公開鍵を保証してもらい

ます.

問 10　セキュリティプロトコル　　　　　【H27-2　第6問 (3)】 ☑☑☑

　セキュリティプロトコルとその特徴について述べた次の記述のうち，<u>誤っている</u><u>もの</u>は，　(ウ)　である.

① S/MIME は，電子メールでマルチメディア情報を取り扱う規格である MIME に，セキュリティ機能を実装したプロトコルである.
② SSH は，4層から構成されている TCP/IP のプロトコル階層モデルにおいてアプリケーション層に位置し，サーバとリモートコンピュータとの間でセキュアなリモートログインを可能としている.
③ SSL では，RC4 などの公開鍵暗号を利用したデジタル証明書による認証を行い，なりすましを防いでいる.
④ RADIUS は，ユーザ認証，ユーザ情報の管理などを行い，アクセスサーバと認証サーバとの間で用いられる.

解説

・①は正しい. S/MIME は電子メールを安全に送るためのセキュリティプロトコルです.
・②は正しい. SSH は，リモートコンピュータからサーバへのログインを安全に行うためのセキュリティプロトコルです.
・SSL では，<u>RSA</u> などの公開鍵暗号を利用したデジタル証明書による認証を行い，なりすましを防いでいます. <u>RC4 は公開鍵暗号方式ではなく，共通鍵暗号方式</u>です（③は誤り）.
・④は正しい. RADIUS（Remote Authentication Dial In User Service）は，認証サーバにおいて認証情報を一元管理するためのプロトコルで，クライアントからの要求に応じて認証を行います.

【解答　ウ：③（誤り）】

問1　検疫ネットワーク　　　　　　　【H31-1　第6問 (1)】 ☑☑☑

　社内ネットワークにパーソナルコンピュータ（PC）を接続する際に，事前に社内ネットワークとは隔離されたセグメントに PC を接続して検査することにより，セキュリティポリシーに適合しない PC は社内ネットワークに接続させない仕組みは，一般に，　（ア）　システムといわれる．

---

① リッチクライアント　　② シンクライアント　　③ 検疫ネットワーク
④ 侵入検知　　　　　　　⑤ スパムフィルタリング

解説

　社内ネットワークにパーソナルコンピュータ（PC）を接続する際に，事前に社内ネットワークとは隔離されたセグメントに PC を接続して検査することにより，セキュリティポリシーに適合しない PC は社内ネットワークに接続させない仕組みは，一般に，(ア)検疫ネットワークシステムといわれます．

参考

検疫ネットワークには次の方式がある．
・**DHCP サーバ方式**：PC に対し，始めに検疫ネットワーク接続用の仮の IP アドレスを付与し，検査に合格した場合，社内 LAN 接続用の IP アドレスを付与する．
・**パーソナルファイアウォール方式**：あらかじめ PC にインストールされている検疫用ソフトウェアを使用してネットワークへのアクセス制御を行う．
・**認証スイッチ方式**：始めに PC を検疫サーバの VLAN に接続させ，検疫サーバでユーザ認証とセキュリティ検査を行い，感染が確認された場合に処置を行う．処置後，または合格した場合に社内ネットワークの VLAN に切り替える．

【解答　ア：③（検疫ネットワーク）】

問2　ファイルへのアクセス制御　　　　【H30-2　第6問 (3)】 ☑☑☑

　情報セキュリティ対策として実施するコンピュータシステムのファイルなどへのアクセス制御において，あらかじめ設定されたレベル分けによってシステムが全てのファイルのアクセス権限を決定し，管理者の決めたセキュリティポリシーに沿ったアクセス制御が全利用者に適用される方式は，一般に，　（ウ）　といわれる．

■解説■

　コンピュータシステムのファイルなどへのアクセス制御において，あらかじめ設定されたレベル分けによってシステムがすべてのファイルのアクセス権限を決定し，**管理者の決めたセキュリティポリシーに沿ったアクセス制御が全利用者に適用される方式**は，一般に，(ウ)**強制アクセス制御**といわれます．

　一方，ファイルごとに利用できるユーザと利用範囲（読み取り／書き込み／実行）を設定する方式を**任意アクセス制御**（DAC：Discretionary Access Control）といいます．また，役割（ロール）に応じてアクセス権限を与える方式を**ロールベースアクセス制御**といいます．

【解答　ウ：②（強制アクセス制御）】

問3　**ネットワーク資源の管理**　　　　　　　　【H30-1　第6問 (2)】　☑☑☑

┌───┐
│ 　ネットワーク利用者の ID，パスワードなどの利用者情報，ネットワークに接続 │
│ されているプリンタなどの周辺機器，利用可能なサーバ，提供サービスなどのネッ │
│ トワーク資源を一元管理して，利用者に提供する仕組みは，一般に，　（イ）　サー │
│ ビスといわれ，シングルサインオンなどで利用される． │
│ │
│ ┈┈┈┈┈┈┈┈┈┈┈┈┈┈┈┈┈┈┈┈┈┈┈┈┈┈┈┈┈┈┈┈┈┈┈┈ │
│ ① ハウジング　　② ホスティング　　③ 分散処理　　④ ディレクトリ │
└───┘

■解説■

　ネットワーク利用者の ID，パスワードなどの利用者情報，ネットワークに接続されているプリンタなどの周辺機器，利用可能なサーバ，提供サービスなどのネットワーク資源を一元管理して，利用者に提供する仕組みは，一般に，(イ)**ディレクトリサービス**といわれ，シングルサインオンなどで利用されます．

　シングルサインオンとは，1回の認証手続きで，**OS**へのログインや複数のアプリケーションへのアクセスを可能するソリューションで，認証において，ディレクトリに格納されている情報が使用されます．

【解答　イ：④（ディレクトリ）】

　本問題と同様の問題が平成27年度第1回試験に出題されています．

| 問4 | **PC で使用されるパスワード** | 【H29-2 第6問 (1)】 ☑☑☑ |

パーソナルコンピュータ（PC）で用いられるパスワードについて述べた次の二つの記述は，　(ア)　.

A　電源を投入後，BIOS 起動時に入力するパスワードはハードディスクパスワードといわれる.

B　ログオンパスワードを設定していても，PC を分解されてハードディスクを他のコンピュータに接続されると，格納されているデータが読み取られてしまうおそれがある.

---

① Aのみ正しい　　② Bのみ正しい
③ AもBも正しい　　④ AもBも正しくない

解説

・電源を投入後，BIOS 起動時に入力するパスワードは「パワーオン・パスワード」または「BIOS パスワード」といわれます. ハードディスクパスワードは，ハードウェア自体をパスワードでロックするためのパスワードです（A は誤り）.

・B は正しい. ハードディスクが抜き取られても情報を盗まれないようにするためには，ハードウェアに格納するデータを暗号化することが必要です.

【解答　ア：②（B のみ正しい）】

| 問5 | **ファイアウォール** | 【H29-2 第6問 (3)】 ☑☑☑ |

ファイアウォールなどについて述べた次の二つの記述は，　(ウ)　.

A　ファイアウォールには，一般に，NAT 機能が実装されており，NAT 機能を用いることにより，組織の外部に対して組織の内部で使用している送信元 IP アドレスを隠蔽することができる.

B　ネットワーク層とトランスポート層で動作し，パケットの IP ヘッダと TCP/UDP ヘッダを参照することで通過させるパケットの選択を行うファイアウォールは，一般に，アプリケーションゲートウェイ型といわれる.

---

① Aのみ正しい　　② Bのみ正しい
③ AもBも正しい　　④ AもBも正しくない

解説

・A は正しい. 組織内部で使用しているプライベート IP アドレスを隠蔽するために，**NAT**（Network Address Translation）または **NAPT**（Network Address Port

Translation）と呼ばれるアドレス変換（プライベート IP アドレスと組織外部に見せるパブリック IP アドレスを変換）機能を利用します．

・ネットワーク層とトランスポート層で動作し，パケットの IP ヘッダと TCP/UDP ヘッダを参照することで通過させるパケットの選択を行うファイアウォールは，一般に，パケットフィルタリング型といわれます（B は誤り）．

POINT
アプリケーションゲートウェイ型では IP ヘッダと TCP/UDP ヘッダの上位のアプリケーション層の情報まで参照する．

【解答　ウ：①（A のみ正しい）】

本問題と同様の問題が平成 27 年度第 1 回試験に出題されています．

| 問 6 | IDS（侵入検知システム） | 【H29-1　第 6 問 (4)】 ☑☑☑ |

　ネットワーク型侵入検知システム（NIDS）の特徴について述べた次の記述のうち，誤っているものは，　（エ）　である．

① 監視したい対象に応じて，インターネットとファイアウォールの間，DMZ，内部ネットワークなどに設置される．
② 侵入を検知するための方法として，通常行われている通信とは考えにくい通信を検知するアノマリベース検知といわれる機能などが用いられている．
③ ネットワークを流れるパケットをチェックして不正アクセスなどを検知する機能を有しており，ホストの OS やアプリケーションに依存しない．
④ 基本的な機能として，一般に，ファイルの書き換えや削除などの有無を検知する機能を有している．

解説

・①，②，③は正しい．なお，**アノマリベース検知とは異常検知ともいい**，過去の統計やユーザが行う通常の行動の傾向を記録しておき，その**データから大きく外れた行動を検出する**ことにより**未知の攻撃を検知する**方法です．
　　一方，既知の攻撃パターン（不正侵入に使われる特徴的な文字列など）より作成した「シグネチャ（Signature）」とパケット内容のマッチングを行い，一致した場合に「不正侵入」と判断する侵入検知方法は，**シグネチャベース検知**といいます．**シグネチャは既知の攻撃パターンの情報であるため，未知の脅威の検出は困難です．**
・基本的な機能として，ファイルの書き換えや削除などの有無を検知する機能を有する IDS は，ホスト型 IDS（HIDS）です（④は誤り）．

【解答　エ：④（誤り）】

問7	検疫ネットワーク	【H28-2 第6問 (1)】 ☑☑☑

　検疫ネットワークの実現方式のうち，ネットワークに接続したパーソナルコンピュータ（PC）に検疫ネットワーク用の仮のIPアドレスを付与し，検査に合格したPCに対して社内ネットワークに接続できるIPアドレスを払い出す方式は，一般に， □（ア）□方式といわれる．

①　パーソナルファイアウォール　　②　ゲートウェイ　　③　認証スイッチ
④　パケットフィルタリング　　　　⑤　DHCPサーバ

解説

　検疫ネットワークの実現方式のうち，ネットワークに接続したパーソナルコンピュータ（PC）に検疫ネットワーク用の仮のIPアドレスを付与し，検査に合格したPCに対して社内ネットワークに接続できるIPアドレスを払い出す方式は，一般に，(ア)DHCPサーバ方式といわれます．

参考
検疫ネットワークの方式として，ほかにパーソナルファイアウォール方式と認証スイッチ方式がある（本節問1参照）．

【解答　ア：⑤（DHCPサーバ）】

問8	ログ情報の転送	【H28-2 第6問 (3)】 ☑☑☑

　情報システムにおけるセキュリティの調査などに用いられるものとしてログがある．UNIX系の □（ウ）□ は，リモートホストにログをリアルタイムに送信することができ，ログの転送には，一般に，UDPプロトコルを使用している．

①　MIB　　　②　syslog　　③　イベントログ
④　SNMP　　⑤　アプリケーションログ

解説

　情報システムにおけるセキュリティの調査などに用いられるものとしてログがあります．UNIX系の(ウ)syslog は，リモートホストにログをリアルタイムに送信することができ，ログの転送には，一般に，UDPプロトコルを使用しています．

参考
UDPはOSI参照モデル第4層のトランスポート層のプロトコルで，データの送達確認，再送の機能はないため，転送中にログが欠落することがある．

【解答　ウ：②（syslog）】

5章
情報セキュリティの技術

　より強固なセキュリティの確保などを目的に，情報通信事業者などが提供する施設に設置されているサーバの一部又は全部を借用して自社の情報システムを運用する形態は，一般に，　(オ)　といわれる．

① ホスティング　　② ハウジング　　③ ロードバランシング
④ アライアンス　　⑤ システムインテグレーション

解説

　より強固なセキュリティの確保などを目的に，情報通信事業者などが提供する施設に設置されているサーバの一部または全部を借用して自社の情報システムを運用する形態は，一般に，(オ)ホスティングといわれます．

　なお，ハウジングは，自社のサーバを情報通信事業者の施設に預けて運用する形態です．

覚えよう！
ホスティング，ハウジングとも，サーバをデータセンタに設置し，運用をアウトソーシングする形態です．それぞれの意味を覚えておこう．

【解答　オ：①（ホスティング）】

　侵入検知システム（IDS）について述べた次の二つの記述は，　(エ)　．
A　ネットワークに流れるパケットを捕らえて解析することにより，攻撃の有無を判断する侵入検知システムは，一般に，ホスト型IDSといわれる．
B　IDSの検知アルゴリズムとして，過去の統計やユーザが行う通常の行動の傾向を記録しておき，そのデータから大きく外れた行動を検出することにより，未知の攻撃を検知することができるアノマリベース検知といわれるものがある．

① Aのみ正しい　　　② Bのみ正しい
③ AもBも正しい　　④ AもBも正しくない

解説

・ネットワークに流れるパケットを捕らえて解析することにより，攻撃の有無を判断する侵入検知システムは，一般に，ネットワーク型IDSといわれます．ホスト型IDSとは，公開サーバなどにソフトウェアをインストールして，ログ情報，コマンドヒストリやファイル等のホストの状態を主に監視するIDSです（Aは誤り）．

・Bは正しい．アノマリベース検知は異常検知ともいいます．

【解答　エ：②（Bのみ正しい）】

5-4 情報セキュリティ管理

問1　情報セキュリティポリシー　　　　【R1-2　第6問 (5)】 ☑☑☑

　情報セキュリティポリシーに関し，一般に，望ましいとされている運用方法などについて述べた次の記述のうち，<u>誤っているものは</u>，　(オ)　である.

① 　情報セキュリティ基本方針は，情報セキュリティに関する，組織としての基本的な考え方・方針を定めたものであり，組織内外に対する情報セキュリティに関する行動指針として用いることもある.

② 　情報セキュリティ対策基準は，情報セキュリティ基本方針を遂行するために具現化した基準であり，情報の取扱い基準（規定）や社内ネットワークの利用基準などがある.

③ 　情報セキュリティ対策実施手順・規定は，情報セキュリティ対策基準を守るための詳細な手順や規定であり，情報セキュリティ対策基準では記述しきれない具体的な手順書や個別の規定などがある.

④ 　具体的なセキュリティ対策の策定においては，全てのリスクに対して対策を策定することにより残留リスクを排除しなければならない.

解説

・①〜③は正しい.

・具体的なセキュリティ対策の策定においては，守るべき情報資産とそのリスクを明確にし，<u>低減させると判断したリスクに対して対策を策定します. また，残留リスクについては，リスクを残すとした判断理由を明確にし，そのリスクが現実化したときの対処方法についてまとめておきます</u>（④は誤り）.

　リスク分析においては，組織における情報資産と，それらに存在する脅威，脆弱性について識別して，守るべき情報資産とそのリスクを明確にし，そのリスクをどのようにするかを検討します.

【解答　オ：④（誤り）】

問2　ISMS の管理策　　　　【H31-1　第6問 (5)】 ☑☑☑

　JIS Q 27001:2014 に規定されている，ISMS（情報セキュリティマネジメントシステム）の要求事項を満たすための管理策について述べた次の二つの記述は，　(オ)　.

A　情報セキュリティのための方針群は，これを定義し，管理層が承認し，発行し，全ての従業員に通知しなければならず，関連する外部関係者に対しては秘匿しなければならない.

B　装置は，可用性及び完全性を継続的に維持することを確実にするために，正しく保守しなければならない.

① 　Aのみ正しい　　　② 　Bのみ正しい
③ 　AもBも正しい　　④ 　AもBも正しくない

■**解説**

・情報セキュリティのための方針群は，これを定義し，管理層が承認し，発行し，すべての従業員および関連する外部関係者に通知しなければならない（JIS Q 27001：2014 の A.5.1.1 より）. 情報セキュリティのための方針群は公開が原則です（A は誤り）.

・B は正しい（JIS Q 27001：2014 の「A.11.2.4 装置の保守」より）.「可用性」とは「利用者が必要なときに，情報および関連する資産にアクセスできること」で，「完全性」とは「情報が正確で完全であること」と定義されています.

【**解答　オ：② （B のみ正しい）**】

本問題と同様の問題が平成 27 年度第 2 回試験に出題されています.

| **問 3** | **ISMS の管理策** | 【H30-2　第 6 問 (5)】 ☑☑☑ |

情報セキュリティポリシーに関して望ましいとされている運用方法などについて述べた次の記述のうち，<u>誤っているもの</u>は，[　(オ)　]である.

① 　情報セキュリティポリシー文書の体系は，一般に，基本方針，対策基準及び実施手順の 3 階層で構成され，基本方針をポリシー，対策基準をスタンダードと呼ぶこともある.

② 　セキュリティポリシー文書の最上位である基本方針は，一般に，経営者や幹部だけに開示される.

③ 　対策基準は，基本方針に準拠して何を実施しなければならないかを明確にした基準であり，実際に守るべき規定を具体的に記述し，適用範囲や対象者を明確にするものである.

④ 　情報セキュリティポリシー文書は，見直しを定期的に行い，必要に応じて変更する. また，変更した場合にはその変更内容の妥当性を確認する.

解説

・①は正しい.

・セキュリティポリシー文書の最上位である基本方針は,
一般に,経営陣に承認され,<u>全従業員および外部関係</u>
<u>者に公表し,通知する必要があります</u>（②は誤り）.

・③,④は正しい.

基本方針は社内および社外の
関係者すべてが順守する必要
がある.

【解答　オ：②（誤り）】

問 4	ISMS の管理策	【H30-1　第 6 問 (5)】 ☑☑☑

　JIS Q 27001:2014 に規定されている,ISMS（情報セキュリティマネジメント
システム）の要求事項を満たすための運用のセキュリティに関する管理策について
述べた次の記述のうち,<u>誤っているもの</u>は,　(オ)　である.

> ①　操作手順は,文書化し,必要とする全ての利用者に対して利用可能にしな
> ければならない.
> ②　情報セキュリティに影響を与える,組織,業務プロセス,情報処理設備及
> びシステムの変更は,管理しなければならない.
> ③　要求されたシステム性能を満たすことを確実にするために,資源の利用を
> 監視・調整しなければならず,また,将来必要とする容量・能力を予測しな
> ければならない.
> ④　開発設備,試験環境及び運用環境は,運用環境への認可されていないアク
> セス又は変更によるリスクを低減するために,統合しなければならない.

解説

・①～③は正しい.

・開発設備,試験環境および運用環境は,運用環境への
認可されていないアクセスまたは変更によるリスクを
低減するために,<u>分離</u>しなければならない（JIS Q 27001 の A.12.1.4 より.④は
誤り）.

POINT
不正アクセスの影響を低減す
るために分離が必要.

【解答　オ：④（誤り）】

問 5	ISMS の管理策	【H29-2　第 6 問 (5)】 ☑☑☑

　JIS Q 27001:2014 に規定されている,情報セキュリティマネジメントシステ
ム（ISMS）の要求事項を満たすための管理策について述べた次の記述のうち,<u>誤っ</u>

ているものは，　(オ)　である．

---

① 組織が採用した分類体系に従って，取外し可能な媒体の管理のための手順を実施しなければならない．
② 情報を格納した媒体は，輸送の途中における，認可されていないアクセス，不正使用又は破損から保護しなければならない．
③ 情報のラベル付けに関する適切な一連の手順は，認証機関が定めるガイドラインに従って策定し，実施しなければならない．
④ 媒体が不要になった場合は，正式な手順を用いて，セキュリティを保って処分しなければならない．
⑤ 情報は，法的要求事項，価値，重要性，及び認可されていない開示又は変更に対して取扱いに慎重を要する度合いの観点から，分類しなければならない．

解説

・①，②，④，⑤は正しい．
・JIS Q 27001：2014 では，A.8.2.2 項で，情報のラベル付けに関する管理策として，『情報のラベル付けに関する適切な一連の手順は，組織が採用した情報分類体系に従って策定し，実施しなければならない．』と規定しています（③は誤り）．

【解答　オ：③（誤り）】

本問題と同様の問題が平成 28 年度第 1 回と平成 27 年度第 1 回の試験に出題されています．

| 問6 | ISMS の管理策 | 【H29-1　第6問 (5)】 ☑☑☑ |

JIS Q 27001：2014 に規定されている，情報セキュリティマネジメントシステム（ISMS）の要求事項を満たすための管理策について述べた次の記述のうち，誤っているものは，　(オ)　である．

---

① 情報セキュリティのための方針群は，これを定義し，管理層が承認し，発行し，従業員及び関連する外部関係者に通知しなければならない．
② 資産の取扱いに関する手順は，組織が採用した情報分類体系に従って策定し，実施しなければならない．
③ 経営陣は，組織の確立された方針及び手順に従った情報セキュリティの適用を，全ての従業員及び契約相手に要求しなければならない．

④ 装置は，情報セキュリティの３要素のうちの機密性及び安全性を継続的に維持することを確実にするために，正しく保守しなければならない．

解説

・①〜③は正しい．

・④は誤り．正しくは，「装置は，情報セキュリティの３要素のうちの<u>可用性および完全性</u>を継続的に維持することを確実にするために，正しく保守しなければならない」．

なお，**情報セキュリティの３要素**とは，**機密性，完全性，可用性**のことです．

【解答　オ：④（誤り）】

問7	ISMSの管理策	【H27-2　第6問 (5)】 ☑☑☑

JIS Q 27001：2014 に規定されている，ISMS（情報セキュリティマネジメントシステム）の要求事項を満たすための管理策について述べた次の二つの記述は，　(オ)　．

A　情報セキュリティのための方針群は，これを定義し，管理層が承認し，発行し，全ての従業員に通知しなければならず，関連する外部関係者に対しては秘匿しなければならない．

B　装置は，可用性及び完全性を継続的に維持することを確実にするために，正しく保守しなければならない．

① Aのみ正しい　　② Bのみ正しい

③ AもBも正しい　　④ AもBも正しくない

解説

・情報セキュリティのための方針群は，これを定義し，管理層が承認し，発行し，<u>従業員および関連する外部関係者に通知しなければならない</u>（JIS Q 27001：2014「A.5.1.1 情報セキュリティのための方針群」より，Aは誤り）．

・Bは正しい．JIS Q 27001：2014「A.11.2.4 装置の保守」に記載されています．「可用性」とは，必要な人が必要なときに使用できること，「完全性」とは正しい状態にあることや正しく動作することなどを意味します．情報セキュリティの３要素とは，機密性，完全性，可用性のことですが，装置の保守では，このうち，可用性と完全性が必要とされます．

【解答　オ：②（Bのみ正しい）】

JIS Q 27001:2014 に規定されている，ISMS（情報セキュリティマネジメントシステム）の要求事項を満たすための管理策について述べた次の記述のうち，正しいものは，　(ア)　である．

① 情報セキュリティのための方針群は，これを定義し，認証機関の承認を受け，発行し，従業員及び関連する外部関係者に通知しなければならない．

② 資産の取扱いに関する手順は，認証機関が定めるガイドラインに従って策定し，実施しなければならない．

③ 経営陣は，組織の確立された方針及び手順に従った情報セキュリティの適用を，全ての従業員及び契約相手に要求しなければならない．

④ 装置は，情報セキュリティの3要素のうちの可用性及び安全性を継続的に維持することを確実にするために，正しく保守しなければならない．

⑤ 情報は，組織の利益，価値，重要性，及び認可されていない開示又は変更に対して取扱いに慎重を要する度合いの観点から，分類しなければならない．

解説

・情報セキュリティのための方針群は，これを定義し，<u>管理層が承認し</u>，発行し，従業員および関連する外部関係者に通知しなければならない（①は誤り）．

・資産の取扱いに関する手順は，<u>組織が採用した情報分類体系</u>に従って策定し，実施しなければならない（②は誤り）．

・③は正しい．

・装置は，情報セキュリティの3要素のうちの可用性および<u>完全性</u>を継続的に維持することを確実にするために，正しく保守しなければならない（④は誤り）．

・情報は，<u>法的要求事項</u>，価値，重要性，および認可されていない開示または変更に対して取扱いに慎重を要する度合いの観点から，分類しなければならない（⑤は誤り）．

【解答　ア：③（正しい）】

6章
接続工事の技術

6-1 事業用電気通信設備

問1	構内電気設備の図記号	【H31-1 第7問 (2)】 ☑☑☑

図は，JIS C 0303:2000 構内電気設備の配線用図記号における電話・情報設備の図記号を示す．この図記号は，　(イ)　を表している．

① 保安器の容量が5個であり，そのうち実装が3個の集合保安器
② 保安器の実装が5個であり，そのうち現用が3個の集合保安器
③ 容量が5端子であり，3段接続まで可能な端子盤
④ 寸法（縦×横）が3センチメートル×5センチメートルの端子盤
⑤ 外線ユニットを3枚まで，内線ユニットを5枚まで収容可能なボタン電話主装置

解説

保安器とは，雷やサージなどによって印加された異常電圧・異常電流から，機器を保護するための装置です．JIS C 0303:2000 では，集合保安器の図記号を示す場合は，個数（実装／容量）を傍記することとしており，設問の図記号は，(イ)保安器の容量が5個であり，そのうち実装が3個の集合保安器を表しています．

【解答　イ：①（保安器の容量が5個であり，そのうち実装が3個の集合保安器）】

問2	構内電気設備の配線用図記号	【H30-1 第7問 (2)】 ☑☑☑

図は，JIS C 0303:2000 構内電気設備の配線用図記号における電話・情報設備の図記号である．この図記号は，容量が　(イ)　を示している．

① 40対であり，そのうち実装が30対の端子盤
② 40対であり，そのうち実装が30対の本配線盤
③ 40端子であり，そのうちアナログ回線用が30端子の端子盤
④ 40端子であり，そのうちアナログ回線用が30端子の本配線盤
⑤ 40回線であり，そのうち内線用が30回線のボタン電話主装置

$$\frac{30P}{40P}$$

解説

JIS C 0303:2000「構内電気設備の配線用図記号」における「電話・情報設備」の図記号は，同 JIS 規格の 5.1 節に記載されており，「端子盤」の図記号（設問の図のとおり）には対数（実装／容量）が傍記され，$\frac{30P}{40P}$ の場合，(イ)40 対であり，そのうち実装が 30 対の端子盤を意味します.

【解答　イ：①（40 対であり，そのうち実装が 30 対の端子盤）】

問 3	**構内電気設備の配線用図記号**	【H29-2　第 7 問（2）】 ☑☑☑

　JIS C 0303:2000 構内電気設備の配線用図記号に規定されている，電話・情報設備における交換機（PBX）の図記号として，　(イ)　がある.

① ▭　② ATT　③ ▥　④ ▭　⑤ ⊠

解説

JIS C 0303:2000「構内電気設備の配線用図記号」に規定されている，電話・情報設備における交換機（PBX）の図記号は，(イ)設問の図の⑤です.

設問の図の①は端子盤，②は局線中継台，③は局線表示盤，④はボタン電話主装置です.

【解答　イ：⑤】

問 4	**構内電気設備の配線用図記号**	【H28-1　第 7 問（2）】 ☑☑☑

　JIS C 0303:2000 構内電気設備の配線用図記号に規定されている，電話・情報設備のうちの内線電話機の図記号は，　(イ)　である.

① (t)　② Ⓣ　③ Ⓣ　④ Ⓣ　⑤ (PT)

解説

JIS C 0303:2000「構内電気設備の配線用図記号」に規定されている，電話・情報設備のうちの内線電話機の図記号は，(イ)設問の図の③です.

設問の図の④は電話・情報設備のうちの加入電話機，⑤は電話・情報設備のうちの公衆電話機です.①は拡声・インターホン・映像設備のうちの電話機形インターホン子機，②は拡声・インターホン・映像設備のうちの電話機形インターホン親機です.

【解答　イ：③】

　JIS C 0303:2000 構内電気設備の配線用図記号に規定されている，電話・情報設備のうちの通信用（電話用）アウトレットの図記号は，　(イ)　である.

　　①　●　　②　◖　　③　◇　　④　◑　　⑤　◯

■解説

　JIS C 0303:2000「構内電気設備の配線用図記号」に規定されている，電話・情報設備のうちの**通信用（電話用）アウトレットの図記号**は，(イ)①の図です.

　設問の図の②は電話・情報設備のうちの情報用アウトレットの図記号，③は電話・情報設備のうちの複合アウトレットの図記号，④は電灯・動力用のコンセントを天井に取り付ける場合の図記号，⑤はテレビ共同受信設備の直列ユニット（75〔Ω〕）や防災・防犯用の無線通信補助設備の無線機接続端子を表す図記号です.

【解答　イ：①】

　JIS C 0303:2000 で規定されている図記号で，本節の設問に記載された図記号以外の電話・情報設備の図記号の例を下表に示します.

表　JIS C 0303:2000 で規定されている電話・情報設備の図記号の例

設備名称	図記号	備　考
保安器	⊡	
デジタル回線終端装置	DSU	
ルータ	RT	ルータ としてもよい
集線（HUB）	HUB	
転換器	⊙	
本配線盤	MDF	
中間配線盤	IDF	

問 1　アナログ式テスタ　　【R1-2　第7問 (2)】☑☑☑

　永久磁石で発生する磁界を利用する　(イ)　形のアナログ式テスタは，電流目盛の目盛間隔が一定（平等目盛）であるため指示値が読み取りやすく，電池などの直流電源を用いた回路の電流測定に適している．

① 可動鉄片　　② 熱　電　　③ 静　電
④ 電流力計　　⑤ 可動コイル

解説

　永久磁石で発生する磁界を利用する(イ)可動コイル形のアナログ式テスタでは，可動コイルが永久磁石よって発生する磁界の中にあり，可動コイルに電流が流れると，可動コイルにフレミング左手の法則による回転力が生じて，テスタの指針を回転させます．それに応じて制御バネに力が働き，**可動コイルに生じる回転力と制御バネの力がつり合った位置で指針が静止します．指針の回転位置は可動コイルに流れる電流の大きさに比例するため**，電流目盛の目盛間隔が一定（平等目盛）になります．そのため，指示値が読み取りやすく，電池などの直流電源を用いた回路の電流測定に適しています．

【解答　イ：⑤（可動コイル）】

問 2　テスタのゼロオーム調整　　【H30-2　第7問 (2)】☑☑☑

　テスタのゼロオーム調整について述べた次の二つの記述は，　(イ)　．
A　アナログ式テスタを用いて抵抗を測定する際，最初にゼロオーム調整を行えば，その後，抵抗の測定レンジを切り替えるごとにゼロオーム調整を行わなくても，抵抗値を正しく測定できる．
B　デジタル式テスタのリラティブ測定機能は，直前の測定値をテスタに記憶することができるものであり，抵抗測定レンジでは，ゼロオーム調整用として利用することができる．

① Aのみ正しい　　　② Bのみ正しい
③ AもBも正しい　　④ AもBも正しくない

解説

・アナログ式テスタは，内部に電池を内蔵し，この電池の電圧とテスタに流れる電流

によって抵抗の測定を行います．電池は使用するたびに消耗し，電圧と流れる電流の大きさが変化するため，測定結果も変化します．このため，最初だけでなく，測定の前にゼロオーム調整を行う必要があります（Aは誤り）．

・Bは正しい．直前の測定時と次の測定時での電池の電圧の変化は小さいため，直前の測定値をゼロオーム調整用として利用することができます．

【解答　イ：②（Bのみ正しい）】

問3　デジタル式テスタの確度　　　　　　　　　　　【H29-1　第7問（2）】 ☑☑☑

デジタル式テスタを用いて，直流 200 ボルトレンジ，分解能 0.1 ボルトで読取値が 100.0 ボルトであったとき，誤差の範囲が最も小さいテスタは，確度が ＿（イ）＿ のテスタである．ただし，rdg は読取値，dgt は最下位桁の数字を表すものとする．

① $\pm(0.1\%\ \mathrm{rdg}+6\ \mathrm{dgt})$ 　　② $\pm(0.2\%\ \mathrm{rdg}+4\ \mathrm{dgt})$

③ $\pm(0.4\%\ \mathrm{rdg}+3\ \mathrm{dgt})$ 　　④ $\pm(0.6\%\ \mathrm{rdg}+2\ \mathrm{dgt})$

⑤ $\pm(1.0\%\ \mathrm{rdg}+1\ \mathrm{dgt})$

■解説■

デジタル式テスタの**確度**とは「誤差はこれ以下である」という誤差の限界値のことで，測定精度を意味します．

デジタル式テスタの確度は，読取値に比例する比例誤差と，分解能に依存する固定誤差の和で表されます．

確度の式で，rdg（reading）は読取値を意味し，0.1〔％〕rdg とは読取値の 0.1〔％〕の比例誤差があることを意味します．digit は表示できる最小の桁で，これにカウント数を乗じた値が固定誤差になります．例えば，分解能が 0.1〔V〕で，指定のカウント数が 3 の場合，固定誤差は 3 digit と表され，固定誤差は 3 digit ＝ 3×0.1〔V〕＝ 0.3〔V〕となります．

以上より，読取値が 100〔V〕，分解能が 0.1〔V〕の場合，確度が設問①〜⑤の場合の誤差の範囲は次のようになります．

①で確度が ±（0.1〔％〕rdg＋6 dgt）の場合，rdg 誤差は 100〔V〕の 0.1〔％〕＝ ±0.1〔V〕，dgt 誤差は最小分解能が 0.1〔V〕のため，6 dgt ＝ ±0.6〔V〕．これより確度は，±（0.1〔％〕rdg＋6 dgt）＝ ±（0.1〔V〕＋0.6〔V〕）＝ ±0.7〔V〕．

②の確度は，同様に，±（0.2〔％〕rdg＋4 dgt）＝ ±（0.2〔V〕＋0.4〔V〕）＝ ±0.6〔V〕

③の確度は，±（0.4〔％〕rdg＋3 dgt）＝ ±（0.4〔V〕＋0.3〔V〕）＝ ±0.7〔V〕

④の確度は，＋（0.6〔％〕rdg＋2 dgt）＝ ＋（0.6〔V〕＋0.2〔V〕）＝ ±0.8〔V〕

⑤の確度は，±（1.0〔％〕rdg＋1 dgt）＝ ±（1.0〔V〕＋0.1〔V〕）＝ ±1.1〔V〕

よって，誤差の範囲が最も小さいテスタは，(イ) ②のテスタです．

【解答　イ：②】

| 問4 | デジタル式テスタの直流電圧測定 | 【H28-2　第7問 (2)】 ☑ ☑ ☑ |

　JIS C 1202:2000 回路計において，AA 級のデジタル式テスタの直流電圧測定における固有誤差は，　(イ)　と規定されている．

①　±（指示値の 0.2 %）

②　±（最大表示値の 0.25 %）

③　±（指示値の 0.2 % + 最大表示値の 0.25 %）

④　±（最大表示値の 0.25 % − 指示値の 0.2 %）

⑤　（最大表示値の 0.25 %）±（指示値の 0.2 %）

解説

　JIS C 1202:2000「回路計」において，AA 級のデジタル式テスタの直流電圧測定における固有誤差は，(イ) ±（指示値の 0.2〔%〕+ 最大表示値の 0.25〔%〕）と規定されています．

　JIS C 1202:2000 では，アナログ式，デジタル式それぞれのテスタについて，固有誤差，測定範囲の数，目盛の長さ（デジタル式は除く）および回路定数によって，AA 級と A 級の二つの階級に分類しています．

　このうち，直流電圧と直流電流における固有誤差の比較を下表に示します．

表　デジタル式テスタとアナログ式テスタの電圧・電流測定の固有誤差

測定項目	テスタ	AA 級	A 級
直流電圧	デジタル式	±（指示値の 0.2〔%〕+ 最大表示値の 0.25〔%〕）	±（指示値の 1.5〔%〕+ 最大表示値の 0.5〔%〕）
	アナログ式	最大目盛値の ±2〔%〕	最大目盛値の ±3〔%〕
直流電流	デジタル式	±（指示値の 1〔%〕+ 最大表示値の 0.25〔%〕）*	±（指示値の 2.5〔%〕+ 最大表示値の 0.5〔%〕）*
	アナログ式	最大目盛値の ±2〔%〕	最大目盛値の ±3〔%〕

＊：最大表示値が 1〔A〕を超える測定範囲には適用しない．

【解答　イ：③（±（指示値の 0.2〔%〕+ 最大表示値の 0.25〔%〕））】

アナログ式テスタを用いて，電池と抵抗から構成される回路に流れる直流電流値を測定する方法として，正しいものは，図1～図4のうち， (イ) である．

① 図1　② 図2　③ 図3　④ 図4

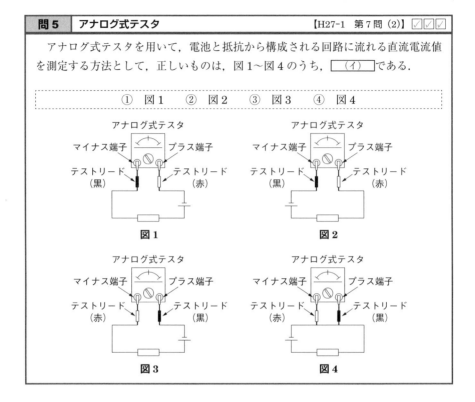

図1

図2

図3

図4

解説

アナログ式テスタでは，**直流の場合には測定対象と極性を合わせることが必要**です．このため，プラス端子には電極のプラス側を接続する必要があります．極性の間違いをしないように，一般に，**赤色のテストリードをプラス端子に，黒色のテストリードをマイナス端子に接続**することにしています．よって，プラス端子にテストリード（赤）が接続され，接続されている電極のプラス側がアナログ式テスタのプラス端子に接続されている(イ)<u>図2</u>が正しい．

【解答　イ：②（図2）】

問 1	ボタン電話の配線工事	【R1-2 第7問 (3)】 ☑☑☑

日本電線工業会規格（JCS）で規定されているエコケーブルの耐燃性ポリエチレンシース屋内用ボタン電話ケーブルを用いたデジタルボタン電話の配線工事などについて述べた次の二つの記述は，　（ウ）　．

A　多湿な状況下での配線工事において，ケーブルシース材料の潮解性によりケーブルの表面に水滴が生じた場合，ケーブルの電気的特性が劣化するため，早期に張り替える必要がある．

B　ケーブルシースが黄色又はピンク色に変色する現象は，ピンキング現象といわれ，これによってケーブルシース材料が分解することはなく，材料物性に変化は生じない．

①　Aのみ正しい　　　②　Bのみ正しい
③　AもBも正しい　　④　AもBも正しくない

解説

・耐燃性ポリエチレンシースケーブルのケーブルシース材料の潮解性によりケーブルの表面に水滴が生じた場合でも，ケーブルの電気的特性には影響しないため，水滴を拭き取るだけでよい（Aは誤り）．潮解（Deliquescence）とは，物質が空気中の水分（水蒸気）を吸収して溶けていく現象です．

・Bは正しい．ピンキング現象は，ノンハロコンパウンド材料のベースポリマーに含まれるフェノール系の酸化防止剤が働いた後，黄色またはピンク色に変色することにより発生します．ピンキング現象では材料の分解がないため，材料物性の変化は生じません．

【解答　ウ：②（Bのみ正しい）】

問 2	デジタル式 PBX の設置工事	【R1-2 第7問 (4)】 ☑☑☑

デジタル式 PBX の設置工事において，主装置の筐体に取り付ける接地線は，一般に，　（エ）　線を用いる．

①　CV　　②　VCT　　③　IV　　④　DV　　⑤　OW

デジタル式 PBX の設置工事において，主装置の筐体に取り付ける接地線は，一般に，(エ)**IV 線**を用います．**IV**（Indoor PVC）線は屋内配線用の **PVC**（ポリ塩化ビニル）**絶縁電線**で，照明器具やコンセントへの電源供給，接地用の電線など，600〔V〕以下の一般電気工作物，電気機器用配線および盤内配線に最も広く使用されています．

【解答　エ：③（IV）】

| 問3 | デジタル式 PBX の機能確認試験 | 【R1-2　第 7 問 (5)】 ☑☑☑ |

　デジタル式 PBX の設置工事終了後に行う機能確認試験について述べた次の二つの記述は，　(オ)　．

A　アッドオン試験では，内線 A が内線 B 又は外線と通話中のとき，内線 A がフッキングなどの操作後，内線 C を呼び出し，内線 C との通話を確認後，フッキングなどの操作により三者通話が正常に行われることを確認する．

B　コールトランスファ試験では，外線が空いていないときに特殊番号をダイヤルするなどの操作で外線を予約することにより，外線が空き次第，外線発信ができることを確認する．

```
①　A のみ正しい　　　②　B のみ正しい
③　A も B も正しい　　④　A も B も正しくない
```

■ **解説** ■

・A は正しい．アッドオン機能とは三者通話を行うための機能です．
・<u>外線キャンプオン試験</u>では，外線が空いていないときに特殊番号をダイヤルするなどの操作で外線を予約することにより，外線が空き次第，外線発信ができることを確認します（B は誤り）．コールトランスファ試験とは，通話中の内線電話機をフッキングなどの操作で，第三者に転送する内線通話転送に関する試験です．

【解答　オ：①（A のみ正しい）】

本問題と同様の試験が平成 28 年度第 2 回試験に出題されています．

| 問4 | デジタルボタン電話装置の設置工事 | 【H31-1　第 7 問 (3)】 ☑☑☑ |

　デジタルボタン電話装置の設置工事などについて述べた次の二つの記述は，　(ウ)　．

A　多機能電話機は，機能ボタンの数が同じであれば，どこの製造会社のものであっても，同一のデジタルボタン電話主装置に混在して収容し，機能ボタンをそのま

ま使用することができる．

B TEN（Terminal Equipment Number）といわれる識別番号を持つ多機能電話機を用いるデジタルボタン電話装置では，内線番号と TEN を関連づけるデータ設定作業が行われる．

---

① Aのみ正しい ② Bのみ正しい
③ AもBも正しい ④ AもBも正しくない

■解説■

・デジタルボタン電話主装置によって使用できる多機能電話機は異なります．このため，機能ボタンの数が同じであっても，製造会社が異なる多機能電話機を，同一のデジタルボタン電話主装置に混在して収容することはできません（A は誤り）．

・B は正しい．**TEN**（Terminal Equipment Number）は端末（**多機能電話機**）の**識別番号**で，内線番号と TEN を関連づけてデータ設定作業が行われます．

【解答 ウ：②（Bのみ正しい）】

| **問5** | **デジタル式 PBX の設置工事** | 【H31-1 第7問（4）】 ☑☑☑ |

デジタル式 PBX の設置工事において，デジタル式 PBX の内線収容条件により内線数を増設できない場合や使い慣れた機能を持つデジタルボタン電話機を利用したいがデジタル式 PBX にはその機能がない場合， ［ （エ） ］ 方式を用いて，デジタル式 PBX の内線回路にデジタルボタン電話装置の外線を接続して収容する．

---

① ストレートライン応答 ② バーチャルライン応答
③ ビハインド PBX ④ 代表ダイヤルイン ⑤ マルチライン

■解説■

デジタル式 PBX の設置工事において，デジタル式 PBX の内線収容条件により内線数を増設できない場合や使い慣れた機能をもつデジタルボタン電話機を利用したいがデジタル式 PBX にはその機能がない場合，_{（エ）}ビハインド PBX 方式を用いて，デジタル式 PBX の内線回路にデジタルボタン電話装置の外線を接続して収容します．

ビハインド（behind）は「後方に」という意味で，親の PBX の内線側に子の関係となる PBX やボタン電話装置の外線側を接続することにより，**利用できる内線端末の種類や台数を増加**させることができます．

【解答 エ：③（ビハインド PBX）】

6章

接続工事の技術

デジタル式PBXの機能確認試験　　　　　【H31-1　第7問 (5)】　☑☑☑

　デジタル式PBXの機能確認試験のうち，　 (オ) 　試験では，システム内に登録されているコードレス電話機（子機）で移動しながら通信を行った場合，通信中の接続装置から最寄りの接続装置に回線を切り替えながら通信が継続できることを確認する．

① オートレリーズ　　　② ページング　　　③ TCH切替
④ ダイレクトインライン　　　⑤ ハンドオーバ

解説

　デジタル式PBXの機能確認試験のうち，(オ)ハンドオーバ試験では，システム内に登録されているコードレス電話機（子機）で移動しながら通信を行った場合，**通信中の接続装置から最寄りの接続装置に回線を切り替えながら通信が継続できる**ことを確認します．

　ハンドオーバとは無線通信システムで使用されている用語で，無線端末が移動中に，接続先を最寄りの無線基地局に切り替える機能です．

【解答　オ：⑤（ハンドオーバ）】

問7　**通信用フラットケーブル**　　　　　【H30-2　第7問 (3)】　☑☑☑

　図は，アンダーカーペット配線方式によるボタン電話装置の設置工事に用いられる対数が10Pの通信用フラットケーブルの断面の概略を示したものである．この通信用フラットケーブルの対番号8を使用して内線電話機に接続する場合は，第1種心線及び第2種心線の絶縁体の色が　 (ウ) 　の対を選定する．

① 黄及び白　　　② 緑及び白　　　③ 赤及び白
④ 黄及び茶　　　⑤ 緑及び茶

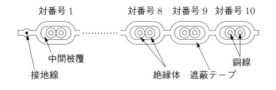

対番号1　　　　対番号8　対番号9　対番号10

中間被覆
接地線
絶縁体　遮蔽テープ
銅線

解説

　通信用フラットケーブルの対番号8を使用して内線電話機に接続する場合は，第1種心線および第2種心線の絶縁体の色が(ウ)緑および茶の対を選定します．

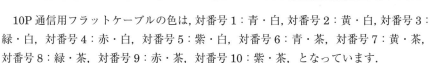

10P 通信用フラットケーブルの色は，対番号 1：青・白，対番号 2：黄・白，対番号 3：緑・白，対番号 4：赤・白，対番号 5：紫・白，対番号 6：青・茶，対番号 7：黄・茶，対番号 8：緑・茶，対番号 9：赤・茶，対番号 10：紫・茶，となっています．

【解答　ウ：⑤（緑および茶）】

本問題と同様の問題が平成 28 年度第 2 回試験に出題されています．

問8	デジタル式 PBX の代表着信方式	【H30-2　第7問 (4)】 ☑☑☑

　デジタル式 PBX の代表着信方式の設定において，代表グループ内の回線に優先順位を設け，常に優先順位が高い空回線を選択させる場合は，□（エ）□方式を選定する．

　① バーチャルライン応答　　② ラウンドロビン　　③ 順次サーチ
　④ ストレートライン応答　　⑤ ダイレクトインライン

解説

　デジタル式 PBX の代表着信方式の設定において，代表グループ内の回線に優先順位を設け，常に優先順位が高い空回線を選択させる場合は，(エ)順次サーチ方式を選定します．

　デジタル式 PBX の代表着信方式としては，ほかに，代表グループ内の内線がおおむね均等に利用されるように内線を選択するラウンドロビン方式があります．

【解答　エ：③（順次サーチ）】

本問題と同様の問題が平成 27 年度第 2 回試験に出題されています．

問9	デジタル式 PBX の機能確認試験	【H30-2　第7問 (5)】 ☑☑☑

　デジタル式 PBX の設置工事終了後に行う機能確認試験について述べた次の二つの記述は，□（オ）□．

A　コールウェイティング試験では，着信通話中の内線に外線着信があると，着信通知音が聞こえ，フッキング操作などにより，その着信呼との通話が可能となり，通話中であった呼は保留状態になることを確認する．さらに，フッキング操作などをするたびに通話呼と保留呼を交互に入れ替えて通話できることを確認する．

B　コールパーク試験では，あらかじめ設定しておいたグループ内のある内線番号への着信時に，グループ内の他の内線から，特殊番号をダイヤルするなど所定の操作を行うことにより，当該着信呼に応答できることを確認する．

①　Ａのみ正しい　　　②　Ｂのみ正しい

③　ＡもＢも正しい　　④　ＡもＢも正しくない

解説

・Ａは正しい．

・コールピックアップ試験では，あらかじめ設定しておいたグループ内のある内線番号への着信時に，グループ内の他の内線から，特殊番号をダイヤルするなど所定の操作を行うことにより，当該着信呼に応答できることを確認します（Ｂは誤り）．

　コールパークとは，着信呼を保留にし，保留にされた呼を他の電話機から取れるようにする機能です．この場合，着信呼を保留にするときにダイヤルしたパーク番号と同じ番号を，他の電話機から保留呼を取り出すときにダイヤルします．パーク番号により保留呼を識別します．

【解答　オ：①（Ａのみ正しい）】

問 10　**デジタルボタン電話装置の設置工事**　　　　【H30-1　第 7 問 (3)】☑☑☑

デジタルボタン電話装置の設置工事において，CB 無線などからの高周波ノイズの影響を低減するための対策として，デジタルボタン電話装置の主装置に接続される外線ケーブル，及び主装置と端末機器間の屋内ケーブルの両方に　（ウ）　を取り付ける方法がある．

①　ツェナーダイオード　　②　避雷器　　③　増幅器

④　雷防護フィルタ　　　　⑤　フェライトコア

解説

デジタルボタン電話装置の設置工事において，CB 無線などからの高周波ノイズの影響を低減するための対策として，デジタルボタン電話装置の主装置に接続される外線ケーブル，および主装置と端末機器間の屋内ケーブルの両方に(ウ)フェライトコアを取り付ける方法があります．

フェライトコアは，リングの穴の中に導線を通すことによってコイルを構成するため，インダクタンスが大きく，高周波になるほど高いインピーダンスをもちます．このため，**高周波電流を阻止するローパスフィルタとして働き，高周波ノイズを減衰させる**ことができます．

【解答　ウ：⑤（フェライトコア）】

問 11　デジタル式 PBX の配線工事　【H30-1　第 7 問（4）】☑☑☑

日本電線工業会規格（JCS）で規定されている，エコケーブルの耐燃性ポリエチレンシース通信用構内ケーブル（耐燃 PE シースケーブル）を用いたデジタル式 PBX の配線工事などについて述べた次の二つの記述は，　[(エ)]．

A　火災時において，耐燃 PE シースケーブルは燃焼しても有害なハロゲン系ガスを発生しないが，ポリ塩化ビニル（PVC）シースケーブルと比較して発煙濃度が高いため，呼吸困難などの二次災害に注意する必要がある．

B　耐燃 PE シースケーブルを配管内に敷設するときにケーブルシースの表面が擦れて生じた白化現象は，一般に，ケーブルの電気特性に影響を及ぼすことはなく，直ちにケーブルを張り替える必要はない．

> ①　A のみ正しい　　　②　B のみ正しい
> ③　A も B も正しい　　④　A も B も正しくない

解説

・エコケーブルに使用されている耐燃 PE シースケーブルは，火災時において，燃焼しても**有害なハロゲン系ガスを発生しません**．また，ポリ塩化ビニル（PVC）シースケーブルと比較して**燃焼時の発煙濃度が低い**（A は誤り）．

・B は正しい．白化現象は外観上の問題であり，ケーブルの特性には影響しません．

【解答　エ：②（B のみ正しい）】

問 12　デジタル式 PBX の接続工事　【H30-1　第 7 問（5）】☑☑☑

デジタル式 PBX の接続工事について述べた次の二つの記述は，　[(オ)]．

A　デジタル式 PBX の主装置と外線との接続工事において，ISDN 基本インタフェースを終端する DSU は，4 線式で主装置の外線ユニットに接続される．

B　デジタル式 PBX の主装置と内線端末との接続工事において，ISDN 端末は，2 線式で主装置の内線ユニットに接続される．

> ①　A のみ正しい　　　②　B のみ正しい
> ③　A も B も正しい　　④　A も B も正しくない

解説

・A は正しい．

・デジタル式 PBX の主装置と内線端末との接続工事において，**ISDN 端末は，4 線式で主装置の内線ユニットに接続されます**（B は誤り）．

6 章

接続工事の技術

デジタル式 PBX の主装置，端末とも ISDN インタフェースでは 4 線を使用します．

【解答　オ：①（A のみ正しい）】

問 13　**デジタル式 PBX の配線工事**　　【H29-2　第 7 問 (4)】☑☑☑

日本電線工業会規格（JCS）で規定されているエコケーブルの耐燃性ポリエチレンシース通信用構内ケーブル（耐燃 PE シースケーブル）を用いた，デジタル式 PBX の配線工事などについて述べた次の二つの記述は，　　(エ)　　．

A　耐燃 PE シースケーブルは，PVC（ポリ塩化ビニル）シースケーブルと比較して，シースが硬く，許容曲率半径は 2 倍以上であるため，配管の曲げ部に通線する場合には注意が必要である．

B　配線工事終了後に回収された工事残材のうち，耐燃 PE シースケーブルは，外被がポリエチレン系の材料に統一されておりリサイクル対応が可能であるため，廃棄物の低減に寄与することができる．

> ①　A のみ正しい　　　②　B のみ正しい
> ③　A も B も正しい　　④　A も B も正しくない

解説

・耐燃 PE シースケーブルは，PVC（ポリ塩化ビニル）シースケーブルと比較して，許容曲率半径は同等ですが，シースが硬いため，端末端子部分の被覆はぎ取り作業には注意が必要です（A は誤り）．

・B は正しい．耐燃 PE シースケーブルは，リサイクル対応が可能で，環境への影響が少ないため，エコケーブル（EM ケーブル）に使用されています．

【解答　エ：②（B のみ正しい）】

問 14　**デジタル式 PBX の機能確認試験**　　【H29-2　第 7 問 (5)】☑☑☑

デジタル式 PBX の設置工事終了後に行う内線関連の機能確認試験のうち，　　(オ)　　試験では，内線電話機 A と内線電話機 B が通話しているときに，内線電話機 B が，フッキング操作などにより内線電話機 A との通話を保留して内線電話機 C を呼び出した後，オンフックすることにより内線電話機 A と内線電話機 C が通話状態になることを確認する．

> ①　コールピックアップ　　②　コールパーク　　③　コールトランスファ
> ④　リセットコール　　　　⑤　コールウェイティング

■解説■

　デジタル式PBXの設置工事終了後に行う内線関連の機能確認試験のうち，(オ)コールトランスファ試験では，内線電話機Aと内線電話機Bが通話しているときに，内線電話機Bが，フッキング操作などにより内線電話機Aとの通話を保留して内線電話機Cを呼び出した後，オンフックすることにより内線電話機Aと内線電話機Cが通話状態になることを確認します．

　コールトランスファとは，通話中の内線電話機をフッキングなどの操作で，第三者に転送する機能です．

【解答　オ：③（コールトランスファ）】

| 問15 | アンダーカーペット配線工事 | 【H29-1　第7問（3）】 ☑☑☑ |

　アンダーカーペット配線工事について述べた次の二つの記述は，　（ウ）　．

A　フラットケーブルを床面に水平配線する場合,配線方向を変えるときは,フラットケーブルを折り曲げると不具合が生ずるため，一般に，当該箇所でフラットケーブルをコネクタ接続し，接続部をフリーレットに収容して敷設する．

B　多対フラットケーブルを配線する場合，途中で分岐するときは，一般に，所要の対数を分割用ミシン目に沿って分割して敷設する．

① Aのみ正しい　　　② Bのみ正しい
③ AもBも正しい　　④ AもBも正しくない

■解説■

・アンダーカーペット配線方式では，フラットケーブルをタイルカーペットや置敷ビニルタイルの下に敷きます．フラットケーブルを床面に水平配線する場合，配線方向を変えるときは，フラットケーブルを折り曲げて敷設し，曲げた部分とその周りを養生テープで固定し保護します（Aは誤り）．

POINT
フラットケーブルは折り曲げて敷設できるようになっている．

・Bは正しい．

【解答　ウ：②（Bのみ正しい）】

| 問16 | デジタル式PBXの機能確認試験 | 【H29-1　第7問（4）】 ☑☑☑ |

　デジタル式PBXの機能確認試験のうち，　（エ）　試験では，被呼内線が話中のときに発呼内線が特殊番号などを用いて所定のダイヤル操作を行うことにより，被呼内線の通話が終了後，自動的に発呼内線と被呼内線が呼び出されて通話が可能と

なることを確認する.

① 内線キャンプオン　　② コールパーク　　③ 内線アッドオン
④ コールトランスファ　　⑤ コールピックアップ

解説

デジタル式 PBX の機能確認試験のうち, (ェ)内線キャンプオン試験では, 被呼内線が話中のときに発呼内線がフッキングと所定操作（キャンプオン特殊番号をダイヤル）を行いオンフックします. 被呼内線の通話が終了しオンフックすると, 自動的に発呼内線と被呼内線が呼び出されて通話が可能となることを確認します.

【**解答　エ：①（内線キャンプオン）**】

| **問 17** | デジタル式 PBX の設定・確認作業 | 【H29-1　第 7 問 (5)】 ☑☑☑ |

デジタル式 PBX の設置工事に伴う設定又は確認作業について述べた次の記述のうち, 正しいものは, 　(オ)　である.

① サービスクラスの設定作業では, 一般に, 短縮ダイヤルの設定が行われる.
② 2 者通話中に, 外線着信があったとき, フッキングなどを行うたびに着信呼と通話中呼を入れ替えて通話できることにより, アッドオン機能が正常であることを確認できる.
③ 付加番号ダイヤルインを設定できる内線回線数は, 外線回線数以下でなければならない.
④ コールピックアップグループは, 保留応答用のグループであり, 代理応答用のグループであるコールパークグループと同一のものに設定しなければならない.
⑤ 代表グループ内の回線に優先順位を設け, 常に優先順位が高い空回線を選択させたい場合は, 順次サーチ方式を設定する.

解説

・デジタル式 PBX のサービスクラスの設定作業では, 一般に, 内線ごとに外線への発信規制の設定が行われます. サービスクラスとは, 発信規制の範囲をクラス分けしたもので, クラスが高い内線ほど規制が少なく外線発信等が自由にでき, クラスが低い内線は規制が多くなります（①は誤り）.
・2 者通話中に, 外線着信があったとき, フッキングなどを行うたびに着信呼と通話中呼を入れ替えて通話できることにより, コールウェイティング機能が正常である

ことを確認できます（②は誤り）．

・付加番号ダイヤルインを設定できる内線回線数を外線回線数以下にすると，外線から着信したときに回線が塞がっていることがあるので，付加番号ダイヤルインを設定できる内線回線数は，**外線回線数以上にすることが望ましい**（③は誤り）．

　付加番号ダイヤルインとは，利用者が電話番号をダイヤルすると PBX がいったん応答し，内線トーンを流して利用者はそこから内線番号をダイヤルして，該当の内線を直接呼び出す方式で，公衆網の電話交換機の機能を利用するダイヤルインと異なり，PBX の機能として提供されます．

・コールピックアップグループは，代理応答用のグループであり，保留応答用のグループであるコールパークグループと同一のものに設定しなければなりません（④は誤り）．

>
> **POINT**
> 一つのグループで着信時にコールピックアップ，通話中にコールパークが行える．

・**⑤は正しい**．**順次サーチ**とは，優先順位の高い順に選択する方式です．

【解答　オ：⑤（正しい）】

問 18	**デジタル式 PBX の代表着信方式**	【H28-2　第7問 (4)】 ☑☑☑

　デジタル式 PBX の代表着信方式の設定において，代表グループ内の内線がおおむね均等に利用されるように内線を選択させたい場合は，____(エ)____方式を選定する．

---

① ラウンドロビン　　② ストレートライン　　③ 順次サーチ
④ シーケンシャル　　⑤ ダイレクトインライン

■解説■

　デジタル式 PBX の代表着信方式の設定において，**代表グループ内の内線がおおむね均等に利用されるように内線を選択させたい場合**は，(エ)**ラウンドロビン**方式を選定します．

【解答　エ：①（ラウンドロビン）】

覚えよう！
デジタル式 PBX の代表着信方式として，ラウンドロビン方式と順次サーチ方式が出題されています．それぞれの意味を覚えておこう．

問 19	**ボタン電話の配線工事**	【H28-1　第7問 (3)】 ☑☑☑

　日本電線工業会規格（JCS）で規定されているエコケーブルの耐燃性ポリエチレンシース屋内用ボタン電話ケーブル（耐燃 PE シースケーブル）を用いた，ボタン

電話の配線工事などについて述べた次の二つの記述は，　(ウ)　．

A　耐燃 PE シースケーブルを配管に引き入れる場合，PE シースが擦られて傷つくことを防ぐために，ケーブル入線剤（滑剤）を利用する方法が有効である．

B　多湿な状況下に敷設された耐燃 PE シースケーブルにおいて，その表面が白っぽくなる白化現象が生じた場合，ケーブルの電気的特性が劣化するため，早期に張り替える必要がある．

① 　A のみ正しい　　　② 　B のみ正しい
③ 　A も B も正しい　　④ 　A も B も正しくない

■解説

・A は正しい．

・多湿な状況下に敷設された耐燃 PE シースケーブルにおいて，その表面が白っぽくなる白化現象は外観上の問題であり，ケーブルの特性には影響しないため，ケーブルを張り替える必要はありません（B は誤り）．

【解答　ウ：①（A のみ正しい）】

| 問 20 | デジタル式 PBX の接続工事 | 【H28-1　第 7 問 (4)】 | ☑☑☑ |

デジタル式 PBX の主装置と内線端末との接続工事において，内線端末としてのグループ 3 ファクシミリ装置と ISDN 端末は，一般に，　(エ)　で主装置のそれぞれ対応する内線ユニットに接続される．

① 　いずれも 2 線式　　　　　　　② 　いずれも 4 線式
③ 　いずれもカスケード（多段）接続　④ 　前者は 2 線式，後者は 4 線式
⑤ 　前者は 4 線式，後者は 2 線式

■解説

　デジタル式 PBX の主装置と内線端末との接続工事において，内線端末としてのグループ 3 ファクシミリ装置と ISDN 端末は，一般に，(エ)前者は 2 線式，後者は 4 線式で主装置のそれぞれ対応する内線ユニットに接続されます．

　ISDN では，基本ユーザ・網インタフェースの端末側は終端された 4 線式のバス配線です．また，一次群インタフェースも 4 線式の配線です．グループ 3 ファクシミリ装置のインフェースの配線は加入電話のユーザ・網インタフェースと同様，2 線式です．

【解答　エ：④（前者は 2 線式，後者は 4 線式）】

顧客データベースを保有するパーソナルコンピュータ（PC）と電話機がデジタル式 PBX の主装置に接続される配線構成において，CTI の試験では，一般に，電気通信事業者が提供する ___(オ)___ サービスを利用することにより，電話応答する際に該当するお客様の情報が PC 画面に表示されることを確認する．

① 自動着信転送 　② 留守番電話 　③ ノーリンギング通信
④ ダイヤルイン 　⑤ 発信者番号通知

解説

CTI（Computer Telephony Integration）では，電気通信事業者が提供する(オ)発信者番号通知サービスを使用して，発信者番号に該当するユーザの情報を PC 画面に表示させる機能をもちます．コールセンタなどで，電話をかけてきたユーザとの対応を迅速に行うために利用されています．

【解答　オ：⑤（発信者番号通知）】

デジタル式 PBX の設置工事終了後に行う機能確認試験について述べた次の二つの記述は，___(オ)___．

A 　IVR 試験では，着信に対して自動音声で応答すること，及び自動音声のガイダンスに従い接続先や情報案内などを選択してプッシュボタンを操作することにより，所定の動作が正常に行われることを確認する．

B 　ACD 試験では，着信呼が，均等配分などの設定に従って，所定の受付オペレータ席などへ自動的に振り分けられることを確認する．

① 　A のみ正しい 　　② 　B のみ正しい
③ 　A も B も正しい 　④ 　A も B も正しくない

解説

・A は正しい．IVR（Interactive Voice Response：自動音声応答装置）は，PBX において着信に対して自動音声で応答する機能や，PBX からの自動音声のガイダンスに従い利用者が電話機のプッシュボタンを使用して操作する内容に応じて，PBX において接続先や情報案内など所定の動作を自動的に行う機能などから成ります．

・B は正しい．ACD（Automatic Call Distribution）とは，外線からの着信呼が，PBX における均等配分などの設定に従って，所定の受付オペレータ席などへ自動

6章　接続工事の技術

的に振り分けられる機能です.

【解答　オ：③（AもBも正しい)】

| 問 23 | デジタル式 PBX の設置工事 | 【H27-1　第7問 (4)】 ☑☑☑ |

デジタル式 PBX の設置工事などについて述べた次の二つの記述は，　(エ)　.

A　デジタル式 PBX の代表着信方式の設定において，代表グループ内の内線がおおむね均等に利用されるように内線を選択させたい場合は，ラウンドロビン方式を選定する.

B　同一部署における複数の内線を異なる内線回路パッケージに分散して収容することにより，一つの内線回路パッケージが故障しても，当該部署の全ての内線が使用できなくなる状況を防いでおくことが望ましい.

> ①　A のみ正しい　　　②　B のみ正しい
> ③　A も B も正しい　　④　A も B も正しくない

解説

・A は正しい. **ラウンドロビン方式**とは，順繰りに割り当てていき，一巡した場合に，最初に戻って割当てを行っていく方式です. 順繰りに割り当てていくことにより均等に利用されることになります.

・B は正しい.

【解答　エ：③（AもBも正しい)】

| 問 24 | デジタル式 PBX の設置工事 | 【H27-1　第7問 (5)】 ☑☑☑ |

デジタル式 PBX の設置工事終了後に行う機能確認試験について述べた次の二つの記述は，　(オ)　.

A　コールウェイティング試験では，着信通話中の内線に外線着信があると，着信通知音が聞こえ，フッキングなどにより，その着信呼に応えて通話が可能となり，通話中であった呼は保留状態になることを確認する. さらに，フッキングなどにより通話呼と保留呼を交互に入れ替えて通話できることを確認する.

B　内線キャンプオン試験では，あらかじめ設定しておいたグループ内のある内線番号への着信時に，グループ内の他の内線から，特殊番号のダイヤルなど所定の操作をすることにより，当該着信呼に応答できることを確認する.

> ① Aのみ正しい   ② Bのみ正しい
>
> ③ AもBも正しい   ④ AもBも正しくない

解説

・Aは正しい．

・コールピックアップ試験では，あらかじめ設定しておいたグループ内のある内線番号への着信時に，グループ内の他の内線から，特殊番号のダイヤルなど所定の操作をすることにより，当該着信呼に応答できることを確認します（Bは誤り）．

　　内線キャンプオン試験では，被呼内線が話中のときに発呼内線がフッキングと所定操作（キャンプオン特殊番号をダイヤル）を行いオンフックします．被呼内線の通話が終了しオンフックすると，自動的に発呼内線と被呼内線が呼び出されて通話が可能となることを確認します．

【解答　オ：①（Aのみ正しい）】

　デジタル式PBXの通話試験として，令和2年度第2回まで10回の試験において設問で参照されたか解答とされた通話試験の概要と参照回数を下表に示します．

表　過去問で出現した通話試験と設問・解答での参照回数

通話試験	概　要	回　数
コールトランスファ	通話中の内線電話機のフッキングなどの操作で，第三者に転送する内線通話転送	2
アッドオン	二者通話の後，第三者を呼び出し通話する三者通話	2
コールウェイティング	通話呼を保留状態にして着信呼に応答	3
内線キャンプオン	被呼内線の通話終了後に，保留中の発呼内線と被呼内線が呼び出されて通話	2
外線キャンプオン	外線が空いていないときに外線を予約し，外線が空き次第，外線発信	1
コールピックアップ	ある電話機にかかってきた呼出中の呼をグループ内の他の電話機で代理応答	3
コールパーク	保留された呼を，グループ内の他の内線電話機で取って応答	1

6章

接続工事の技術

6-4 ISDN 回線の工事と試験

| 問1 | バス配線 | 【R1-2　第8問 (1)】 ✓✓✓ |

　ISDN 基本ユーザ・網インタフェースにおいて，バス配線の正常性（終端抵抗の数）確認を行うため，DSU と端末を全て取り外してバス配線とモジュラジャックのみとし，DSU に接続されていた側から送信線（TA—TB 間）の終端抵抗値を測定したところ 25 オームであった．

　このことから，送信線には終端抵抗付きモジュラジャックが ＿(ア)＿ 個，取り付けられていると判断できる．ただし，バス配線は正しく，測定値は終端抵抗のみの値とし，モジュラジャックには正規の終端抵抗が取り付けられているものとする．

----

　　① 1　　② 2　　③ 3　　④ 4　　⑤ 5

解説

　ISDN 基本ユーザ・網インタフェースのバス配線では，**100〔Ω〕の終端抵抗を内蔵したモジュラジャックが取り付けられます．バス配線では，モジュラジャックは並列に接続される**ため，モジュラジャックの個数が N 個のとき，DSU に接続されていた側からの終端抵抗値 R は，

$$R = (モジュラジャック内蔵の終端抵抗の値) \div N = 100 \div N = 25 〔Ω〕$$

となり，$N = 100 \div 25 = 4$ で，モジュラジャックの個数は$_{(ア)}$4 個になります．

【解答　ア：④ (4)】

覚えよう！

ISDN 基本ユーザ・網インタフェースのバス配線の終端抵抗が 100〔Ω〕であることを覚えておこう．

| 問2 | RJ-45 コネクタの端子 | 【R1-2　第8問 (2)】 ✓✓✓ |

　ISDN 基本ユーザ・網インタフェースでのバス配線では，一般に，ISO 8877 に準拠した 8 端子のモジュラジャックが使用されるが，端子番号の使用に関する規格について述べた次の二つの記述は，＿(イ)＿．

A　送信線と受信線には，3～6 番の四つの端子が使用される．

B　ファントムモードの給電には，3～6 番の四つの端子が使用される．

----

　① A のみ正しい　　　② B のみ正しい

　③ A も B も正しい　　④ A も B も正しくない

■解説■

・A は正しい. 端末では, 端子番号 3 と 6 が送信に, 5 と 4 が受信に使用されます. DSU では, 端子番号 5 と 4 が送信に, 端子番号 3 と 6 が受信に使用されます (本節問 4 の解説の表を参照).

・B は正しい. ファントムモード給電とは, 信号伝送線で電力を供給して給電する方法で, 信号伝送に使用される端子 (端子番号 3〜6 の四端子) を使用して給電されます. ファントムモード給電での NT と TE の端子間の接続構成は, 本節問 15 の設問の図を参照してください.

【解答　イ：③（A も B も正しい）】

本問題と同様の問題が平成 30 年度第 1 回試験に出題されています

問3	ポイント・ツー・マルチポイント構成	【R1-2　第8問 (3)】 ☑☑☑

ISDN 基本ユーザ・網インタフェースにおけるポイント・ツー・マルチポイント構成について述べた次の記述のうち, 正しいものは, ┌(ウ)┐である.

① 短距離受動バス配線構成において使用可能な配線ケーブルの心線径は, 0.4 ミリメートルに限定されている.

② 短距離受動バス配線構成における最大配線長は, 漏話減衰量によって制限されている.

③ 延長受動バス配線における TE 相互間 (NT に一番近い TE と一番遠い TE との間) の最大配線長は, 伝送遅延によって制限されている.

④ 延長受動バス配線において使用可能なケーブル種別は, フラットフロアケーブルに限定されている.

⑤ 延長受動バス配線は, 短距離受動バス配線と異なり, 配線途中に増幅器を取り付けることが許容されている.

■解説■

・短距離受動バス配線構成において使用可能な配線ケーブルには, 心線径が 0.4〔mm〕, 0.5〔mm〕, 0.65〔mm〕のものがあり, 0.4〔mm〕には限定されていません (①は誤り).

・短距離受動バス配線構成における最大配線長は, DSU と最も遠方にある TE 間の最大一巡伝送遅延によって制限されています (②は誤り).

・③は正しい. 延長受動バス配線では, 端末の接続点が, NT からの線路遠端での集合的な配置に限られています. 延長受動バス配線における TE 相互間 (NT に一番近い TE と一番遠い TE との間) の最大伝送遅延は 1.15〔μs〕に制限されています.

・延長受動バス配線において使用可能なケーブル種別は, 規定されている伝送特性を

満足すればよく，フラットフロアケーブルに<u>限定されません</u>（④は誤り）．

・延長受動バス配線は，短距離受動バス配線と同様，配線途中に信号の増幅や再生などを行う増幅器などの能動素子を取り付けることは<u>できません</u>（⑤は誤り）．

上記，①〜③への設問の解説は，TTC 標準「JT-I430ISDN 基本ユーザ・網インタフェースレイヤ 1 仕様」に基づいています．

【解答　ウ：③（正しい）】

| 問 4 | RJ-45 コネクタの端子配置 | 【H31-1　第 8 問 (1)】 ☑☑☑ |

ISDN 基本ユーザ・網インタフェースのバス配線では，一般に，ISO 8877 に準拠した RJ-45 のモジュラジャックが使用され，端子配置においては，　(ア)　送信端子として使用される．

① 1，2 番端子が DSU 側の，7，8 番端子が端末機器側の
② 7，8 番端子が DSU 側の，1，2 番端子が端末機器側の
③ 3，6 番端子が DSU 側の，4，5 番端子が端末機器側の
④ 4，5 番端子が DSU 側の，3，6 番端子が端末機器側の
⑤ 3，4 番端子が DSU 側の，5，6 番端子が端末機器側の

解説

ISDN 基本ユーザ・網インタフェースのバス配線では，一般に，ISO 8877 に準拠した RJ-45 のモジュラジャックが使用され，RJ-45 コネクタの端子配置は，下表のようになっています．これより，端子配置においては，(ア)<u>4，5 番端子が DSU 側の，3，6 番端子が端末機器側の送信端子として使用されます</u>．

表　RJ-45 コネクタの端子配置

端子番号	端子機能		極　性
	TE	DSU（NT）	
1	給電部 3	受電部 3	+
2	給電部 3	受電部 3	−
3（TA）	送信	受信	+
4（RA）	受信	送信	+
5（RB）	受信	送信	−
6（TB）	送信	受信	−
7	受電部 2	給電部 2	−
8	受電部 2	給電部 2	+

【解答　ア：④（4，5 番端子が DSU 側の，3，6 番端子が端末機器側の）】

本問題と同様の問題が平成 27 年度第 2 回試験に出題されています.

| 問5 | ポイント・ツー・ポイント構成 | 【H31-1 第8問 (2)】 ☑☑☑ |

　ISDN 基本ユーザ・網インタフェースにおけるポイント・ツー・ポイント構成では，NT と TE 間の線路（配線とコード）の 96 キロヘルツでの＿＿(イ)＿＿は，6 デシベルを超えてはならないとされている.

① 近端漏話減衰量　　② 総合減衰量　　③ 増幅利得
④ 遠端漏話減衰量　　⑤ 雑音指数

解説

　ISDN 基本ユーザ・網インタフェースにおけるポイント・ツー・ポイント構成では，NT と TE 間の線路（配線とコード）の 96〔kHz〕での(イ)総合減衰量は，6〔dB〕を超えてはならないとされています．総合減衰量とは，NT（DSU 等）と TE（ISDN 端末）間の接続に使用されるすべての媒体（接続コード類，ケーブル）の減衰量を足し合わせた値です.

【解答　イ：②（総合減衰量）】

本問題と同様の問題が平成 29 年度第 1 回試験に出題されています.

| 問6 | ポイント・ツー・マルチポイント構成 | 【H31-1 第8問 (3)】 ☑☑☑ |

　ISDN 基本ユーザ・網インタフェースにおける，ポイント・ツー・マルチポイント構成の配線長について述べた次の記述のうち，正しいものは，＿＿(ウ)＿＿である.

①　延長受動バス配線において，TE 相互間（NT に一番近い TE と一番遠い TE との距離）の最大配線長は，25〜50 メートルの範囲と規定されている.
②　短距離受動バス配線において，NT と NT から一番遠い TE との距離となる最大配線長は，50〜100 メートルの範囲と規定されている.
③　TE の接続用ジャックと TE 間の接続コードの配線長は，20 メートル以下と規定されている.
④　TE の接続用ジャックとバス配線ケーブル間に用いるスタブの配線長は，2 メートル以下と規定されている.

解説

・①は正しい．短距離受動バス配線の最大線路長（200〔m〕）を超える配線（〜1,000〔m〕程度）では，延長受動バスが使用されます．**延長受動バスでは，TE 相互間（NT**

に一番近い TE と一番遠い TE との距離）の最大配線長は **25〜50〔m〕**の範囲と規定されています.

・ISDN のポイント・マルチポイント配線は「短距離受動バス」と「延長受動バス」により提供されます．短距離受動バス配線では，NT と NT から一番遠い TE までの最大線路長は，**低インピーダンス線路（75〔Ω〕）の場合は 100〔m〕**，**高インピーダンス線（150〔Ω〕）の場合は 200〔m〕**となっています（②は誤り）.

・延長受動バス配線構成と短距離受動バス配線構成のいずれにおいても，**TE の接続用ジャックと TE 間の接続コードの配線長は，10〔m〕以下**と規定されています（③は誤り）.

・TE の接続用ジャックとバス配線ケーブル間に用いる**スタブの配線長は，1〔m〕以下**と規定されています（④は誤り）.

　ISDN 基本ユーザ・網インタフェースのポイント・ツー・マルチポイント構成の配線長を下図に示します.

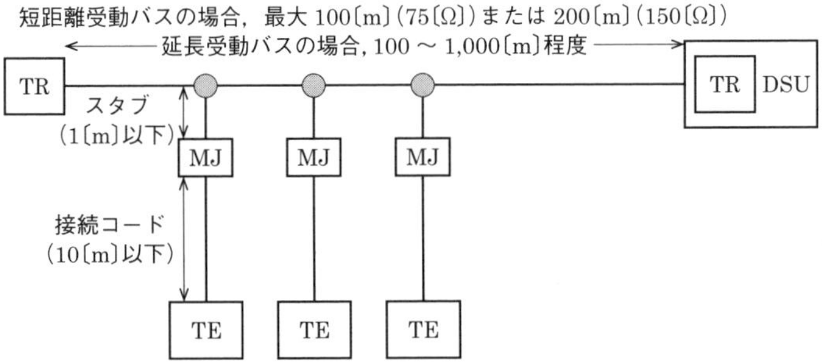

図　ポイント・ツー・マルチポイント構成の配線長

【解答　ウ：①（正しい）】

　ISDN 基本ユーザ・網インタフェースにおける工事試験での給電電圧の測定値として，レイヤ1停止状態で測定した DSU の端末機器側インタフェースの T 線—R 線間の給電電圧□（ア）□ボルトは，TTC 標準で要求される電圧規格値の範囲内である.

| ① 15 | ② 25 | ③ 35 | ④ 45 | ⑤ 55 |

解説

TTC 標準 JT-I430「ISDN 基本ユーザ・網インタフェースレイヤ1仕様」では，基

本ユーザ・網インタフェースのレイヤ 1 停止状態での **DSU** から端末（**TE**）側への **T 線—R 線間の給電電圧**の規格値は **34〜42〔V〕** と規定されています．よって，この範囲内にある$_{(ア)}$35〔V〕が正しい．

　DSU は，**ファントム給電**と呼ばれる方法で，**最大 420〔mW〕**の電力（39〔mA〕の直流定電流）を TE に供給します．ファントム給電とは 4 線メタリック全二重平衡伝送ケーブルを使って給電する方法で，**DSU の受信用 2 線平衡伝送ケーブル（T 線）**と**送信用 2 線平衡伝送ケーブル（R 線）**の間に **34〜42〔V〕** の電位差を与えて DSU から端末側に給電します．

【解答　ア：③ (35)】

本問題と同様の問題が平成 27 年度第 1 回試験に出題されています．

問 8	**バス配線構成**	【H30-2　第 8 問 (2)】 ☑☑☑

　ISDN 基本ユーザ・網インタフェースにおけるポイント・ツー・マルチポイント構成について述べた次の二つの記述は，　(イ)　．

A　延長受動バス配線構成では，線路の途中に信号の増幅や再生などを行う能動素子を取り付けることが許容されている．

B　短距離受動バス配線構成では，1 対のインタフェース線における配線極性は，全 TE 間で同一とする必要はなく，ポイント・ツー・ポイント構成と同様に，反転してもよいとされている．

① A のみ正しい　　② B のみ正しい
③ A も B も正しい　　④ A も B も正しくない

解説

・延長受動バス配線構成では，線路の途中に信号の増幅や再生などを行う<u>能動素子を取り付けることはできません</u>（A は誤り）．

・TTC 標準 JT-I430「ISDN 基本ユーザ・網インタフェースレイヤ 1 仕様」では，**ポイント・ツー・マルチポイントの短距離受動バス配線構成**では，1 対のインタフェース線における配線極性は，<u>全 TE 間で同一とすることが必要</u>としています．また，ポイント・ツー・ポイント構成では，1 対のインタフェース線は反転してもよいが，<u>ポイント・ツー・マルチポイント配線構成では，反転してはならない</u>とされています（B は誤り）．

【解答　イ：④（A も B も正しくない）】

本問題と同様の問題が平成 27 年度第 1 回試験に出題されています．

6 章

接続工事の技術

　　図は，ISDN（基本インタフェース）回線における，保安器と DSU 間，DSU と TA 間及び TA とアナログ電話機間の配線構成を示したものである．◯◯内の (A)，(B) 及び (C) に入る心線数の組合せを示す表において，心線数の組合せとして正しいものは，イ〜ホのうち，　(ウ)　である．

① イ　　② ロ　　③ ハ　　④ ニ　　⑤ ホ

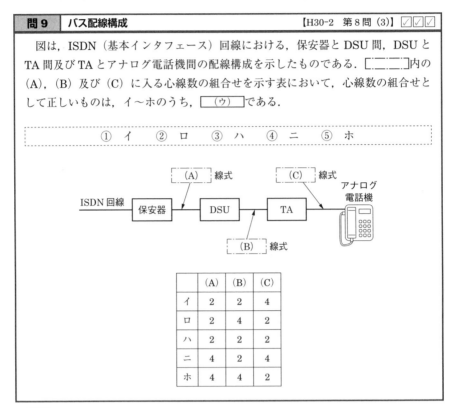

	(A)	(B)	(C)
イ	2	2	4
ロ	2	4	2
ハ	2	2	2
ニ	4	2	4
ホ	4	4	2

解説

　　DSU の網側インタフェースは，設問の図で，**保安器と DSU 間は (A) 2 線式**，**DSU と TA 間は (B) 4 線式**，**TA とアナログ電話機間は (C) 2 線式**です．よって，心線数の組合せとして正しいものは，イ〜ホのうち，(ウ)ロです．

【解答　ウ：② (ロ)】

　　ISDN 基本ユーザ・網インタフェースにおいて，ポイント・ツー・ポイント配線構成の場合，配線ケーブルに接続されているジャックと ISDN 標準端末との間に使用できる延長接続コードは，最長　(ア)　メートルである．

① 3　　② 7　　③ 10　　④ 25

■**解説**■

ISDN 基本ユーザ・網インタフェースにおいて，ポイント・ツー・ポイント配線構成の場合，配線ケーブルに接続されているジャックと ISDN 標準端末との間に使用できる延長接続コードは，最長$_{(ア)}$25〔m〕です（下図）．

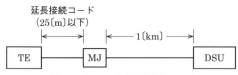

延長接続コード
（25〔m〕以下）

|←──── 1〔km〕────→|

TE ── MJ ── DSU

MJ：モジュラージャック（接続用ジャック）
TE：ISDN 端末

図　ポイント・ツー・ポイント構成の配線長

【解答　ア：④（25）】

問11	バス配線構成	【H30-1　第8問（3）】 ☑☑☑

ISDN 基本ユーザ・網インタフェースにおいて，延長受動バス配線工事での DSU と終端抵抗（TR）間及び TE 相互間（DSU に最も近い TE と最も遠い TE との距離）の配線長の規定値を満足する配線構成図は，図1～図4のうち，　（ウ）　である．ただし，DSU は TR を内蔵しているものとする．

① 図1　　② 図2　　③ 図3　　④ 図4

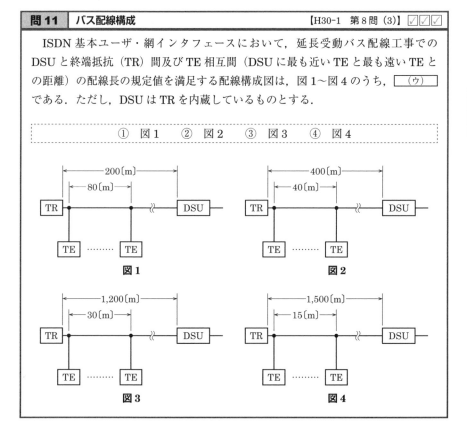

図1

図2

図3

図4

延長受動バス配線において，**DSU と終端抵抗（TR）間の距離は 100〜1,000〔m〕**，**TE 相互間（NT に一番近い TE と一番遠い TE との距離）の配線長は 25〜50〔m〕**と規定されています．これらの規定を満足する配線構成図は，$_{(ウ)}$図2です（延長受動バス配線構成での DSU と終端抵抗（TR）間の距離は本節問 6 の解説の図を参照）．

【解答　ウ：②（図2）】

問 12	**ポイント・ツー・ポイント構成**	【H29-2　第 8 問 (1)】 ☑☑☑

ISDN 基本ユーザ・網インタフェースにおいて，ポイント・ツー・ポイント構成での NT と TE との間の最長配線距離は，TTC 標準では　（ア）　メートル程度とされている．

① 100　　② 200　　③ 500　　④ 1,000　　⑤ 2,000

■解説■

ISDN 基本ユーザ・網インタフェースにおいて，ポイント・ツー・ポイント構成での NT と TE との間の最長配線距離は，TTC 標準では$_{(ア)}$1,000〔m〕程度とされています（本節問 10 の解説の図を参照）．

【解答　ア：④（1,000）】

問 13	**切分け試験**	【H29-2　第 8 問 (2)】 ☑☑☑

図に示す ISDN 基本ユーザ・網インタフェースにおける配線構成での切分け試験などについて述べた次の記述のうち，正しいものは，　（イ）　である．

① ISDN 回線設備の故障切分け試験の一つであるループバック 2 試験でのループバック 2 の折返し点は，図のⓒで示す設備内にある．

② ISDN 回線区間にブリッジタップがある場合やモジュラジャックにコンデンサが内蔵されている場合には，ループバック 2 試験による切分けは実施できない．

③ 設備センタからの静電容量試験における切分け点は，図のⓐで示す設備内にある．

④ 設備センタからの直流ループ抵抗試験は，ISDN 標準端末が通話中（オフフック）の状態において，設備センタと ISDN 標準端末間の直流ループ抵抗を測定するものである．

⑤　設備センタからの絶縁抵抗試験は，ISDN 標準端末が通話中（オフフック）の状態で行われ，回線の極性も判定できる．

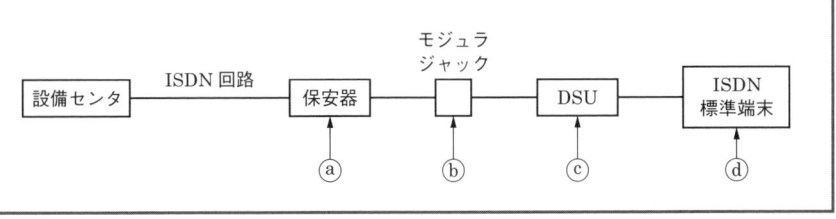

■解説■

・①は正しい．ループバック 2 試験では，DSU（ⓒ）が折返し点となります．ループバック 2 試験は，**電気通信事業者の交換機から制御される，保守管理上最低限必須な機能**で，DSU（NT1）内の T 点（ISDN 標準端末とのインタフェース参照点）に近いところで 2B＋D チャネルが折り返される試験です．

・ISDN 回線区間にブリッジタップがある場合やモジュラジャックにコンデンサが内蔵されている場合でも，ループバック 2 試験による切分けは実施できます．ブリッジタップに起因して生じる不要波形による信号ひずみは **DSU の等化器で自動補償されるため，試験は可能です**（②は誤り）．

・設備センタからの静電容量試験における切分けもループバック 2 で行われ，折返し点は DSU（ⓒ）となります（③は誤り）．

・ISDN 基本ユーザ・網インタフェースでは，**電気通信事業者の交換機から DSU の間は 2 線式，DSU と ISDN 標準端末の間は 4 線式**となるため，設備センタからの直流ループ抵抗試験で，直流ループ抵抗は設備センタと DSU の間で測定されます．この試験においては ISDN 標準端末の状態（通話中か否かなど）とは無関係です（④は誤り）．

・設備センタからの絶縁抵抗試験における切分け試験も DSU で折り返して行われ，ISDN 標準端末の状態（通話中か否かなど）とは無関係です（⑤は誤り）．

【解答　イ：①（正しい）】

| 問 14 | ポイント・ツー・マルチポイント構成 | 【H29-2　第 8 問（3）】 ☑☑☑ |

ISDN 基本ユーザ・網インタフェースにおける，ポイント・ツー・マルチポイント構成での配線長の規格について述べた次の二つの記述は，　(ウ)　．

A　TE の接続用ジャックと TE 間の接続コードの配線長は，10 メートル以下と規定されている．

B　TE の接続用ジャックとバス配線ケーブル間に用いるスタブの配線長は，2 メー

6 章

接続工事の技術

トル以下と規定されている.

① Aのみ正しい　　② Bのみ正しい
③ AもBも正しい　　④ AもBも正しくない

解説

・Aは正しい. バスにTEを接続するために, バスから伸ばした枝をスタブと呼びます. TEは最大10〔m〕の接続コードを介してスタブに接続されます.
・TEの接続用ジャックとバス配線ケーブル間に用いるスタブの配線長は, <u>1〔m〕</u>以下と規定されています（Bは誤り）.
ISDNのマルチポイント構成での各配線の長さは, 本節問6の解説の図を参照のこと.

【解答　ウ：①（Aのみ正しい）】

本問題と類似の問題が平成27年度第2回の試験に出題されています.

| 問15 | ファントムモード給電 | 【H29-1　第8問 (1)】 ☑☑☑ |

　ISDN基本ユーザ・網インタフェースにおける, T線及びR線を用いたファントムモードの給電でのNTとTEの送信側と受信側との端子間の接続構成を示した図として正しいものは, 図1〜図4のうち, 　(ア)　である. ただし, 図中における3〜6は端子番号を示すものとする.

① 図1　　② 図2　　③ 図3　　④ 図4

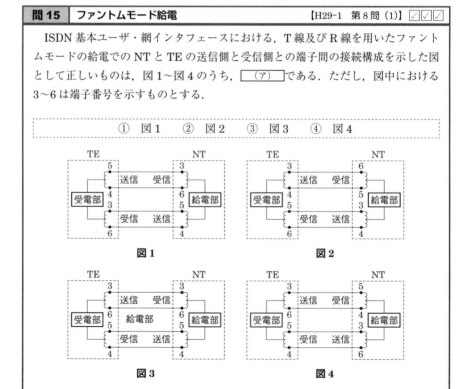

図1

図2

図3

図4

解説

ファントムモード給電とは，信号伝送線で電力を供給して給電する方法で，TE は送信側の端子が 3 と 6，受信側の端子が 5 と 4，NT は送信側の端子が 5 と 4，受信側の端子が 3 と 6，となるため，$_{(ア)}$<u>図 3</u> が正しい．

ISDN 基本ユーザ・網インタフェースでの端子間の接続構成は国際規格 ISO 8877 で規定されています．ISO 8877 に準拠する RJ-45 の TE と NT それぞれの送信，受信の端子配置は本節問 19 の表を参照のこと．

【解答 ア：③（図 3）】

問 16 | バス配線構成 【H29-1 第 8 問 (3)】 ☑☑☑

ISDN 基本ユーザ・網インタフェースにおけるバス配線工事の配線長について述べた次の二つの記述は， (ウ) ．

A 短距離受動バス配線において，NT と NT から一番遠い TE との間の配線長は，250 メートルであった．この値は当該区間の最大配線長の規格内である．

B 延長受動バス配線において，TE 相互間（NT に一番近い TE と一番遠い TE との間）の配線長は，45 メートルであった．この値は当該区間の最大配線長の規格内である．

① A のみ正しい　　② B のみ正しい
③ A も B も正しい　　④ A も B も正しくない

解説

・ISDN 基本ユーザ・網インタフェースの短距離受動バス配線では，NT（DSU）と NT から一番遠い TE（端末）までの最大線路長は，低インピーダンス線路（75〔Ω〕）の場合は <u>100〔m〕</u> 程度，高インピーダンス線（150〔Ω〕）の場合は <u>200〔m〕</u> 程度です（A は誤り）．

・B は正しい．延長受動バス配線において，TE 相互間（NT に一番近い TE と一番遠い TE との距離）の配線長は <u>25〜50〔m〕</u> にする必要があると規定されており，この範囲にある配線長 45〔m〕は正しい．

【解答 ウ：②（B のみ正しい）】

問 17 | DSU から端末への給電電圧 【H28-2 第 8 問 (1)】 ☑☑☑

ISDN 基本ユーザ・網インタフェースにおける工事試験での給電電圧の測定値として，レイヤ 1 停止状態で測定した DSU の端末機器側インタフェースの T 線—R

線間の給電電圧 （ア） ボルトは，TTC 標準で要求される電圧規格値の範囲内である．

$$① \quad 10 \qquad ② \quad 20 \qquad ③ \quad 30 \qquad ④ \quad 40 \qquad ⑤ \quad 50$$

解説

ISDN 基本ユーザ・網インタフェースにおける工事試験での給電電圧の測定値として，レイヤ 1 停止状態で測定した DSU の端末機器側インタフェースの T 線—R 線間の給電電圧 (ア) 40〔V〕は，TTC 標準で要求される電圧規格値の範囲内です．**ISDN 基本ユーザ・網インタフェースでの DSU から端末への給電電圧の規格値は 34〜42〔V〕です．**

【解答　ア：④（40）】

問 18　ポイント・ツー・マルチポイント構成　　　【H28-2　第 8 問 (2)】☑☑☑

ISDN 基本ユーザ・網インタフェースにおける，ポイント・ツー・マルチポイント構成での装置間の配線距離などについて述べた次の二つの記述は， （イ） ．

A　延長受動バス配線構成では，短距離受動バス配線構成と異なり，モジュラジャックと TE との間に，25 メートルまでの長さの延長接続コードの使用が可能である．

B　短距離受動バス配線構成では，延長受動バス配線構成と異なり，バス上の任意の場所に TE を接続できる．

$$① \quad \text{A のみ正しい} \qquad ② \quad \text{B のみ正しい}$$
$$③ \quad \text{A も B も正しい} \qquad ④ \quad \text{A も B も正しくない}$$

解説

・ISDN 基本ユーザ・網インタフェースにおける**ポイント・ツー・マルチポイントのバス配線構成**では，延長受動バス配線構成と短距離受動バス配線構成のいずれにおいても，モジュラジャックと TE との間の接続コードの長さは 10〔m〕以内に制限されています（A は誤り）．

ただし，**ポイント・ツー・ポイント構成**では，NT と TE 間の総合減衰量が 96〔kHz〕において 6〔dB〕以下という条件で，最大 25〔m〕までの延長コードを使用することができます．

・B は正しい．**短距離受動バス配線構成では，バス上の任意の場所に TE を接続できます．**

一方，延長受動バス配線構成では，DSU からの線路遠端（最長 500〔m〕）ですべての端末を集合的に接続する場合に使用されます．ただし，TE 接続点の相互距

離は最大 25～50〔m〕になります.

【解答　イ：②（Bのみ正しい）】

| 問 19 | RJ-45 コネクタの端子配置 | 【H28-2　第8問 (3)】 ✓✓✓ |

　ISDN 基本ユーザ・網インタフェースのバス配線に用いられる, ISO 8877 に準拠する RJ-45 のモジュラジャックに対応したモジュラローゼットの回路として正しいものは, 図1～図5のうち, ＿（ウ）＿である. ただし, L1～L8 は配線ケーブルの心線番号, 1～8 はモジュラジャックの端子番号, TA, TB, RA 及び RB は, それぞれ T 線及び R 線の A 線及び B 線であり, また, 図中の直線で示す各配線の交差箇所は接続されていないものとする.

> ①　図1　　②　図2　　③　図3　　④　図4　　⑤　図5

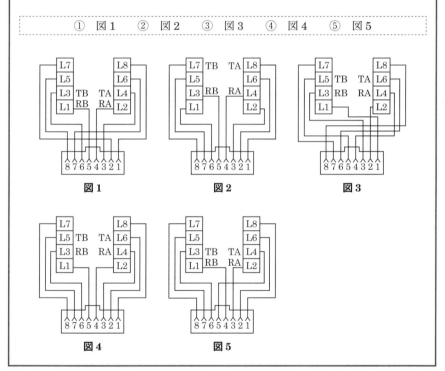

図1　　　　　図2　　　　　図3

図4　　　　　図5

■■■ 解説 ■■■

　ISO 8877 に準拠する RJ-45 コネクタの端子配置は, 次頁の表のようになっています. これより, ISO 8877 に準拠する RJ-45 のモジュラジャックに対応したモジュラローゼットの回路として正しいものは, 設問の図の(ウ)図1の構成です.

表 RJ-45 コネクタの端子配置（再掲）

端子番号	端子機能		極性
	TE	DSU（NT）	
1	給電部 3	受電部 3	＋
2	給電部 3	受電部 3	－
3（TA）	送信	受信	＋
4（RA）	受信	送信	＋
5（RB）	受信	送信	－
6（TB）	送信	受信	－
7	受電部 2	給電部 2	－
8	受電部 2	給電部 2	＋

【解答　ウ：①（図 1）】

問 20	バス配線構成	【H28-1　第 8 問 (1)】 ☑☑☑

　ISDN 基本ユーザ・網インタフェースにおけるバス配線の工事確認試験において，DSU から端末機器までのバス配線の T 線（TA/TB）の極性を確認するには，テスタの　　（ア）　　測定機能を用いる方法がある．

①　真の実効値　　②　静電容量　　③　直流電圧
④　交流電圧　　⑤　リラティブ（相対値）

解説

　ISDN 基本ユーザ・網インタフェースではバス配線を通して DSU から端末機器に直流電力が供給されるため，バス配線の工事確認試験において，DSU から端末機器までのバス配線の T 線（TA/TB）の極性を確認するには，テスタの(ア)直流電圧測定機能が利用されます．

【解答　ア：③（直流電圧）】

問 21	故障切分け試験	【H28-1　第 8 問 (2)】 ☑☑☑

　図に示す ISDN（基本インタフェース）回線設備構成における故障切分け試験などについて述べた次の二つの記述は，　　（イ）　　．
A　ISDN 回線設備の故障切分け試験の一つであるループバック 2 試験でのループバック 2 の折返し点は，図中ⓓで示す設備内にある．

B　電気通信事業者側からの静電容量試験における切分け点は，図中ⓐで示す設備
内にある．

---

①　A のみ正しい　　　②　B のみ正しい

③　A も B も正しい　　④　A も B も正しくない

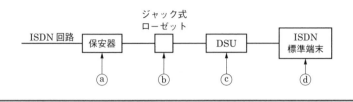

解説

・ISDN 回線設備の故障切分け試験の一つであるループバック 2 試験でのループバッ
ク 2 の折返し点は，下線ⓒで示す設備内にあります．ループバック 2 では，NT1
（DSU など）で 2B＋D チャネルが折り返されます（A は誤り）．

・電気通信事業者側からの静電容量試験における切分け点は，下線ⓒで示す設備内に
あります（B は誤り）．ループバック 2 は，保守管理上最低限必須な機能であり，
電気通信事業者側からの静電容量試験における切分けもループバック 2 で行われ
ます．

【解答　イ：④（A も B も正しくない）】

覚えよう！

電気通信事業者が行う回線設備の故障切分け試験，静電容量試験とも，切分け点は DSU にあること
を覚えておこう．

| 問 22 | **ポイント・ツー・マルチポイント構成** | 【H28-1　第 8 問 (3)】 ☑☑☑ |

ISDN 基本ユーザ・網インタフェースにおける，ポイント・ツー・マルチポイン
ト構成の配線長について述べた次の二つの記述は，　(ウ)　．

A　短距離受動バス配線において，NT と NT から一番遠い TE との間の配線長は
100 メートルであった．この値は当該区間の最大配線長の規格内である．

B　延長受動バス配線において，TE 相互間（NT に一番近い TE と一番遠い TE
との距離）の配線長は 100 メートルであった．この値は当該区間の最大配線長
の規格内である．

① Aのみ正しい　　② Bのみ正しい

③ AもBも正しい　　④ AもBも正しくない

■解説■

・Aは正しい．ISDNのポイント・ツー・マルチポイント配線は「短距離受動バス」と「延長受動バス」により提供されます．短距離受動バス配線では，NT（DSU）とNTから一番遠いTE（端末）までの最大線路長は，低インピーダンス線路（75〔Ω〕）の場合は100〔m〕程度，高インピーダンス線（150〔Ω〕）の場合は200〔m〕程度です．

・短距離受動バス配線の最大線路長（200〔m〕）を超える配線（〜1,000〔m〕程度）では，延長受動バスが使用されます．延長受動バスでは，TE相互間（NTに一番近いTEと一番遠いTEとの距離）の配線長は25〜50〔m〕にする必要があります（Bは誤り）．

【解答　ウ：①（Aのみ正しい）】

| 問23 | ポイント・ツー・マルチポイント構成 | 【H27-2　第8問 (2)】 ☑☑☑ |

ISDN基本ユーザ・網インタフェースにおける，ポイント・ツー・マルチポイント構成での配線長の規格について述べた次の二つの記述は，　（イ）　．

A　TEの接続用ジャックとTE間の接続コードの配線長は，10メートル以下と規定されている．

B　TEの接続用ジャックとバス配線ケーブル間に用いるスタブの配線長は，1メートル以下と規定されている．

① Aのみ正しい　　② Bのみ正しい

③ AもBも正しい　　④ AもBも正しくない

■解説■

・Aは正しい．バスにTEを接続するために，バスから伸ばした枝をスタブと呼びます．TEは最大10〔m〕の接続コードを介してスタブに接続されます．

・Bは正しい．ISDNのマルチポイント構成での各配線の長さは，本節問6の解説の図を参照のこと．

【解答　イ：③（AもBも正しい）】

問 24	バス配線構成	【H27-2　第8問 (3)】 ☑☑☑

　ISDN 基本ユーザ・網インタフェースのバス配線における終端抵抗 R の接続方法として正しいものは，図 1～図 5 のうち， $\boxed{（ウ）}$ である.

① 図1　② 図2　③ 図3　④ 図4　⑤ 図5

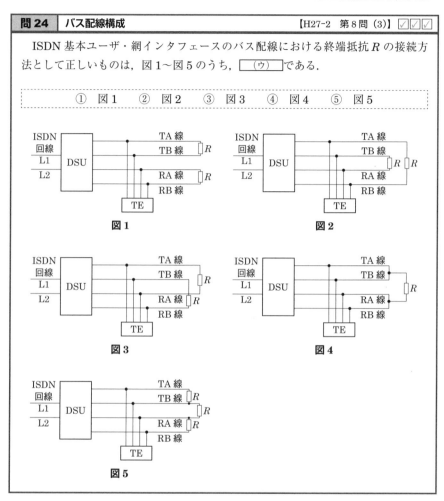

図1

図2

図3

図4

図5

解説

　ISDN 基本ユーザ・網インタフェースのバス配線における終端抵抗 R の接続方法として正しいものは，設問の図 1～図 5 のうち，(ウ)図 1 です．データの伝送には，DSU からの送信に TA 線と TB 線，DSU での受信用に RA 線と RB 線が，それぞれペアで使用されるため，それらペアの線（TA 線と TB 線，RA 線と RB 線）の間に終端抵抗が取り付けられます．終端抵抗の大きさは 100±5 〔Ω〕です．

【解答　ウ：① (図1)】

6章

接続工事の技術

　図 1～図 4 は，ISDN 基本ユーザ・網インタフェースにおいて，短距離受動バス配線工事における DSU～終端抵抗（TR）間のバス配線長及びバス配線～ISDN 標準端末(TE)間の接続コード長を示した配線構成図である．バス配線長及び接続コード長の両方の規定値を満足する配線構成図は，　 (ウ) 　である．ただし，バス配線は高インピーダンス線路とする．

①　図 1　　②　図 2　　③　図 3　　④　図 4

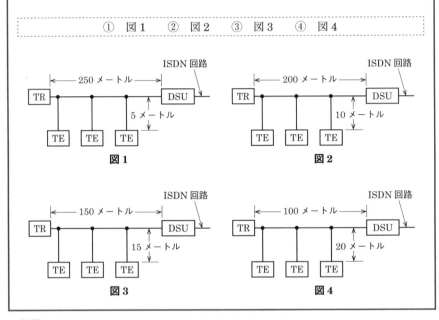

図 1　　　　図 2　　　　図 3　　　　図 4

解説

　ISDN 基本ユーザ・網インタフェースにおけるポイント・ツー・マルチポイントのバス配線構成では，延長受動バス配線構成と短距離受動バス配線構成のいずれにおいても，モジュラジャックと TE との間の**接続コードの長さは 10〔m〕以内**となっています．

　また，短距離受動バス配線では，DSU（NT）と DSU から一番遠い TE までの最大配線長は，低インピーダンス線路(75〔Ω〕)の場合は 100〔m〕，**高インピーダンス線(150〔Ω〕) の場合は 200〔m〕**となっています．これらの条件に適合する配線構成図としては(ウ)**図 2** が正しい．

【解答　ウ：②（図 2）】

6-5 ブロードバンド回線の工事と試験

6-5-1 メタリックケーブルを使用した屋外配線

問1 架空ケーブル 【R1-2 第7問 (1)】 ☑☑☑

アクセス系線路設備として，メタリック平衡対ケーブルを電柱間の既設の吊り線にケーブルハンガなどを用いて吊架するときは，一般に， (ア) ケーブルが用いられる．

① 丸 形 ② 自己支持型 ③ PEC
④ ガス隔壁付き ⑤ CCP-JF

解説

アクセス系線路設備として，メタリック平衡対ケーブルを電柱間の既設の吊り線にケーブルハンガやケーブルリングなどを用いて吊架するときは，一般に， (ア) 丸形ケーブルが用いられます．電柱などにより地上空間に架設されるケーブルを架空ケーブルといい，**架空ケーブルには，丸形ケーブルと自己支持型ケーブルの2種類があります**．それぞれのケーブルの外観を下図に示します．自己支持形ケーブルは，支持線とケーブル部が一体化されたケーブルです．自己支持形ケーブルは断面がひょうたん形の形状をしているため強風の影響を受けやすくなっています．一方，**丸形ケーブルは吊り線に接続され，強風の影響を受けにくい構造になっています**．

支持線——
ケーブル——

(a) 自己支持形ケーブル

ケーブルリング——
吊り線——
ケーブル——

(b) 丸形ケーブル

出典：技術基礎講座「架空構造物設計技術」，NTT技術
ジャーナル，2007.8，pp.63〜65

図 架空ケーブルの種類

架空ケーブルおよび地下ケーブルには，導体が着色ポリエチレンで被覆されたCCPケーブルが使用されています．選択肢にあるCCP-JFケーブルは，ケーブルコアの間隙部に防水混和物を充てんしたケーブルで，地下配線用に使用されています．PECケー

6章

接続工事の技術

ブルは，外被をアルミテープとポリエチレン（PE）シースで一体化した LAP（ラミネートシース）構造のケーブルで，地下区間に適用されています．

【解答　ア：① （丸形）】

問2	自己支持型ケーブル	【H31-1　第7問 (1)】 ☑☑☑

　平衡対メタリックケーブルを用いた架空線路設備工事において，自己支持型（SS）ケーブルを敷設する場合，一般に，風によるケーブルの振動現象であるダンシングを抑えるため，　(ア)　方法が採られる．

　① 　ケーブルを架渉する電柱を太くする
　② 　ケーブル支持線径を細くする
　③ 　ケーブルに捻回を入れる
　④ 　ケーブルの支持間隔を長くする
　⑤ 　ケーブル接続部にスラックを挿入する

解説

　平衡対メタリックケーブルを用いた架空線路設備工事において，自己支持形（SS）ケーブルを敷設する場合，一般に，風によるケーブルの振動現象であるダンシングを抑えるため，(ア)ケーブルに捻回を入れる方法がとられます．

　自己支持形ケーブルは，下図のように，ケーブル心線と支持線をポリエチレンで共通被覆したケーブルで，ケーブル心線と支持線が一体となっており，断面形状がひょうたん形のため，強風にさらされる所に架渉された場合，翼の効果などによりダンシング（ケーブルを上にもち上げる揚力と重力によりケーブルが上下振動を繰り返す現象）が発生しやすい．

　捻回を入れることにより，上方向の揚力と下方向の揚力が平衡し，ダンシングを抑えることができます．

支持線━━
ケーブル━━

図　自己支持形（SS）ケーブルの構造

【解答　ア：③ （ケーブルに捻回を入れる）】

本問題と同様の問題が平成 27 年度第 1 回試験に出題されています．

| 問3 | 星形カッド撚り | 【H30-2　第7問 (1)】 ☑☑☑ |

　メタリック平衡対ケーブルにおいて，心線の撚り合わせ方法の一つである星形カッド撚りは，対撚りと比較して同一心線数のケーブル　（ア）　することができ，星形カッド撚りを集合した10対をサブユニットとし，サブユニットを複数集めてユニットを構成したケーブルがアクセス系設備として用いられている．

　①　の絶縁耐圧を向上　　②　の遮蔽係数を小さく　　③　を長尺化
　④　の外径を小さく　　　⑤　の防水性能を向上

■**解説**■

　メタリック平衡対ケーブルにおいて，心線の撚合せ方法の一つである星形カッド撚りは対撚りと比較して同一心線数のケーブル(ア)の外径を小さくすることができ，星形カッド撚りを集合した10対をサブユニットとし，サブユニットを複数集めてユニットを構成したケーブルがアクセス系設備として用いられています．

　星形カッド撚りは，**4本の心線を撚り合わせ，断面が正方形になるように構成した撚合せ方法**（下図）で，対撚り（ツイスト撚り）は2本の電線を撚り合わせたものです．星形カッド撚りは，対撚りと比較して同一心線数のケーブルの外径を小さくすることができるほかに，静電容量を小さくできるため，減衰量を小さく抑え，さらにクロストークを小さくできるという利点があります．

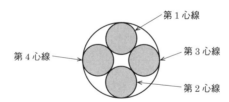

第1心線と第2心線，第3心線と第4心線，
それぞれをペアにして2回線を収容

図　星形カッド撚りの構成

【解答　ア：④（の外径を小さく）】

📕**覚えよう！**

心線の撚合せ方法として，対撚り，星形カッド撚りのほかに，対撚りした2対のペアを，さらにペアどうしで撚り合わせるDMカッド撚りがあります．これらの構成を覚えておこう．

　アクセス系設備に用いられるメタリック平衡対ケーブルの構造などについて述べた次の二つの記述は，　(ア)　.

A　地下用メタリック平衡対ケーブルは，敷設張力に耐えるために支持線とケーブル部が一体化されており，ひょうたん形の断面形状を有している.

B　架空用メタリック平衡対ケーブルの心線接続は，接続損失を抑えるために，同一心線径どうしに限定されている.

①　Aのみ正しい　　　②　Bのみ正しい
③　AもBも正しい　　④　AもBも正しくない

■解説■

・架空用メタリック平衡対ケーブルは，敷設張力に耐えるために支持線とケーブル部が一体化されており，ひょうたん形の断面形状を有しています（Aは誤り）. 断面形状が**ひょうたん形のケーブルは自己支持形（SS）ケーブルと呼ばれ，架空線路に使用**されます.

・架空用メタリック平衡対ケーブルの心線接続は，接続損失を抑えるために，同一特性インピーダンスのケーブルどうしに限定されています（Bは誤り）.

【解答　ア：④（AもBも正しくない）】

　アクセス系設備に用いられるメタリック平衡対ケーブルの特徴について述べた次の二つの記述は，　(ア)　.

A　CCPケーブルは，色分けによる心線識別を容易にするため着色したポリエチレンを心線被覆に用いており，一般に，架空区間に適用されている.

B　PECケーブルは，ポリエチレンと比較して誘電率が小さい発泡ポリエチレンを心線被覆に用いており，一般に，地下区間に適用されている.

①　Aのみ正しい　　　②　Bのみ正しい
③　AもBも正しい　　④　AもBも正しくない

■解説■

・Aは正しい. CCP：Color Coded Polyethylene

・Bは正しい. PEC：Color Coded Foamed Polyethylene Insulated Conductor Cable（着色発泡ポリエチレン絶縁ラミネートシースケーブル）. PECケーブルは，

ポリエチレンと比較して，**機械的強度は低いが**，**誘電率の小さい発泡ポリエチレン**を採用することによって，被覆を薄くしても静電容量を小さくできるため，心線の細径化ができます．

【解答　ア：③（AもBも正しい）】

| 問6 | **アクセス系のメタリックケーブル** | 【H28-2　第7問 (1)】 ☑☑☑ |

　アクセス系設備に用いられるメタリック平衡対ケーブルについて述べた次の二つの記述は，　(ア)　．

A　心線の撚り合わせ方法の一つである対撚りは，星形カッド撚りと比較して同一心線数におけるケーブルの外径を小さくすることができる．

B　心線間の静電容量を小さくするには，心線導体の被覆に誘電率の小さい絶縁体材料を用いる方法がある．

> ① Aのみ正しい　　　② Bのみ正しい
> ③ AもBも正しい　　④ AもBも正しくない

■解説

・心線の撚合せ方法の一つである星形カッド撚りは，対撚りと比較して同一心線数におけるケーブルの外径を小さくすることができます（Aは誤り．心線の撚合せ方法の種類と内容は本節問3の解説を参照）．

・Bは正しい．静電容量は誘電率に比例します．

【解答　ア：②（Bのみ正しい）】

| 問7 | **ADSL回線** | 【H28-2　第10問 (1)】 ☑☑☑ |

　図は，メタリックケーブルを用いて電話共用型ADSLサービスを提供するための配線設備の構成例を示す．図中の③及び⑤の箇所について述べた次の二つの記述は，　(ア)　．

A　図中の③が，幹線ケーブルと同じ対数の分岐ケーブルの心線をマルチ接続し，幹線ケーブルの心線を下部側に延長している箇所である場合，ここはブリッジタップといわれ，ADSL信号の伝送品質を低下させる要因となるおそれがある．

B　図中の⑤が，幹線ケーブルにユーザへの引込線を接続し，ユーザへの引込線と接続した幹線ケーブルの心線の下部側を切断している箇所である場合，ここはブリッジタップといわれ，ADSL信号の伝送品質を低下させる要因となるおそれがある．

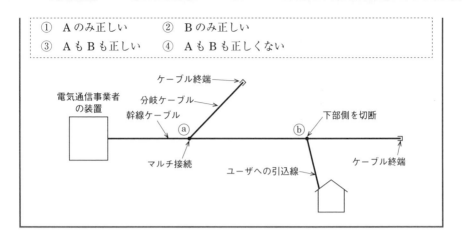

① Aのみ正しい　　② Bのみ正しい
③ AもBも正しい　　④ AもBも正しくない

ケーブル終端
分岐ケーブル
幹線ケーブル
電気通信事業者
の装置
下部側を切断
ⓐ
ⓑ
マルチ接続
ユーザへの引込線
ケーブル終端

解説

・Aは正しい．ADSLでは，ブリッジタップにより幹線ケーブルが分岐されていると，ブリッジタップで反射した信号が本来の信号と衝突するため，**伝送品質が低下します**．

・幹線ケーブルの心線とユーザへの引込線が接続されていても，**幹線ケーブルの心線の下部側が切断されている場合，ブリッジタップは不要**であるため，<u>伝送品質は低下しません</u>（Bは誤り）．

【解答　ア：①（Aのみ正しい）】

| 問8 | 心線被覆 | 【H28-1　第7問（1）】☑☑☑ |

メタリック平衡対ケーブルの心線被覆などについて述べた次の二つの記述は，
　（ア）　．

A　ポリエチレン内に気泡を含ませた発泡ポリエチレンは，ポリエチレンと比較して，一般に，誘電率は大きいが機械的強度が高く，架空用ケーブルの心線被覆などに使用されている．

B　ポリ塩化ビニルは，ポリエチレンと比較して，一般に，誘電率は大きいが耐燃性に優れており，MDF内での配線に用いるジャンパ線の心線被覆などに使用されている．

① Aのみ正しい　　② Bのみ正しい
③ AもBも正しい　　④ AもBも正しくない

▮解説▮

・ポリエチレン内に気泡を含ませた発泡ポリエチレンは，ポリエチレンと比較して，一般に，<u>機械的強度は低いが誘電率は小さく</u>，架空用ケーブルの心線被覆などに使用されています．誘電率の小さい発泡ポリエチレンを使用することによって被覆を薄くしても静電容量を小さくできるため，心線の細径化ができます（Aは誤り）．

・Bは正しい．

【解答　ア：②（Bのみ正しい）】

問9	アクセス系のメタリックケーブル	【H27-2　第7問 (1)】 ☑☑☑

　メタリック平衡対ケーブルで構成される線路設備について述べた次の二つの記述は，　(ア)　．

A　架空メタリック平衡対ケーブルの接続箇所に用いられる架空用クロージャ（接続端子函）は，風雨に直接さらされるため，一般に，地下メタリック平衡対ケーブルの接続箇所に用いられる地下用クロージャと比較して気密性が高い．

B　架空メタリック平衡対ケーブルの心線接続には，一般に，融着接続機を用いて心線導体を熱で融着する接続方法が用いられている．

① 　Aのみ正しい　　　② 　Bのみ正しい
③ 　AもBも正しい　　④ 　AもBも正しくない

▮解説▮

・地下メタリック平衡対ケーブルの接続箇所に用いられる地下用クロージャは，常時，<u>水没した状態でも接続部内に浸水しないようにするため</u>，一般に，架空メタリック平衡対ケーブルの接続箇所に用いられる<u>架空用クロージャ（接続端子函）</u>と比較して気密性が高い．**架空用クロージャは，ケーブル心線と加入者引込線の接続や撤去作業を容易にするため，開閉が容易な構造になっていて，気密性はありません**（Aは誤り）．

・架空メタリック平衡対ケーブルの心線接続には，一般に，<u>手ひねりした後，はんだ付けする接続方法</u>が用いられています（Bは誤り）．融着接続機を用いて心線導体を熱で融着する接続方法が用いられるのは，光ファイバの心線接続の場合です．

【解答　ア：④（AもBも正しくない）】

6-5-2　光ケーブルの収容方式とビル内配線方式

| 問 10 | ビルディング内光配線システム | 【R1-2　第9問 (2)】 | ☑☑☑ |

　OITDA/TP 11/BW：2019 ビルディング内光配線システムにおける，配線盤の変換接続について述べた次の二つの記述は，　　(イ)　　.

　なお，OITDA/TP 11/BW：2019 は，JIS TS C 0017 の有効期限切れに伴い同規格を受け継いで光産業技術振興協会（OITDA）が技術資料として策定，公表しているものである.

A　変換接続は，要素の異なるケーブルへの変換，テープ心線からファンアウト（FO）コードを使用した単心線への変換，スプリッタや WDM カプラを用いた複数の単心線への分波などの要素の異なるケーブルへの接続方法である.

B　変換接続の形態の場合は，1 次側の FO コード，スプリッタ，WDM カプラなどとの接続は融着接続とし，2 次側との接続はコネクタ接続となるのが一般的であるため，融着接続用品，コネクタ接続用品及び変換接続材料が必要となる.

①　A のみ正しい　　　②　B のみ正しい
③　A も B も正しい　　④　A も B も正しくない

解説

　A も B も正しい. OITDA/TP 11/BW：2019 では，**接続形態**を，融着接続，メカニカル接続，コネクタ接続，ジャンパ接続，および**変換接続**に分類して規定しています. これら接続形態の内容は，OITDA/TP 11/BW：2019「C.2.4 接続形態による分類」の項に記載されています.

【解答　イ：③（A も B も正しい）】

　本問題と同様の問題が平成 28 年度第 1 回試験に出題されています.

| 問 11 | 光ファイバ心線融着接続方法 | 【H31-1　第8問 (4)】 | ☑☑☑ |

　JIS C 6841：1999 光ファイバ心線融着接続方法に規定する，光ファイバ心線の接続方法について述べた次の記述のうち，<u>誤っているもの</u>は，　　(エ)　　である.

①　融着接続の準備として，光ファイバのクラッド（プラスチッククラッド光ファイバの場合はコア）の表面に傷をつけないように，被覆材を完全に取り除き，次に光ファイバを光ファイバ軸に対し 90 度の角度で切断する.
②　融着接続は，電極間放電又はその他の方法によって，光ファイバの端面を溶かして接続する.

③ 融着接続部のスクリーニング試験は，光ファイバ心線に一定の荷重を，一定時間加えて曲げ試験を行う．荷重の値及び試験時間は，受渡当事者間の協定による．

④ スクリーニング試験を経た光ファイバ接続部に，光学的な劣化，並びに，外傷や，大きな残留応力などの機械的な劣化が生じない方法で補強を施す．

解説

光ファイバ心線の融着接続は，光ファイバ被覆材の除去，光ファイバの切断，融着接続，融着接続部のスクリーニング試験，補強の順に行います．

・①，②，④は正しい．

・融着接続部のスクリーニング試験は，光ファイバ心線に一定の荷重を，一定時間加えて引張試験を行います．荷重の値および試験時間は，受渡当事者間の協定によります（③は誤り）．

【解答　エ：③（誤り）】

問 12　ビルディング内光配線システム　【H31-1　第 8 問（5）】 ☑☑☑

OITDA/TP 11/BW:2019 ビルディング内光配線システムにおける，光ファイバケーブル収納方式のうち，ビルのフロア内の横系配線収納方式について述べた次の二つの記述は，［（オ）］．

なお，OITDA/TP 11/BW:2019 は，JIS TS C 0017 の有効期限切れに伴い同規格を受け継いで光産業技術振興協会（OITDA）が技術資料として策定，公表しているものである．

A 床スラブ内の配線方式のうち電線管方式は，配線取出し口は固定され，他の方式と比較して，配線収納能力は小さい．

B 横系の配線収納は床スラブ上，床スラブ内又は天井内のどれかを利用するが，床スラブ上の配線方式としては，アンダーカーペット方式，フリーアクセスフロア方式又はフロアダクト方式のいずれかを採用する．

① Aのみ正しい	② Bのみ正しい
③ AもBも正しい	④ AもBも正しくない

解説

・Aは正しい．電線管方式は，床スラブ内に電線管を埋設する方式で，会議室など配線量が少なく配線が固定している場所に適用されます．長所は費用が安いことで，短所としては，配線取出し口は固定され，配線収納能力が小さく，管内の腐食など

が発生すると修理困難，などがあります（OITDA/TP 11/BW：2019 より）．

・OITDA/TP 11/BW：2019 では，横系の配線収納方式として，床スラブ上では，アンダーカーペット，簡易二重床，フリーアクセスフロア，床スラブ内では，フロアダクト，セルラダクト，電線管，天井内では，ケーブルラック，金属ダクトの各方式が記載されています．フロアダクト方式は床スラブ内の配線収納方式として使用されます（B は誤り）．

【解答　オ：①（A のみ正しい）】

本問題と同様の問題が平成 28 年度第 1 回と平成 27 年度第 1 回の試験に出題されています．

問 13	光コネクタ	【H31-1　第 10 問 (2)】 ☑☑☑

光コネクタのうち，テープ心線相互の接続に用いられる　（イ）　コネクタは，専用のコネクタかん合ピン及び専用のコネクタクリップを使用して接続する光コネクタであり，コネクタの着脱には着脱用工具を使用する．

①　FA　　②　FC　　③　MPO　　④　MT　　⑤　DS

解説

テープ心線相互の接続に用いられる (イ)MT（Mechanically Transferable Splicing）コネクタは，**専用のコネクタかん合ピンおよび専用のコネクタクリップを使用して接続**する光コネクタであり，**コネクタの着脱には着脱用工具を使用**します．

MT コネクタは，多心光ファイバの高密度一括接続が可能で，公衆通信回線，光成端架などに適用されます．光成端架とは光ファイバケーブルどうしを融着接続や光コネクタで接続する架で，500〜1,400 のケーブル端子が架の中に高密度実装されます．

【解答　イ：④（MT）】

本問題と同様の問題が平成 29 年度第 1 回試験に出題されています．

問 14	ビルディング内光配線システム	【H30-2　第 9 問 (2)】 ☑☑☑

OITDA/TP 11/BW：2012 ビルディング内光配線システムにおける，幹線系光ファイバケーブル施工時のけん引について述べた次の記述のうち，正しいものは，　（イ）　である．

なお，OITDA/TP 11/BW：2012 は，JIS TS C 0017 の有効期限切れに伴い同規格を受け継いで光産業技術振興協会（OITDA）が技術資料として策定，公表しているものである．

① 光ファイバケーブルのけん引張力が大きい場合，中心にテンションメンバが入っている光ファイバケーブルはケーブルグリップを取り付け，けん引端を作成する．

② 光ファイバケーブルをけん引する場合で強い張力がかかるときには光ファイバケーブルけん引端とけん引用ロープとの接続に撚り返し金物を取り付け，光ファイバケーブルのねじれ防止を図る．

③ 光ファイバケーブルのけん引速度は，布設の効率性を考慮し，1分当たり30メートル以下を目安とする．

④ 光ファイバケーブルのけん引張力が大きい場合，中心にテンションメンバが入っていない光ファイバケーブルは，現場付けプーリングアイを取り付ける．

⑤ 光ファイバケーブルのけん引張力が大きい場合，テンションメンバが鋼線のときは，その鋼線を折り曲げ，鋼線に3回以上巻き付け，ケーブルのけん引端を作成する．

■**解説**■

　設問①，④，⑤は，光ケーブルけん引端の作成に関する問題です．**光ケーブルにけん引端が付いていない場合には，けん引張力および光ケーブルの構造に応じて，けん引端を作成します．**

・光ファイバケーブルのけん引張力が大きい場合，中心にテンションメンバが入っている光ファイバケーブルは現場付けプーリングアイを取り付け，けん引端を作成します（①は誤り）．

・②は正しい．撚返し金物は，光ケーブルけん引端とけん引用ロープの間に取り付けます．

・光ファイバケーブルのけん引速度は，布設の安全性を考慮し，1分当たり20〔m〕以下を目安とします（③は誤り）．

・光ファイバケーブルのけん引張力が大きい場合，中心にテンションメンバが入っていない光ファイバケーブルは，ケーブルグリップを取り付けます（④は誤り）．

・光ファイバケーブルのけん引張力が小さい場合，テンションメンバが鋼線のときは，その鋼線を折り曲げ，鋼線に5回以上巻き付け，ケーブルのけん引端を作成します（⑤は誤り）．

【**解答　イ：②（正しい）**】

　本問題と同様の問題が平成28年度第2回と平成27年度第1回の試験に出題されています．

　現場取付け可能な単心接続用の光コネクタであって，コネクタプラグとコネクタソケットの２種類があり，架空光ファイバケーブルの光ファイバ心線とドロップ光ファイバケーブルに取り付け，架空用クロージャ内での心線接続に用いられる光コネクタは，　(エ)　コネクタといわれる．

① ST（Straight Tip）
② MU（Miniature Universal-coupling）
③ MPO（Multifiber Push-On）
④ DS（Optical fiber connector for Digital System equipment）
⑤ FAS（Field Assembly Small-sized）

解説

　現場取付け可能な単心接続用の光コネクタであって，コネクタプラグとコネクタソケットの２種類があり，架空光ファイバケーブルの光ファイバ心線とドロップ光ファイバケーブルに取り付け，架空用クロージャ内での心線接続に用いられる光コネクタは，(エ)FAS（Field Assembly Small-sized）コネクタといわれます．

　現場取付け可能な単心接続用の光コネクタには次の種類があります．表の三つのコネクタでは，ともにメカニカルスプライス技術を適用し，現場での取付けを容易にしています．

表　現場取付け可能な単心接続用の光コネクタの種類と概要

コネクタの種類	概　要
外被把持型 ターミネーションコネクタ	SC 型で，ドロップ光ファイバケーブルやインドア光ファイバケーブルに直接取り付ける．光コネクタキャビネットなどで使用
FA（Field Assembly）コネクタ	プラグとソケットの組合せで嵌合(はめ合うこと)．ドロップ光ファイバケーブルとインドア光ファイバケーブルの接続や宅内配線における光ローゼット内での心線接続に使用
FAS コネクタ	プラグとソケットの組合せで嵌合．架空光ファイバケーブルとドロップ光ファイバケーブルの心線接続，架空用クロージャ内での心線接続に使用

【解答　エ：⑤（FAS（Field Assembly Small-sized））】

本問題と同様の問題が平成 29 年度第 2 回試験に出題されています．

覚えよう！
現場取付け可能な単心接続用の光コネクタが出題されています．その種類と違いを覚えておこう．

| 問 16 | 金属ダクト | 【H30-1 第8問 (4)】 ☑☑☑ |

　電気設備の技術基準の解釈では，光ケーブル配線設備として用いられる金属ダクトにおいて，金属ダクトに収める電線の断面積（絶縁被覆の断面積を含む）の総和は，ダクトの内部断面積の　(エ)　パーセント以下であることとされている．ただし，電光サイン装置，出退表示灯その他これらに類する装置又は制御回路などの配線のみを収める場合は，50 パーセント以下とすることができるとされている．

> ① 10　　② 20　　③ 30　　④ 40

解説

　経済産業省作成の「電気設備の技術基準の解釈」では，第 181 条二において，『光ケーブル配線設備として用いられる金属ダクトにおいて，**金属ダクトに収める電線の断面積（絶縁被覆の断面積を含む）の総和は，ダクトの内部断面積の**(エ)**20**〔%〕**以下であること．ただし，電光サイン装置，出退表示灯その他これらに類する装置または制御回路などの配線のみを収める場合は，50**〔%〕**以下であること**』とされています．

　金属ダクトは，一般的には断面が平たい矩形の管路状の構造体で，多数の電線などを収める部分に採用されています．

【解答　エ：② (20)】

| 問 17 | セルラダクト | 【H30-1 第8問 (5)】 ☑☑☑ |

　セルラダクトについて述べた次の二つの記述は，　(オ)　．

A　セルラダクトは，建物の床型枠材として用いられる波形デッキプレートの溝の部分をカバープレートで覆い配線用ダクトとして使用する配線収納方式である．

B　セルラダクトは，一般に，フロアダクトと比較して，断面積が大きく収容できる配線数が多い．

> ①　A のみ正しい　　②　B のみ正しい
> ③　A も B も正しい　　④　A も B も正しくない

解説

・A は正しい．セルラダクト配線方式の構成を次頁の図に示します．セルラダクトは，建物の床型枠材として用いられる波形デッキプレートの溝の部分をカバープレートで覆い配線用ダクトとして使用する配線収納方式で，電源，通信，OA 用ダクトのある 3 ウェイ方式などがあります．

・B は正しい．

6
章

接続工事の技術

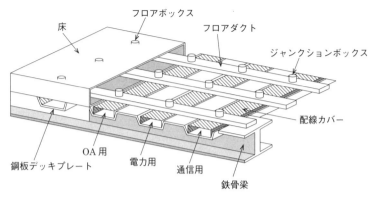

フロアボックス
床
フロアダクト
ジャンクションボックス
配線カバー
OA用
電力用
通信用
鋼板デッキプレート
鉄骨梁

図　セルラダクト配線方式

【解答　オ：③（AもBも正しい）】

| 問18 | ビルディング内光配線システム | 【H30-1　第9問 (2)】 ☑☑☑ |

　OITDA/TP 11/BW:2012 ビルディング内光配線システムにおいて，配線盤の種類は，用途，機能，接続形態及び設置方法によって分類されている．機能による分類の一つである　(イ)　接続は，ケーブルとケーブル又はケーブルコードなどをジャンパコードで自由に選択できる接続で，需要の変動，支障移転，移動などによる心線間の切替えに容易に対応できる．

　なお，OITDA/TP 11/BW:2012 は，JIS TS C 0017 の有効期限切れに伴い同規格を受け継いで光産業技術振興協会（OITDA）が技術資料として策定，公表しているものである．

　　① 相　互　　② 変　換　　③ 融　着　　④ 交　差　　⑤ コネクタ

■■解説

　OITDA/TP 11/BW:2012「ビルディング内光配線システム」において，**配線盤の種類は，用途，機能，接続形態および設置方法によって分類されています**（配線盤の分類を次頁の図に示す）．機能による分類の一つである(イ)交差接続は，ケーブルとケーブルまたはケーブルコードなどをジャンパコードで自由に選択できる接続で，需要の変動，支障移転，移動などによる心線間の切替えに容易に対応できるように，ケーブル間をジャンパコードで接続する形態をとります．配線盤内でケーブルは光コネクタで終端されており，光コネクタアダプタとジャンパコードを介して自由に心線接続を選択変更できます．

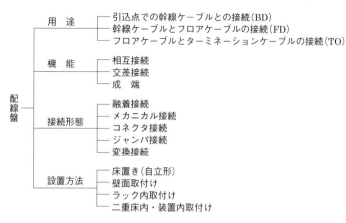

出典：「ビルディング内光配線システム」(Optical fiber distribution system for customer premises), OITDA/TP 11/BW：2019（第2版）

図　配線盤の分類

【解答　イ：④（交差）】

　本問題と同様の問題が平成29年度第1回と平成27年度第2回の試験に出題されています.

覚えよう！

ビルディング内光配線システムの配線盤の種類と意味についての問題がよく出題されているので，覚えておこう.

問 19	**セルラダクト**	【H29-2　第7問 (3)】 ☑☑☑

　事務所内などの配線工事において，波形のデッキプレートの溝部にカバーを取り付けて配線路とする　　（ウ）　　配線方式は，一般に，配線ルート及び配線取出し口を固定できる場合に適用される.

> ①　フロアダクト　　②　セルラダクト　　③　バスダクト
> ④　簡易二重床　　⑤　電線管

解説

　事務所内などの配線工事において，波形のデッキプレートの溝部にカバーを取り付けて配線路とする(ウ)セルラダクト配線方式は，一般に，配線ルートおよび配線取出し口を固定できる場合に適用されます. セルラダクトの構成は，本節問17の解説の図を参照.

【解答　ウ：②（セルラダクト）】

問 20　ビルディング内光配線システム 【H29-2　第 8 問 (5)】 ☑☑☑

OITDA/TP 11/BW：2012 ビルディング内光配線システムにおいて，配線盤の種類は，用途，機能，接続形態及び設置場所によって分類されている．接続形態による分類の一つであるジャンパ接続は， (オ) を使用し，容易に接続変更を可能とする工法の接続方法である．

なお，OITDA/TP 11/BW：2012 は，JIS TS C 0017 の有効期限切れに伴い同規格を受け継いで光産業技術振興協会（OITDA）が技術資料として策定，公表しているものである．

① メカニカル接続ケーブル　　② ピグテイルコード
③ ファンアウトコード　　④ 光コネクタの形状にあったケーブル
⑤ 両端光コネクタ付き光コード

解説

OITDA/TP 11/BW：2012「ビルディング内光配線システム」における，配線盤の種類の接続形態による分類の一つであるジャンパ接続は， (オ)両端光コネクタ付き光コードを使用し，容易に接続変更を可能とする工法の接続方法です．

ジャンパ接続の場合は，両側のケーブルをコネクタ接続とし，その間をジャンパコードで接続する形態となるため，融着接続用品，コネクタ接続用品およびジャンパコード，また，多心数の接続の場合はジャンパコードガイドなどの配線補助部品が必要となります．

【解答　オ：⑤ （両端光コネクタ付き光コード）】

問 21　ビルディング内光配線システム 【H29-2　第 9 問 (2)】 ☑☑☑

OITDA/TP 11/BW：2012 ビルディング内光配線システムにおける，配線盤の変換接続について述べた次の二つの記述は， (イ) .

A　変換接続は，要素の異なるケーブルへの変換，テープ心線からファンアウト（FO）コードを使用した単心線への変換，スプリッタや WDM カプラを用いた複数の単心線への分波などの要素の異なるケーブルへの接続方法である．

B　変換接続の形態の場合は，1 次側の FO コード，スプリッタ，WDM カプラなどとの接続は融着接続とし，2 次側との接続はコネクタ接続となるのが一般的で

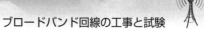
あるため，融着接続用品，コネクタ接続用品及び変換接続材料が必要となる．

① Aのみ正しい　　② Bのみ正しい
③ AもBも正しい　　④ AもBも正しくない

解説

AもBも正しい．配線盤の分類については，本節問18の解説を参照のこと．

【解答　イ：③（AもBも正しい）】

問22	光ファイバ心線融着接続方法	【H28-2　第8問（4）】 ✓✓✓

　JIS C 6841:1999 光ファイバ心線融着接続方法に規定する，光ファイバ心線の接続方法について述べた次の二つの記述は，　 (エ) 　.

A　融着接続の準備として，光ファイバのクラッド（プラスチッククラッド光ファイバの場合はコア）の表面に傷をつけないように，被覆材を完全に取り除き，次に，光ファイバを光ファイバ軸に対し90度の角度で切断する．

　　なお，光ファイバ端面は，鏡面状で，突起，欠けなどがないようにする．

B　融着接続は，電極間放電又はその他の方法によって，光ファイバの端面を溶かして接続する．

　　なお，融着部には，気泡，異物などがないようにする．

① Aのみ正しい　　② Bのみ正しい
③ AもBも正しい　　④ AもBも正しくない

解説

AもBも正しい．融着接続は次の手順で行われます．

①**被覆材の除去**：光ファイバのクラッド（プラスチッククラッド光ファイバの場合はコア）の表面に傷を付けないように，被覆材を完全に除去する．

②**光ファイバの切断**：光ファイバを，光ファイバ軸に対し90°の角度で切断する．なお，光ファイバ端面は，鏡面状で，突起，欠けなどがないようにする．

③**融着接続**：電極間放電などで，光ファイバの端面を溶かして接続する．なお，融着部には，気泡，異物などがないようにする．

④**融着接続部のスクリーニング試験**：光ファイバ心線に一定の荷重を一定時間加えて，引張試験を行う．

⑤**補強**：スクリーニング試験を終えた光ファイバ接続部に補強を施す．

【解答　エ：③（AもBも正しい）】

電気設備の技術基準の解釈では，光ケーブル配線設備として用いられる金属ダクトにおいて，金属ダクトに収める電線の断面積（絶縁被覆の断面積を含む）の総和は，ダクト内部断面積の　(エ)　パーセント以下，電光サイン装置，出退表示灯その他これらに類する装置又は制御回路などの配線のみを収める場合は，50 パーセント以下であることとされている．

① 10　② 20　③ 30　④ 40

解説

「電気設備の技術基準の解釈」は，経済産業省商務流通保安グループ電力安全課で作成されるもので，電気設備に関する技術基準を定める省令（1997 年通商産業省令第 52 号）に定める技術的要件を満たすものと認められる技術的内容をできるだけ具体的に示したものです．

「電気設備の技術基準の解釈」では，第 162 条二において，「ダクトに収める電線の断面積（絶縁被覆の断面積を含む．）の総和は，ダクトの内部断面積の(エ)20〔%〕以下であること．ただし，電光サイン装置，出退表示灯その他これらに類する装置または制御回路など（自動制御回路，遠方操作回路，遠方監視装置の信号回路その他これらに類する電気回路をいう．）の配線のみを収める場合は，50〔%〕以下とすることができる」と記載されています．

【解答　エ：② (20)】

光コネクタについて述べた次の二つの記述は，　(オ)　．

A　現場取付け可能な単心接続用の光コネクタのうち，ドロップ光ファイバケーブルとインドア光ファイバケーブルの接続や宅内配線における光コネクタキャビネット内での心線接続に用いられ，コネクタプラグとコネクタソケットの2種類がある光コネクタは，FC（Fiber optic Connector）コネクタといわれる．

B　テープ心線相互の接続に用いられる MT（Mechanically Transferable splicing）コネクタは，MT コネクタかん合ピン及び MT コネクタクリップを使用して接続する光コネクタであり，コネクタの着脱には着脱用工具を使用する．

① Aのみ正しい　　② Bのみ正しい
③ AもBも正しい　④ AもBも正しくない

解説

・現場取付け可能な単心接続用の光コネクタのうち，ドロップ光ファイバケーブルとインドア光ファイバケーブルの接続や宅内配線における光コネクタキャビネット内での心線接続に用いられ，コネクタプラグとコネクタソケットの2種類がある光コネクタは，<u>FA（Field Assembly Connector）コネクタ</u>です（Aは誤り）.

・Bは正しい.

【解答　オ：②（Bのみ正しい）】

問 25	**セルラダクト**	【H27-2　第7問 (3)】 ☑☑☑

　事務所内などの配線工事において，波形のデッキプレートの溝部にカバーを取り付けて配線路とする　(ウ)　配線方式は，一般に，配線ルート及び配線取出し口を固定できる場合に適用される.

- ①　バスダクト　　②　簡易二重床　　③　フロアダクト
- ④　電線管　　　　⑤　セルラダクト

解説

　事務所内などの配線工事において，波形のデッキプレートの溝部にカバーを取り付けて配線路とする(ウ)セルラダクト配線方式は，一般に，配線ルートおよび配線取出し口を固定できる場合に適用されます.

　セルラダクト配線方式は，配線の保護性が良く，電力用，通信用，OA用にダクトを分けて使用する方式などがあります. セルラダクト配線方式の構成は，本節問 17 の解説の図を参照のこと.

【解答　ウ：⑤（セルラダクト）】

問 26	**ビルディング内配線システム**	【H27-1　第7問 (3)】 ☑☑☑

　ビル内などにおけるフロアダクト配線方式では，床スラブ内にケーブルダクトが埋め込まれており，一般に　(ウ)　センチメートル間隔で設けられた取出口から配線ケーブルを取り出すことができ，電気，電話及び情報用のダクトを有する3ウェイ方式などが用いられている.

- ①　10　　②　30　　③　60　　④　100　　⑤　150

解説

ビル内などにおける**フロアダクト配線方式**では，床スラブ内にケーブルダクトが埋め

込まれており，一般に$_{(ウ)}$60〔cm〕間隔で設けられた取出口から配線ケーブルを取り出すことができ，電気，電話および情報用のダクトを有する3ウェイ方式などが用いられています．フロアダクトは，断面が長方形または台形の鋼板製の配線用ダクトで，コンクリート内に埋め込んで設置されます．3ウェイ方式とは，床面のコンクリート内に電気配線用，電話配線用，LAN配線用の3本のダクトが埋め込まれている配線方式のことです．

【解答　ウ：③（60）】

6-5-3　JIS X 5150 の設備設計

問27	水平配線規格	【R1-2　第8問 (5)】 ☑☑☑

JIS X 5150:2016 の平衡配線の基準設計における水平配線の規格について述べた次の二つの記述は，　(オ)　．

A　チャネルの物理長は，100メートルを超えてはならない．また，固定水平ケーブルの物理長は，90メートルを超えてはならない．

B　分岐点は，フロア配線盤から少なくとも15メートル以上離れた位置に置かなければならない．

① Aのみ正しい　　② Bのみ正しい
③ AもBも正しい　④ AもBも正しくない

解説

JIS X 5150 では，平衡ケーブル配線設計において品質を確保するための設計条件として次のことを規定しています（AもBも正しい）．JIS X 5150 で規定される機能要素と接続関係を次頁の図に示します．

・チャネルの物理長は100〔m〕を超えてはならない．また，水平配線ケーブルの物理長は，90〔m〕を超えてはならない．

・分岐点（CP：Consolidation Point）は，フロア配線盤から少なくとも15〔m〕以上離れた位置に置かなければならない．

・複数利用者通信アウトレットが使用される場合には，ワークエリアコードの長さは，20〔m〕を超えないのがよい．

・パッチコード／ジャンパの長さは，5〔m〕を超えないのがよい．

・パッチコード，機器コードおよびワークエリアコードの合計長が10〔m〕を超える場合，所定の公式に従って水平配線ケーブルの許容物理長を減らさなければならない．

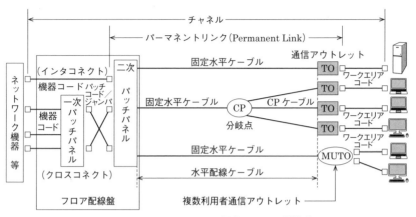

図 JIS X 5150：2016 で規定される配線構成

【解答 オ：③（ＡもＢも正しい）】

本問題と同様の問題が平成 27 年度第 2 回試験に出題されています．

問 28 **水平配線設計** 【R1-2 第 9 問 (3)】 ☑☑☑

JIS X 5150：2016 では，図に示す水平配線の設計において，クロスコネクト-TO モデル，クラス Ｄ のチャネルの場合，機器コード，パッチコード／ジャンパ及びワークエリアコードの長さの総和が 17 メートルのとき，固定水平ケーブルの最大長は ___（ウ）___ メートルとなる．ただし，使用温度は 20〔℃〕，コードの挿入損失〔dB/m〕は水平ケーブルの挿入損失〔dB/m〕に対して 50 パーセント増とする．

① 80.5 ② 81.0 ③ 81.5 ④ 82.0 ⑤ 82.5

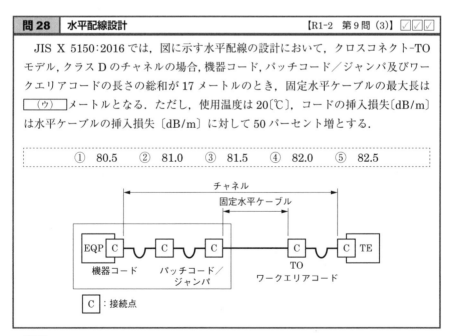

■解説■

JIS X 5150：2016 で規定されている水平配線の設計において，クロスコネクト-TO

モデル，クラス D のチャネルの場合の固定水平ケーブルの最大長は，次式で表されます．

$$H = 107 - FX$$

F：機器コード，パッチコード／ジャンパ，およびワークエリアコードの長さの総和（本問題では 17〔m〕）

X：コードの挿入損失〔dB/m〕の水平ケーブルの挿入損失〔dB/m〕に対する比（本問題では 50〔%〕増，つまり 1.5 倍）

以上より，H の式に F = 17〔m〕，$X = 1.5$ を代入して，

$$H = 107 - FX = 107 - 17 \times 1.5 = 107 - 25.5 = 81.5 \text{〔m〕} (_{(ウ)}③)$$

【解答　ウ：③ (81.5)】

覚えよう！

固定水平ケーブルの最大長を計算する問題では，インタコネクト–TO モデル，クロスコネクト–TO モデル，それぞれについて，チャネルがクラス D またはクラス E の場合の問題が出題されています．それらの場合の最大リンク長の公式（下表参照）を覚えておこう．

表　固定水平ケーブルの最大長の公式

モデル	カテゴリ 5 要素を使ったクラス D のチャネル	カテゴリ 6 要素を使ったクラス E のチャネル
インタコネクト–TO	$H = 109 - FX$	$H = 107 - 3 - FX$
クロスコネクト–TO	$H = 107 - FX$	$H = 106 - 3 - FX$

H：固定水平ケーブルの最大長〔m〕

F：機器コード，パッチコード／ジャンパ，およびワークエリアコードの長さの総和〔m〕

X：コードの挿入損失〔dB/m〕の水平ケーブルの挿入損失〔dB/m〕に対する比

注：表の公式は使用温度 20〔℃〕での値を示す．20〔℃〕以上では，H の値は UTP ケーブルでは 20〜40〔℃〕で 1〔℃〕当たり 0.4〔%〕減じ，40〜60〔℃〕で 1〔℃〕当たり 0.6〔%〕減じる．

問 29　配線要素のカテゴリ　【R1-2　第 10 問 (2)】☑☑☑

ツイストペアケーブル，通信アウトレット，コネクタなど配線部材の性能を規定した分類名は，一般に，　(イ)　といわれ，主に配線部材の選定に使用されており，ISO/IEC 11801，JIS X 5150 などにおいて配線要素を区分する用語として使われている．

① レンジ　　② レイヤ　　③ モデル　　④ カテゴリ　　⑤ グレード

■ 解説

ツイストペアケーブル，通信アウトレット，コネクタなど配線部材の性能を規定した

分類名は，一般に，_(イ)カテゴリといわれます．カテゴリに応じて，使用できる平衡メタリックケーブル配線性能のクラス，ケーブル上に伝送可能な信号の周波数が選定されます．また，信号の周波数によってメタリックケーブルで伝送可能な速度と伝送規格が決まります．下表にこれらの関係を示します．

表　JIS X 5150 で規定されるクラスとカテゴリの関係

周波数	配線要素性能の分類	配線性能の分類	適用可能なイーサネット規格（参考）
100〔MHz〕まで	カテゴリ 5	クラス D	100BASE-TX
250〔MHz〕まで	カテゴリ 6	クラス E	1000BASE-T
500〔MHz〕まで	カテゴリ 6A	クラス E_A	10GBASE-T
600〔MHz〕まで	カテゴリ 7	クラス F	10GBASE-T

【解答　イ：④（カテゴリ）】

問 30　複数利用者通信アウトレット　【H31-1　第 9 問（1）】☑☑☑

　JIS X 5150：2016 構内情報配線システムの設備設計における複数利用者通信アウトレットについて述べた次の二つの記述は，　(ア)　．

A　複数利用者通信アウトレットは，開放型のワークエリアにおいて，各ワークエリアグループに少なくとも一つは割り当てなければならない．

B　複数利用者通信アウトレットは，最大で 15 のワークエリアに対応するように制限されるのが望ましい．

①　A のみ正しい　　　②　B のみ正しい
③　A も B も正しい　　④　A も B も正しくない

解説

・A は正しい．
・複数利用者通信アウトレット（MUTO）は，最大で <u>12</u> のワークエリアに対応するように制限されるのが望ましい（B は誤り）．ワークエリアとは利用者が通信端末機器を扱うビル内の領域で，通信アウトレット（TO）と端末はワークエリアコードで接続されます．
JIS X 5150：2016 で規定される配線構成は本節問 27 の解説の図を参照のこと．

【解答　ア：①（A のみ正しい）】

本問題と同様の問題が平成 29 年度第 2 回試験に出題されています．

JIS X 5150:2016 では，図に示す水平配線の設計において，インタコネクト-TO モデル，クラス D のチャネルの場合，機器コード及びワークエリアコードの長さの総和が 19 メートルのとき，固定水平ケーブルの最大長は □(ウ)□ メートルとなる．ただし，使用温度は 20 〔℃〕，コードの挿入損失〔dB/m〕は水平ケーブルの挿入損失〔dB/m〕に対して 50 パーセント増とする．

　① 79.0　　② 79.5　　③ 80.0　　④ 80.5　　⑤ 81.0

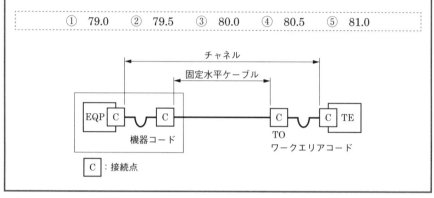

解説

JIS X 5150:2016 で規定されている水平配線の設計において，インタコネクト-TO モデル，クラス D のチャネルの場合の固定水平ケーブルの最大長は，次式で表されます．

$$H = 109 - FX$$

F：機器コードおよびワークエリアコードの長さの総和（19 〔m〕）

X：水平ケーブルの挿入損失〔dB/m〕に対するコードケーブルの挿入損失〔dB/m〕の比：1.5

$$H = 109 - FX = 109 - 19 \times 1.5 = 109 - 30 = \underline{80.5} \ \text{〔m〕} \ (_{(ウ)}④)$$

【解答　ウ：④ (80.5)】

JIS X 5150:2016 の平衡配線性能において，挿入損失が 3.0dB を下回る周波数における □(エ)□ の値は，参考とすると規定されている．

　①　近端漏話減衰量　　②　反射減衰量　　③　不平衡減衰量

　④　遠端漏話減衰量　　⑤　伝搬遅延時間差

■解説

JIS X 5150:2016 の平衡配線性能において，「挿入損失が 3.0〔dB〕を下回る周波数における $_{(エ)}$反射減衰量の値は，参考とする」と規定されています．

JIS X 5150:2016 では，このほかに「挿入損失（IL）が 4.0〔dB〕未満となる周波数での近端漏話減衰量（NEXT）の値は，参考とする」と規定されています．

これら二つの規定は，「挿入損失の測定結果が非常に小さい場合は，その周波数における漏話特性と反射減衰量については測定結果によらず試験結果を合格と判断することができる」という，「3 dB/4 dB ルール」と呼ばれており，よく試験に出題されています．参考値とするデータと挿入損失の関係を覚えておきましょう．すなわち，

・反射減衰量が参考値となるのは，挿入損失が 3.0〔dB〕を下回る周波数における値
・近端漏話減衰量（NEXT）が参考値となるのは，挿入損失（IL）が 4.0〔dB〕未満となる周波数における値

【解答　エ：⑤（反射減衰量）】

本問題と同様の問題が平成 30 年度第 1 回と平成 28 年度第 2 回の試験に出題されています．

問 33　水平配線規格　　【H30-2　第 8 問（5）】☑☑☑

JIS X 5150:2016 の平衡配線の基準設計における水平配線の規格について述べた次の二つの記述は，　(オ)　．

A　複数利用者通信アウトレットが使用される場合には，ワークエリアコードの長さは，15 メートルを超えてはならない．

B　チャネルの物理長は，100 メートルを超えてはならない．また，固定水平ケーブルの物理長は，90 メートルを超えてはならない．

① Aのみ正しい　　② Bのみ正しい
③ AもBも正しい　　④ AもBも正しくない

■解説

・複数利用者通信アウトレットが使用される場合には，ワークエリアコードの長さは，**20〔m〕を超えないのがよい**とされています（JIS X 5150:2016「7.2.2.2 構成」より，Aは誤り）．

・Bは正しい．チャネルの物理長は最大 100〔m〕です．固定水平ケーブルの物理長は，90〔m〕を超えてはならないとし，さらに，パッチコード，機器コードおよびワークエリアコードの合計長が 10〔m〕を超える場合，「固定水平ケーブルの最大長の公式」（本節問 28 の解説の表参照）に従って固定水平ケーブルの許容物理

長を減らさなければならないとされています.

本問題と同様の問題が平成 29 年度第 1 回試験に出題されています.

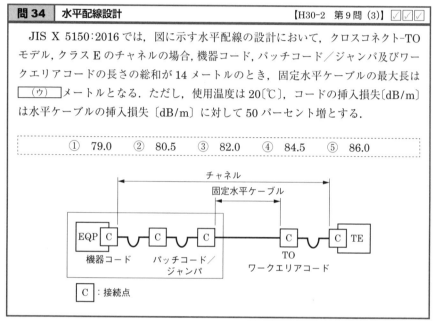

| 問 34 | 水平配線設計 | 【H30-2　第 9 問 (3)】 ✓✓✓ |

JIS X 5150:2016 では，図に示す水平配線の設計において，クロスコネクト-TO モデル，クラス E のチャネルの場合，機器コード，パッチコード／ジャンパ及びワークエリアコードの長さの総和が 14 メートルのとき，固定水平ケーブルの最大長は ___(ウ)___ メートルとなる．ただし，使用温度は 20〔℃〕，コードの挿入損失〔dB/m〕は水平ケーブルの挿入損失〔dB/m〕に対して 50 パーセント増とする.

① 79.0　　② 80.5　　③ 82.0　　④ 84.5　　⑤ 86.0

解説

JIS X 5150:2016 の水平配線の設計において，クロスコネクト-TO モデルでクラス E のチャネルの場合，使用温度は 20〔℃〕では，固定水平ケーブルの最大長は次式で与えられます.

$$H = 106 - 3 - FX$$

F：機器コード，パッチコード／ジャンパおよびワークエリアコードの長さの総和：14〔m〕

X：水平ケーブルの挿入損失〔dB/m〕に対するコードケーブルの挿入損失〔dB/m〕の比：1.5

$$H = 103 - 14 \times 1.5 = 103 - 21 = 82.0 \, 〔\text{m}〕 \quad (_{(ウ)}③)$$

【解答　ウ：③（82.0）】

本問題と同様の問題が平成 28 年度第 2 回試験に出題されています.

問 35 配線システムの分岐点　　　　　【H30-1　第 9 問 (1)】☑☑☑

　JIS X 5150:2016 構内情報配線システムの設備設計における分岐点について述べた次の記述のうち，<u>誤っているもの</u>は，<u>　(ア)　</u>である．

① ワークエリア内で通信アウトレットの移動の柔軟性が要求されるオープンオフィス環境では，水平配線のフロア配線盤と通信アウトレットとの間に分岐点を設置するとよい．

② 分岐点は，受動的な接続器具だけで構成されなければならず，クロスコネクト接続として使ってはならない．

③ 分岐点は，各ワークエリアのグループに少なくとも一つ配置されなければならない．

④ 分岐点は，最大で 10 までのワークエリアに対応するように制限されるのが望ましい．

解説

　分岐点を含む JIS X 5150:2016「構内情報配線システム」の構成は，本節問 27 の解説の図を参照のこと．

・①，③は正しい．

・②は正しい．クロスコネクトとは，水平ケーブルと機器コードを，パッチパネルを介したパッチコードまたはジャンパで接続する方法です．

・JIS X 5150:2016「構内情報配線システム」の設備設計における分岐点は，<u>最大で 12</u> のワークエリアに対応するように制限するのが望ましい（④は誤り）．ワークエリアとは利用者が通信端末機器を扱うビル内の領域で，通信アウトレット（TO）と端末はワークエリアコードで接続されます．

【解答　ア：④ (誤り)】

問 36 水平配線設計　　　　　　　　　【H30-1　第 9 問 (3)】☑☑☑

　JIS X 5150:2016 では，図に示す水平配線の設計において，インターコネクト-TO モデル，クラス D のチャネルの場合，機器コード及びワークエリアコードの長さの総和が 20 メートルのとき，固定水平ケーブルの最大長は　(ウ)　メートルとなる．ただし，使用温度は 20〔℃〕，コードの挿入損失〔dB/m〕は水平ケーブルの挿入損失〔dB/m〕に対して 50 パーセント増とする．

　　　① 78.0　　② 78.5　　③ 79.0　　④ 79.5　　⑤ 80.0

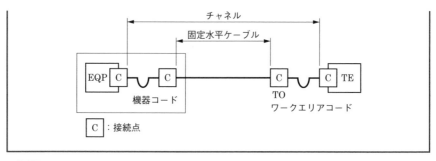

チャネル

固定水平ケーブル

EQP C ～ C ――――――― C ～ C TE

機器コード

TO
ワークエリアコード

C：接続点

解説

　JIS X 5150：2016 で規定されている水平配線の設計において，インタコネクト-TO モデル，クラス D のチャネルの場合の固定水平ケーブルの最大長は，次式で表されます．

$$H = 109 - FX$$

設問では，上式の F，X の値は次のように設定されています．

　F：機器コードおよびワークエリアコードの長さの総和（20〔m〕）

　X：水平ケーブルの挿入損失〔dB/m〕に対するコードケーブルの挿入損失〔dB/m〕の比：1.5

$$H = 109 - FX = 109 - 20 \times 1.5 = 109 - 30 = \underline{79.0}\ \text{〔m〕}\ _{(ウ)}③$$

【解答　ウ：③（79.0）】

問 37　**水平配線設計**　　　　　　　　　　　　　【H29-2　第9問 (3)】　✓✓✓

　JIS X 5150：2016 では，図に示す水平配線の設計において，クロスコネクト-TO モデル，クラス E のチャネルの場合，機器コード，パッチコード／ジャンパ及びワークエリアコードの長さの総和が 15 メートルのとき，固定水平ケーブルの最大長は　　(ウ)　　メートルとなる．ただし，使用温度は 20〔℃〕，コードの挿入損失〔dB/m〕は水平ケーブルの挿入損失〔dB/m〕に対して 50 パーセント増とする．

　　①　77.5　　　②　78.5　　　③　79.5　　　④　80.5　　　⑤　81.5

チャネル

固定水平ケーブル

EQP C ～ C ～ C ――――――― C ～ C TE

機器コード　パッチコード／
　　　　　　ジャンパ

TO
ワークエリアコード

C：接続点

解説

JIS X 5150:2016 の水平配線の設計において，クロスコネクト-TO モデルでクラス E のチャネルの場合，使用温度は 20〔℃〕では，固定水平ケーブルの最大長は次式で与えられます．

$H = 106 - 3 - FX$

F：機器コード，パッチコード／ジャンパおよびワークエリアコードの長さの総和：15〔m〕

X：水平ケーブルの挿入損失〔dB/m〕に対するコードケーブルの挿入損失〔dB/m〕の比：1.5

$H = 103 - 15 \times 1.5 = 80.5$〔m〕（(ウ)④）

【解答　ウ：④（80.5）】

問 38	**パーマネントリンク**	【H29-2　第 10 問（2）】☑☑☑

JIS X 5150:2016 で規定しているパーマネントリンクについて述べた次の二つの記述は，［（イ）］．

A　パーマネントリンクとは，水平配線においては，通信アウトレットとフロア配線盤との伝送路をいう．また，幹線配線においては，幹線ケーブルの両端のパッチパネル間の伝送路をいう．

B　パーマネントリンクは，ワークエリアコード，機器コード，パッチコード及びジャンパを含まない．ただし，リンクの両端の接続は含む．パーマネントリンクは，CP リンクを含む場合もある．

①　A のみ正しい	②　B のみ正しい
③　A も B も正しい	④　A も B も正しくない

解説

A も B も正しい．

JIS X 5150:2016 で規定される配線構成とパーマネントリンクの位置は，本節問 27 の解説の図を参照．

パーマネントリンクは，**水平配線においては，フロア配線盤から通信アウトレットまでの固定配線の伝送路**をいいます．幹線配線はフロア配線盤どうしを接続する配線システムで，**幹線配線においては，パーマネントリンクは，幹線ケーブルの両端のパッチパネル間の伝送路**をいいます．

パーマネントリンクは，ワークエリアコード，機器コード，パッチコードおよびジャンパを含みません．ただし，配線システムの両端のコネクタを含みます．オプションと

して，CP（Consolidation Point：分岐点）と CP ケーブルを含むことができます．

【解答　イ：③（A も B も正しい）】

問39　水平配線設計 【H29-1　第9問 (3)】 ☑☑☑

　JIS X 5150:2016 では，図に示す水平配線の設計において，インターコネクト–TO モデル，クラス E のチャネルの場合，機器コード及びワークエリアコードの長さの総和が 14 メートルのとき，固定水平ケーブルの最大長は ┌─(ウ)─┐ メートルとなる．ただし，使用温度は 20〔℃〕，コードの挿入損失〔dB/m〕は水平ケーブルの挿入損失〔dB/m〕に対して 50 パーセント増とする．

> ①　80.0　　②　81.5　　③　83.0　　④　84.5　　⑤　86.0

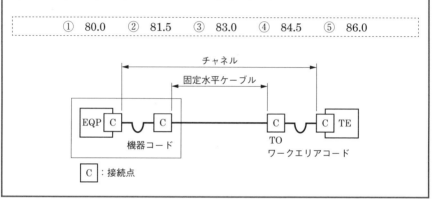

解説

　インタコネクト–TO モデル，クラス E のチャネルの場合，水平ケーブルの最大長 H は次式で表されます．

$$H = 107 - 3 - FX$$

F：機器コードおよびワークエリアコードの長さの総和（14〔m〕）

X：コードケーブルの挿入損失〔dB/m〕の水平ケーブルの挿入損失〔dB/m〕に
　　対する比：1.5

$$H = 107 - 3 - 14 \times 1.5 = 83.0 〔m〕 \quad (_{(ウ)}③)$$

【解答　ウ：③（83.0）】

問40　平衡配線性能（3dB/4dB ルール） 【H29-1　第9問 (5)】 ☑☑☑

　JIS X 5150:2016 の平衡配線性能において，挿入損失が ┌─(オ)─┐ となる周波数における近端漏話減衰量の値は，参考とすると規定されている．

① 3.0dB 以上 ② 3.0dB 未満 ③ 4.0dB 以上
④ 4.0dB 未満 ⑤ 5.0dB 以上

解説

　JIS X 5150:2016 の平衡配線性能においては，「挿入損失（IL）が(ｵ)4.0〔dB〕未満となる周波数での近端漏話減衰量（NEXT）の値は，参考とする」と規定されています．また，「挿入損失が 3.0〔dB〕を下回る周波数における反射減衰量の値は，参考とする」と規定されており，これらは，「挿入損失の測定結果が非常に小さい場合は，その周波数における漏話特性と反射減衰量については測定結果によらず試験結果を合格と判断することができる」という，「**3dB/4dB ルール**」と呼ばれます．

【解答　オ：④（4.0〔dB〕未満）】

問 41 **配線システムの分岐点** 【H28-1　第9問 (1)】 ☑☑☑

　JIS X 5150:2004 の設備設計における分岐点について述べた次の記述のうち，誤っているものは，　(ア)　である．

① ワークエリア内で通信アウトレットの移動の柔軟性が要求されるオープンオフィス環境では，水平配線のフロア配線盤と通信アウトレットとの間に分岐点を設置するとよい．
② 平衡配線用では，分岐点はフロア配線盤から少なくとも 10 メートル離して設置されなければならない．
③ 分岐点は，各ワークエリアのグループに少なくとも一つ配置されなければならない．
④ 分岐点は，最大で 12 までのワークエリアに対応するように制限されるのが望ましい．

解説

・①は正しい．分岐点（CP：Consolidation Point）はフロア配線盤（FD：Floor Distributor）と通信アウトレット（TO：Telecommunications Outlet）の間に設置されます．
・JIS X 5150 では，平衡ケーブルの水平配線の規定として，分岐点はフロア配線盤から少なくとも 15〔m〕離して設置されなければならないとしています（②は誤り）．
・③，④は正しい．

【解答　ア：②（誤り）】

6章

接続工事の技術

　　JIS X 5150:2004 の幹線配線の設計に規定する算出式に基づいて，使用温度 20
〔℃〕の条件で幹線ケーブル（UTP ケーブル）の最大長を算出した結果，85.0 メー
トルとなった．実際の使用温度が 30〔℃〕とすると，幹線ケーブルの最大長は，
 ┌─(ウ)─┐ メートルとなる．

　　　① 76.5　　② 78.2　　③ 79.9　　④ 81.6　　⑤ 83.3

解説

　JIS X 5150 の幹線配線はフロア配線盤どうしを接続する配線システムで，幹線配線
モデルでは両端にクロスコネクトを含みます（クロスコネクトでは機器コードと幹線
ケーブルの間をパッチコードまたはジャンパで接続）．幹線配線モデルでの幹線ケーブ
ルの最大長の公式を次表に示します．幹線ケーブルの最大長は使用温度に依存し，非シー
ルドケーブル（UTP ケーブル）の場合，20〜40〔℃〕の範囲で 1〔℃〕当たり 0.4〔%〕
減となります．

　使用温度が 30〔℃〕の場合，最大ケーブル長は，20〔℃〕での最大ケーブル長を L
とすると，$L = 85$〔m〕であるため，

$$L \times \{1 - 0.4 \,[\%] \times (30 - 20)\} = 85 \times (1 - 0.04) = 85 \times 0.96 = 81.6 \,[\text{m}] \quad (_{(ウ)}④)$$

となります．

表　幹線ケーブルの最大長の公式

カテゴリ	クラス D	クラス E	クラス E_A	クラス F
5	$B = 105 - FX$			
6	$B = 111 - FX$	$B = 105 - 3 - FX$		
6A	$B = 114 - FX$	$B = 108 - 3 - FX$	$B = 105 - 3 - FX$	
7	$B = 115 - FX$	$B = 109 - 3 - FX$	$B = 107 - 3 - FX$	$B = 105 - 3 - FX$

B：幹線ケーブルの最大長〔m〕
F：パッチコード／ジャンパおよび機器コードの長さの総和〔m〕
X：幹線ケーブルの挿入損失〔dB/m〕に対するコードケーブルの挿入損失〔dB/m〕
　　の比
注：式中の "−3" は，挿入損失偏差を調整するために割り当てられたマージン．
　　20〔℃〕以上の使用温度では，B の値はシールドケーブルの場合 1〔℃〕当た
　　り 0.2〔%〕減じ，非シールドケーブルの場合 20〜40〔℃〕で 1〔℃〕当たり 0.4
　　〔%〕，40〜60〔℃〕で 1〔℃〕当たり 0.6〔%〕減じる．

【解答　ウ：④ (81.6)】

| 問 43 | 幹線配線設計 | 【H27-2　第9問 (3)】 ☑☑☑ |

　JIS X 5150:2004 では，図に示す設計において，カテゴリ 6 要素を使ったクラス E のチャネルの場合，パッチコード／ジャンパ及び機器コードの長さの総和が 14 メートルのとき，幹線ケーブルの最大長は，　(ウ)　メートルとなる．ただし，使用温度は 20 〔℃〕，コードの挿入損失〔dB/m〕は幹線ケーブルの挿入損失〔dB/m〕に対して 50 パーセント増とする．

① 78　　② 79　　③ 80　　④ 81　　⑤ 82

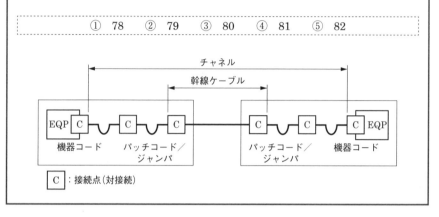

解説

　JIS X 5150 では，カテゴリ 6 要素を使ったクラス E のチャネルの場合，幹線ケーブルの最大長 B は，次式で表されます．

$$B = 105 - 3 - FX$$

　　F：パッチコード／ジャンパおよび機器コードの長さの総和で 14 〔m〕

　　X：コードの挿入損失の幹線ケーブルの挿入損失に対する比：1.5

これらを上式に代入すると，

$$B = 102 - FX = 102 - 14 \times 1.5 = 102 - 21 = 81 \ [\text{m}] \quad (_{(ウ)}④)$$

【解答　ウ：④ (81)】

| 問 44 | 平衡配線性能（3dB/4dB ルール） | 【H27-2　第10問 (1)】 ☑☑☑ |

　JIS X 5150:2004 の平衡配線の性能測定における 3dB/4dB ルールといわれる判定方法について述べた次の二つの記述は，　(ア)　．

A　挿入損失の測定結果が 3.0dB を下回る周波数範囲の反射減衰量に関する特性について，その周波数範囲の部分での反射減衰量の測定値は，参考とするとされている．

B　挿入損失の測定結果が4.0dBを下回る周波数範囲の近端漏話減衰量に関する特性について，その周波数範囲の部分での近端漏話減衰量の測定値は，参考とするとされている．

①　Aのみ正しい　　　②　Bのみ正しい
③　AもBも正しい　　④　AもBも正しくない

解説

・AもBも正しい．**3dB/4dBルール**とは，挿入損失の測定結果が非常に小さい場合は，その周波数における漏話特性と反射減衰量については測定結果によらず試験結果を合格と判断することができるとしたもので，**反射減衰量については挿入損失が3〔dB〕未満**，**近端漏話減衰量については挿入損失が4〔dB〕未満**の場合に適用されます．

【解答　ア：③（AもBも正しい）】

問45　幹線配線設計　　　　　　　　　　　【H27-1　第9問 (3)】　☑☑☑

JIS X 5150：2004の幹線配線の設計に規定する算出式に基づいて，使用温度20〔℃〕の条件で幹線ケーブル（UTPケーブル）の最大長を算出した結果，82.5メートルとなった．実際の使用温度が30〔℃〕とすると，幹線ケーブルの最大長は，　(ウ)　メートルとなる．

①　77.6　　②　79.2　　③　82.5　　④　85.8　　⑤　87.5

解説

JIS X 5150の幹線配線の設計に規定する幹線ケーブルの最大長は，使用温度に依存し20～40〔℃〕の範囲で1〔℃〕当たり0.4〔%〕減となります．

20〔℃〕での最大ケーブル長をLとすると，

$$使用温度が30〔℃〕の場合の最大ケーブル長 = L \ \{1 - 0.4〔\%〕 \times (30 - 20)\}$$
$$= 82.5 \times (1 - 0.04)$$
$$= 82.5 \times 0.96 = 79.2 〔m〕 \ {}_{(ウ)}②$$

となります．

【解答　ウ：②（79.2）】

| 問 46 | 3dB/4dB ルール | 【H27-1 第 10 問 (1)】 ☑☑☑ |

　JIS X 5150:2004 に規定する平衡配線性能の規格には，一般に 3dB/4dB ルールといわれる判定方法が含まれており，挿入損失の測定結果が 3dB 以下となる周波数範囲においては，　(ア)　に関する特性について，その周波数範囲の部分で試験結果が不合格となっても合格とみなすことができるとされている．

① 不平衡減衰量　　② 近端漏話減衰量　　③ 遠端漏話減衰量
④ 反射減衰量　　⑤ 伝搬遅延時間差

解説

　挿入損失の測定結果が 3〔dB〕以下となる周波数範囲においては，(ア)反射減衰量に関する特性について，その周波数範囲の部分で試験結果が不合格となっても合格とみなすことができるとされています．これは，「**3dB/4dB ルール**」と呼ばれる判定方法の一つで，**挿入損失が 3〔dB〕を下回る周波数範囲では，反射減衰量は参考値（試験結果の合否に影響しない）**とされています．

　3dB/4dB ルールの詳細は，本節問 32 の解説を参照のこと．

【解答　ア：④（反射減衰量）】

| 問 47 | 配線要素のカテゴリ | 【H27-1 第 10 問 (2)】 ☑☑☑ |

　ANSI/TIA/EIA-568-B 及び JIS X 5150:2004 に規定する平衡ケーブルの規格について述べた次の二つの記述は，　(イ)　．

A　ANSI の規格において，配線要素，配線ともカテゴリ 5e と定義されている平衡ケーブルは，JIS の平衡配線についての性能規定において，カテゴリ 5 要素，クラス D 平衡ケーブル配線性能として提供されている平衡配線に相当し，最高規定周波数は 100 メガヘルツである．

B　ANSI の規格において，配線要素，配線ともカテゴリ 6A と定義されている平衡ケーブルは，JIS の平衡配線についての性能規定において，カテゴリ 6 要素，クラス E 平衡ケーブル配線性能として提供されている平衡配線の 2.5 倍の周波数帯域の性能を持つ．

① Aのみ正しい　　② Bのみ正しい
③ AもBも正しい　　④ AもBも正しくない

解説

・Aは正しい．JIS X 5150:2016 の「7.2.2 水平配線」において，「カテゴリ 5 要素は，

クラス D 平衡ケーブル配線性能を提供する．」と記載されています．また，同規格の「9.2.1 平衡ケーブルの性能」において，カテゴリ 5 要素は平衡ケーブルの性能の規格のカテゴリ 5e に相当すると記載されています．JIS X 5150:2016 では，配線要素，配線性能が満足する最高規定周波数も規定されていて，カテゴリ 5 要素，クラス D 平衡ケーブルの最高規定周波数は 100〔MHz〕となっています．

・ANSI 規格において，配線要素，配線ともカテゴリ 6A と定義されている平衡ケーブルの最高規定周波数は 500〔MHz〕です．一方，JIS X 5150 の配線についての性能規定において，カテゴリ 6 要素，クラス E 平衡ケーブル配線性能として提供されている平衡配線の最高規定周波数は 250〔MHz〕です．よって，カテゴリ 6A の平衡ケーブルの最高規定周波数は，カテゴリ 6 要素，クラス E 平衡ケーブルの最高規定周波数の 2 倍となります（B は誤り）．

配線要素，配線性能と最高規定周波数の関係は本節問 29 の解説を参照のこと．

【解答　イ：①（A のみ正しい）】

6-5-4　光ファイバ損失試験方法

| 問 48 | 光ファイバ損失試験方法の種類 | 【R1-2　第 8 問 (4)】✓✓✓ |

　工事試験などで実施する光ファイバの損失に関する特性試験について述べた次の記述のうち，正しいものは，　(エ)　である．

①　OTDR 法では，被測定光ファイバ内のコアの屈折率の微少な揺らぎが原因で生ずるブリルアン散乱光のうち，光ファイバの入射端に戻ってくる後方散乱光を検出して測定する．

②　カットバック法は，光ファイバケーブル布設後，光コネクタが取り付けられた状態で伝送損失を簡易的に測定したい場合に有効な測定法であり，一般に，光コネクタを取り付けたままで測定するため，光コネクタの結合損失も含んだ値となる．

③　挿入損失法は，OTDR を使用した光損失試験と同様に，光ファイバ伝送路の損失分布及び接続損失を測定することができる．

④　挿入損失法は，カットバック法と比較して精度は落ちるが，被測定光ファイバ及び両端に固定される端子に対して非破壊で測定できる利点がある．

解説

・OTDR 法では，被測定光ファイバ内のコアの屈折率の微少な揺らぎが原因で生ずるレイリー散乱光のうち，光ファイバの入射端に戻ってくる後方散乱光の光

POINT
レイリー散乱とは，波長に比べて十分小さな粒子や，密度・組成揺らぎによって生ずる光の散乱のこと．

パワーを検出して測定します（①は誤り）．

・挿入損失法は，光ファイバケーブル布設後，光コネクタが取り付けられた状態で伝送損失を簡易的に測定したい場合に有効な測定法であり，一般に，光コネクタを取り付けたままで測定するため，光コネクタの結合損失も含んだ値となります（②は誤り）．

・挿入損失法は，光を被測定光ファイバに入射させ，その光パワーと被測定光ファイバの終端での光パワーを比較して損失を求める方法であるため，原理的に光ファイバの長手方向での損失分布の測定に使用することはできません（③は誤り）．**光ファイバの長手方向での損失分布や接続損失の測定に使用できるのはOTDR**だけです．

・④は正しい．挿入損失法は，被測定光ファイバを光コネクタで接続するため，非破壊で測定することができます．ただし，光コネクタの結合損失も含むため，精度はカットバック法より劣ります．

【解答　エ：④（正しい）】

問 49　光導通試験用装置　　　　　【R1-2　第9問 (1)】　☑☑☑

JIS C 6823:2010 光ファイバ損失試験方法では，光導通試験に用いられる装置は，個別の伝送器及び受信器から構成され，伝送器は調整可能な安定化直流電源で駆動する光源とし，受信器は，光検出器，　(ア)　及び受信パワーレベルを表示する表示器から構成されると規定している．

①　減衰器　　②　増幅器　　③　変調器　　④　分波器　　⑤　発信器

解説

JIS C 6823:2010 では，受信器は，光検出器，(ア)増幅器および受信パワーレベルを表示する表示器から構成されると規定しています．

【解答　ア：②（増幅器）】

問 50　光ファイバ損失試験方法の種類　　　　　【R1-2　第10問 (1)】　☑☑☑

JIS C 6823:2010 光ファイバ損失試験方法に規定する測定方法などについて述べた次の二つの記述は，　(ア)　．

A　光ファイバの損失試験方法には，カットバック法，挿入損失法，OTDR法及び損失波長モデルの四つがあり，このうちカットバック法，挿入損失法及びOTDR法はシングルモード光ファイバだけに適用される．

B　OTDR法において，短距離測定の場合は，最適な分解能を与えるために，短

6章

接続工事の技術

いパルス幅が必要であり，長距離測定の場合は，非線形現象の影響のない範囲内で光ピークパワーを大きくすることによってダイナミックレンジを大きくすることができる．

① Aのみ正しい　　　② Bのみ正しい

③ AもBも正しい　　④ AもBも正しくない

解説

・光ファイバの損失試験方法のうち，**シングルモード光ファイバだけに適用される**のは「**損失波長モデル**」だけで，カットバック法，挿入損失法およびOTDR法は，シングルモード光ファイバとマルチモード光ファイバの両方に適用されます（Aは誤り）．

・Bは正しい．OTDR法において光ファイバ位置の識別精度を上げるための**分解能を上げるにはパルス幅を短くする必要があります**．一方，**長距離測定**では，光ファイバ内で伝搬する光の減衰が大きくなるため，**光ピークパワーを大きくしてダイナミックレンジを大きくすることが必要です**．

【解答　ア：②（Bのみ正しい）】

本問題と同様の問題が平成30年度第1回と平成29年度第1回の試験に出題されています．

問51 ｜ **OTDR法**　　　　　　　　　【H31-1　第10問 (1)】 ☑☑☑

JIS C 6823:2010 光ファイバ損失試験方法に規定する測定方法のうち，光ファイバの単一方向の測定であり，光ファイバの異なる箇所から光ファイバの先端まで後方散乱光パワーを測定する方法は (ア) である．

① 挿入損失法　　　② OTDR法

③ カットバック法　④ 損失波長モデル

解説

光ファイバの単一方向の測定であり，光ファイバの異なる箇所から光ファイバの先端まで後方散乱光パワーを測定する方法は(ア)OTDR法です．

選択肢に挙げられている「挿入損失法」「カットバック法」「損失波長モデル」も，JIS C 6823:2010「光ファイバ損失試験方法」で規定されています．それぞれの内容は，問59の解説を参照のこと．

【解答　ア：②（OTDR法）】

問 52　光コネクタ挿入損失試験方法　【H30-2　第8問（4）】✓✓✓

　光ファイバの接続に光コネクタを使用したときの挿入損失を測定する試験方法は，光コネクタの構成別に JIS で規定されており，プラグ対プラグ（光接続コード）のときの基準試験方法は，　（エ）　である．

① ワイヤメッシュ法　　② カットバック法　　③ 挿入法（C）

④ 置換え法　　　　　　⑤ 伸長ドラム法

解説

　光ファイバの接続に光コネクタを使用したときの挿入損失を測定する試験方法は，光コネクタの構成別に JIS C 5961：2009 や JIS C 61300-3-4：2011 で規定されており，プラグ対プラグ（光接続コード）のときの基準試験方法は，(エ)挿入法（C）です．

　光ファイバの接続に光コネクタを使用したときの挿入損失を測定する試験方法は，光コネクタの構成別に JIS C 5961：2009 で規定されています．光コネクタの挿入損失の試験方法を下表に示します．

表　光コネクタの試験方法

構　成	試験方法	
	基準法	代替法
光ファイバ対光ファイバ（構成部品）	カットバック	——
光ファイバ対光ファイバ（現場取付け光コネクタ）	挿入法（A）	カットバック
光ファイバ対プラグ	カットバック	——
プラグ対プラグ（光接続コード）	挿入法（C）	置換え
片端プラグ（光接続コード）	挿入法（B）	——
レセプタクル対レセプタクルまたはアダプタ	置換え	挿入法（C）
レセプタクル対プラグ	置換え	挿入法（C）

　JIS C 5961：2009 より

【解答　エ：③（挿入法（C））】

本問題と同様の問題が平成 28 年度第 2 回試験に出題されています．

> **覚えよう！**
> 光ファイバ損失試験方法で基準試験法を問う問題が多く出題されているので，基準試験方法は覚えておこう．

　　JIS C 6823：2010 光ファイバ損失試験方法に規定する OTDR 法について述べた次の二つの記述は，　（ア）　．

A　短距離測定の場合は，最適な分解能を与えるために，短いパルス幅が必要であり，長距離測定の場合は，非線形現象の影響のない範囲内で光ピークパワーを大きくすることによってダイナミックレンジを大きくすることができる．

B　OTDR は，測定分解能及び測定距離のトレードオフを最適化するため，幾つかのパルス幅と繰返し周波数とを選択できる制御器を備えていてもよい．

① A のみ正しい　　　② B のみ正しい
③ A も B も正しい　　④ A も B も正しくない

解説

・A は正しい．光ファイバの距離が短い短距離測定の場合は，測定位置の精度（分解能）を上げるため，短いパルス幅が必要です．一方，長距離測定の場合は，長距離伝送による光の減衰が大きくなるため，光ピークパワーを大きくすることによってダイナミックレンジを大きくします．

・B は正しい．繰返し周波数とは，1 秒間に照射されるパルスの数です．前のパルスが戻る前に次のパルスを送出すると，大きな反射によるゴースト波形が測定波形に重畳することがあります．このゴースト波形を避けるため，設定距離が光ファイバ長より大きくなるように繰返し周波数を選択する必要があります．

【解答　ア：③（A も B も正しい）】

本問題と同様の問題が平成 27 年度第 2 回試験に出題されています．

　　図は，JIS C 6823：2010 光ファイバ損失試験方法における OTDR 法による不連続点での測定波形の例を示したものである．この測定波形の　（オ）　までの区間は，ダミー光ファイバの入力端から被測定光ファイバの融着接続点までの OTDR での測定波形を表示している．ただし，OTDR 法による測定で必要なスプライス又はコネクタは，低挿入損失かつ低反射であり，OTDR 接続コネクタでの初期反射を防ぐための反射制御器としてダミー光ファイバを使用している．また，測定に用いる光ファイバには，マイクロベンディングロスがないものとする．

① ⒶからⒹ　　② ⒷからⒸ　　③ ⒷからⒹ
④ ⒸからⒺ　　⑤ ⒹからⒺ

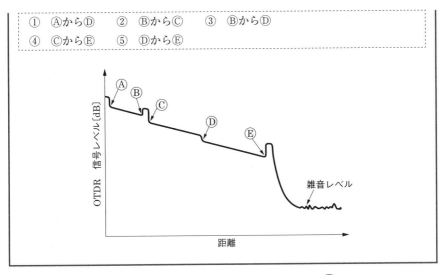

Ⓐ Ⓑ Ⓒ Ⓓ Ⓔ

OTDR　信号レベル[dB]

雑音レベル

距離

解説

　設問の図の OTDR の測定波形で，ダミー光ファイバの範囲はⒶ〜Ⓑで，被測定光ファイバの範囲はⒸ〜Ⓔです．ⒷとⒸの間の反射波は，ダミー光ファイバと被測定光ファイバを接続する光コネクタでのフレネル反射によるものです．また，Ⓔの後の反射波は被測定光ファイバの終端でのフレネル反射によるものです．Ⓓで反射波が減衰しているのは被測定光ファイバの融着接続によるものです．これより，ダミー光ファイバの入力端から被測定光ファイバの融着接続点までを表示している区間は，(オ)ⒶからⒹの間です．

POINT
光コネクタの接続点や光ファイバの終端では，光ファイバと空気という屈折率が異なる境界面でのフレネル反射により大きな反射が生じる．

POINT
融着接続点では光が減衰するため，測定波形の光強度は融着接続点で落ちる．

【解答　オ：①（ⒶからⒹ）】

6章
接続工事の技術

| 問 55 | 挿入損失法 | 【H30-2　第10問（1）】 ✓✓✓ |

　JIS C 6823:2010 光ファイバ損失試験方法に規定する挿入損失法について述べた次の二つの記述は，　(ア)　．

A　挿入損失法は，測定原理から光ファイバ長手方向での損失の解析に使用することができ，入射条件を変化させながら連続的な損失変動を測定することが可能である．

B　挿入損失法は，カットバック法よりも精度は落ちるが，被測定光ファイバ及び両端に固定される端子に対して非破壊で測定できる利点がある．そのため，現場

での使用に適しており，主に両端にコネクタが取り付けられている光ファイバ
ケーブルへの使用を目的としている．

①　Aのみ正しい　　　②　Bのみ正しい

③　AもBも正しい　　④　AもBも正しくない

■解説■

・光ファイバ長手方向での損失の解析に使用することが
でき，入射条件を変化させながら連続的な損失変動を
測定することが可能なのは，**OTDR 法**です．**挿入損
失法**は，光源と被測定光ファイバの間に励振用光ファ
イバを接続する構成において，励振用光ファイバから
出射される光パワーと被測定光ファイバから出射され
る光パワーを比較して損失を求める方法です（A は誤り）．

POINT
OTDR 法では，反射波の大
きさにより，光ファイバの延
長方向（長くなる方向）での
光の損失変動や，光コネクタ
や融着接続による接続点を求
めることができる．

・B は正しい．**カットバック法**では，入射端から 1〜2〔m〕程度の点で被測定光ファ
イバを切断し，その点における出射光パワーと，被測定光ファイバからの出力パワー
と比較することにより伝送損失を求めます．一方，**挿入損失法**は，励振用光ファイ
バと被測定光ファイバを光コネクタで接続するため，**非破壊で（光ファイバを切断
せずに）測定できる**利点がありますが，光コネクタ部分の損失の不確定さのため，
カットバック法より精度は劣ります．

【解答　ア：②（B のみ正しい）】

問 56　**OTDR 法**　　　　　　　　　　　　　　　【H30-1　第 9 問 (5)】　☑☑☑

　図は，JIS C 6823：2010 光ファイバ損失試験方法における OTDR 法による不連
続点での測定波形の例を示したものである．この OTDR での測定波形の示す区間
について述べた次の二つの記述は，　(オ)　．ただし，OTDR 法による測定で必
要なスプライス又はコネクタは，低挿入損失かつ低反射であり，OTDR 接続コネ
クタでの初期反射を防ぐための反射制御器としてダミー光ファイバを使用してい
る．また，測定に用いる光ファイバには，マイクロベンディングロスがないものと
する．

A　この測定波形のⒶからⒸまでの区間は，ダミー光ファイバの入力端から被測定
光ファイバの入力端までを示している．

B　この測定波形のⒹからⒺまでの区間は，被測定光ファイバの融着接続点から被
測定光ファイバの終端までを示している．

① Aのみ正しい　　② Bのみ正しい

③ AもBも正しい　　④ AもBも正しくない

（図：OTDR 信号レベル[dB] 対 距離のグラフ。Ⓐ、Ⓑ、Ⓒ、Ⓓ、Ⓔの各点、および雑音レベルが示されている。）

解説

・Aは正しい．設問の図で，信号レベルが急に高くなっているⒷとⒸの間は，ダミー光ファイバと被測定光ファイバを接続する光コネクタにおいて，コアと空気等の境界面で発生するフレネル反射によるものです．よって，測定波形のⒶからⒸまでの区間は，ダミー光ファイバの入力端から被測定光ファイバの入力端までを示しています．

・Bは正しい．Ⓔで信号レベルが急に高くなっているのは，**被測定光ファイバの終端において，コアと空気等の境界面で発生するフレネル反射**によるものです．Ⓓでの測定波形の変化は，**融着接続点での光の減衰**によるものです．これより，測定波形のⒹからⒺまでの区間は，被測定光ファイバの融着接続点から被測定光ファイバの終端までを示しています．

【解答　オ：③（AもBも正しい）】

| 問 57 | 光コネクタ挿入損失試験方法 | 【H29-2　第8問（4）】 ✓✓✓ |

光ファイバの接続に光コネクタを使用したときの挿入損失を測定する試験方法は，光コネクタの構成別に JIS で規定されており，光ファイバ対プラグ（ピグテイル付き光コネクタ）のときの基準試験方法は， (エ) である．

① OTDR法　　② 置換え法　　③ 挿入法（A）　　④ カットバック法

　光ファイバの接続に光コネクタを使用したときの挿入損失を測定する試験方法は，光コネクタの構成別に **JIS C 5961：2009** で規定されており，**光ファイバ対プラグ（ピグテイル付き光コネクタ）** のときの基準試験方法は，(エ)カットバック法です．

　JIS C 5961：2009 で規定されている光コネクタを使用した場合の挿入損失試験方法の一覧は，本節問 52 参照のこと．

【解答　エ：④（カットバック法）】

本問題と同様の問題が平成 27 年度第 1 回試験に出題されています．

問 58	OTDR 法	【H29-2　第 9 問 (5)】 ☑☑☑

　図は，JIS C 6823：2010 光ファイバ損失試験方法における OTDR 法による不連続点での測定波形の例を示したものである．この測定波形のⒷからⒺまでの区間は，　(オ)　の OTDR での測定波形を表示している．ただし，OTDR 法による測定で必要なスプライス又はコネクタは，低挿入損失かつ低反射であり，OTDR 接続コネクタでの初期反射を防ぐための反射制御器としてダミー光ファイバを使用している．また，測定に用いる光ファイバには，マイクロベンディングロスがないものとする．

①　ダミー光ファイバの入力端から被測定光ファイバの入力端まで
②　ダミー光ファイバの出力端から被測定光ファイバの融着接続点まで
③　ダミー光ファイバの出力端から被測定光ファイバの終端まで
④　被測定光ファイバの入力端から被測定光ファイバの融着接続点まで
⑤　被測定光ファイバの入力端から被測定光ファイバの終端まで

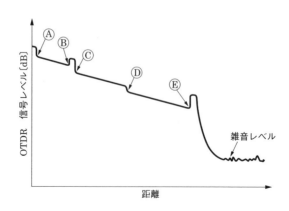

解説

測定波形の⑧から⑥までの区間は，(オ)**ダミー光ファイバの出力端から被測定光ファイバの終端までの** OTDR での測定波形を表示しています．

設問の図で，**信号レベルが急に高くなっている部分**（⑧と⑥の間および⑥とその後）は，**コネクタ接続点や光ファイバの破断点といったコアと空気等の境界面で発生するフレネル反射によるものです．**つまり，⑧と⑥の間の信号レベルの変化はダミー光ファイバの出力端と被測定光ファイバの入力端を接続するコネクタによるものであり，⑥における信号レベルの変化は被測定光ファイバが終端することによるものです．

【**解答　オ：③（ダミー光ファイバの出力端から被測定光ファイバの終端まで）**】

問 **59**	光ファイバ損失試験方法の種類	【H29-1　第8問 (4)】 ☑☑☑

工事試験などで実施する光ファイバの損失に関する特性試験について述べた次の記述のうち，正しいものは，　(エ)　である．

① 波長スペクトル全体に関する光ファイバ損失波長係数を行列とベクトルを用いて計算してその結果を戻して損失を測定する方法は，OTDR法といわれる．

② 光ファイバの単一方向の測定であり，光ファイバの異なる箇所から光ファイバの先端まで後方散乱光パワーを測定する方法は，損失波長モデルといわれる．

③ 挿入損失法は，原理的にはカットバック法と同様であるが，カットバック法と比較して精度は落ちるが，被測定光ファイバ及び両端に固定される端子に対して非破壊でできる利点がある．

④ 光ファイバにねじれを与えないように，光ファイバをマンドレルに緩く巻き付けて測定する曲げ損失試験の方法は，1/4円曲げ法といわれる．

解説

JIS C 6823:2010 で規定されている光ファイバ損失試験方法に関する設問です．

・波長スペクトル全体に関する光ファイバ損失波長係数を行列とベクトルを用いて計算してその結果を戻して損失を測定する方法は，損失波長モデルといわれます（①は誤り）．

・光ファイバの単一方向の測定であり，光ファイバの異なる箇所から光ファイバの先端まで後方散乱光パワーを測定する方法は，OTDR法といわれます（②は誤り）．

・③は正しい．挿入損失法では被測定光ファイバを光コネクタで接続して測定を行い，カットバック法では被測定光ファイバを切断し，その点における入射光パワー

6章

接続工事の技術

を測定し，被測定光ファイバの出力パワーと比較して伝送損失を求めます．挿入損失法は光コネクタを使用するため，精度は落ちますが，光ファイバを切断せずに（被破壊で）測定できます．

・光ファイバにねじれを与えないように，光ファイバをマンドレルに緩く巻き付けて測定する曲げ損失試験の方法は，マンドレル巻き法といわれます（④は誤り）．

【解答　エ：③（正しい）】

問 60　**光導通試験用装置**　　　　　　　　　　　【H29-1　第9問 (1)】　☑☑☑

　JIS C 6823:2010 光ファイバ損失試験方法における光導通試験に用いられる装置について述べた次の記述のうち，誤っているものは，[　(ア)　]である．

① 装置は，個別の伝送器及び受信器から構成する．
② 受信器は，光検出器，減衰器及び受信パワーレベルを表示する表示器から構成する．
③ 光源は，伝送器内にあり，安定化直流電源で駆動され，大きな放射面をもつ．例えば，白色光源，発光ダイオード（LED）などから成る．
④ 光検出器は，光源と整合した受信器，例えば，PIN ホトダイオードなどを使用する．

解説

・①，③，④は正しい．
・受信器は，光検出器，増幅器および受信パワーレベルを表示する表示器から構成します（②は誤り．JIS C 6823:2016 より）．

【解答　ア：②（誤り）】

問 61　**OTDR 法**　　　　　　　　　　　　　　　【H28-2　第9問 (1)】　☑☑☑

　JIS C 6823:2010 光ファイバ損失試験方法に規定する OTDR 法について述べた次の二つの記述は，[　(ア)　]．

A　短距離測定の場合は，最適な分解能を与えるために，広いパルス幅が必要であり，長距離測定の場合は，非線形現象の影響のない範囲内で光ピークパワーを小さくすることによってダイナミックレンジを大きくすることができる．

B　OTDR は，測定分解能及び測定距離のトレードオフを最適化するため，幾つかのパルス幅と繰返し周波数とを選択できる制御器を備えていてもよい．

① Aのみ正しい　　② Bのみ正しい

③ AもBも正しい　　④ AもBも正しくない

解説

・OTDRを使用した短距離測定の場合は，最適な分解能を与えるために，<u>狭いパル</u><u>ス幅</u>が必要であり，長距離測定の場合は，非線形現象の影響のない範囲内で光ピークパワーを<u>大きく</u>することによってダイナミックレンジを大きくすることができます（Aは誤り）．

・Bは正しい．本節問53の解説を参照．

【解答　ア：②（Bのみ正しい）】

問 62　**OTDR 法**　　　　　　　　【H28-2　第9問（4）】　☑☑☑

　図は，JIS C 6823:2010 光ファイバ損失試験方法における OTDR 法による不連続点での測定波形の例を示したものである．この測定波形の©から©までの区間は，　（エ）　の OTDR での測定波形を表示している．ただし，OTDR 法による測定で必要なスプライス又はコネクタは，低挿入損失かつ低反射であり，OTDR 接続コネクタでの初期反射を防ぐための反射制御器として光ファイバを使用している．また，測定に用いる光ファイバには，マイクロベンディングロスがないものとする．

① ダミー光ファイバの入力端からダミー光ファイバの出力端まで

② ダミー光ファイバの出力端から被測定光ファイバの入力端まで

③ ダミー光ファイバの出力端から被測定光ファイバの融着接続点まで

④ 被測定光ファイバの入力端から被測定光ファイバの終端まで

⑤ 被測定光ファイバの融着接続点から被測定光ファイバの終端まで

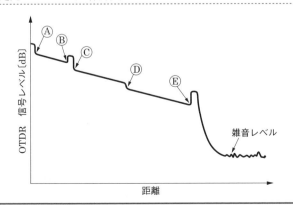

6章

接続工事の技術

設問の図の JIS C 6823：2010「光ファイバ損失試験方法」における OTDR 法による不連続点での測定波形において、ⒸからⒺまでの区間は、(ェ)被測定光ファイバの入力端から被測定光ファイバの終端までの OTDR での測定波形を表示しています．なお、Ⓑはダミー光ファイバの出力端で、ⒷとⒸの間にある光コネクタの境界面で発生するフレネル反射により、反射強度が高くなっています．

【解答　エ：④（被測定光ファイバの入力端から被測定光ファイバの終端まで）】

問63	OTDR 法	【H28-1　第9問 (4)】 ☑☑☑

図は、JIS C 6823：2010 光ファイバ損失試験方法における OTDR 法による不連続点での測定波形の例を示したものである．この測定波形のⒷからⒺまでの区間は、____(エ)____の OTDR での測定波形を表示している．ただし、OTDR 法による測定で必要なスプライス又はコネクタは、低挿入損失かつ低反射であり、OTDR 接続コネクタでの初期反射を防ぐための反射制御器として光ファイバを使用している．また、測定に用いる光ファイバには、マイクロベンディングロスがないものとする．

① 被測定光ファイバの入力端から被測定光ファイバの融着接続点まで
② 被測定光ファイバの入力端から被測定光ファイバの終端まで
③ ダミー光ファイバの出力端から被測定光ファイバの融着接続点まで
④ ダミー光ファイバの出力端から被測定光ファイバの終端まで

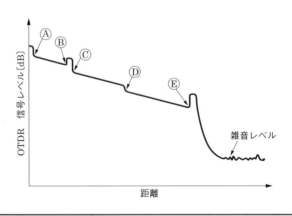

■ **解説** ■

JIS C 6823：2010「光ファイバ損失試験方法」における OTDR 法による測定波形のⒷからⒺまでの区間は、(ェ)ダミー光ファイバの出力端から被測定光ファイバの終端まで

の OTDR での測定波形を表示しています．

　設問の図で，信号レベルが急に高くなっている部分（ⒷとⒸの間，およびⒺとその後）は，コネクタ接続点や光ファイバの破断点といったコアと空気等の境界面で発生するフレネル反射によるものです．つまり，ⒷとⒸの間の信号レベルの変化はダミー光ファイバの出力端と被測定光ファイバの入力端を接続するコネクタによるものであり，Ⓔにおける信号レベルの変化は被測定光ファイバが終端することによるものです．

【解答　エ：④（ダミー光ファイバの出力端から被測定光ファイバの終端まで）】

問 64	光ファイバ損失試験方法の種類	【H28-1　第10問（2）】 ☑☑☑

　JIS C 6823：2010 光ファイバ損失試験方法に規定する測定方法などについて述べた次の記述のうち，正しいものは， ☐（イ）☐ である．

> ① 挿入損失法は，測定原理から光ファイバ長手方向での損失の解析に使用することができ，入射条件を変化させながら連続的な損失変動を測定することが可能である．
> ② OTDR 法は，光ファイバの単一方向の測定であり，光ファイバの異なる箇所から光ファイバの先端まで後方散乱光パワーを測定する方法である．
> ③ カットバック法は，挿入損失法よりも精度は落ちるが，被測定光ファイバ及び両端に固定される端子に対して非破壊で測定できる利点がある．
> ④ カットバック法は，現場での使用に適しており，主に両端にコネクタが取り付けられている光ファイバケーブルへの使用を目的としている．

解説

・挿入損失法は，光を被測定光ファイバに入射させ，その光パワーと被測定光ファイバの終端での光パワーを比較して損失を求める方法であるため，原理的に光ファイバの長手方向での損失の解析に使用することができません．光ファイバの長手方向での損失の解析に使用できるのは OTDR 法です（①は誤り）．

・②は正しい．

・③は誤り．正しくは「挿入損失法は，カットバック法よりも精度は落ちるが，被測定光ファイバおよび両端に固定される端子に対して非破壊で測定できる利点がある」です．

・挿入損失法は，現場での使用に適しており，主に両端にコネクタが取り付けられている光ファイバケーブルへの使用を目的としています（④は誤り）．

【解答　イ：②（正しい）】

　ホームネットワークの工事試験などで実施する光ファイバの損失に関する特性試験について述べた次の記述のうち，正しいものは，　(エ)　である．

① 光ファイバの損失に関する特性試験におけるカットバック法は，波長スペクトル全体に関する光ファイバ損失波長係数を行列とベクトルを用いて計算してその結果を戻して損失を測定する方法である．
② 光ファイバの損失に関する特性試験における挿入損失法は，原理的にはカットバック法と同様であるがカットバック法より精度は落ちる．反面，被測定光ファイバ及び両端に固定される端子に対して非破壊でできる利点がある．
③ 光ファイバの損失に関する特性試験における損失波長モデルは，光ファイバの単一方向の測定であり，光ファイバの異なる箇所から光ファイバの先端まで後方散乱光パワーを測定する方法である．
④ 光ファイバの曲げ損失に関する特性試験における 1/4 円曲げ法は，光ファイバにねじれを与えないように，光ファイバをマンドレルに緩く巻き付けて測定する方法である．

解説

光ファイバの損失試験方法は JIS C 6823：2010 で規定されています．

・波長スペクトル全体に関する光ファイバ損失波長係数を行列とベクトルを用いて計算してその結果を戻して損失を測定する方法は，損失波長モデルです．カットバック法とは，被測定光ファイバを切断し，その点における入射光パワーを測定し，被測定光ファイバの出力パワーと比較して伝送損失を求める方法です（①は誤り）．

・②は正しい．挿入損失法では測定対象の光ファイバの両端に光コネクタが取り付けられているため，非破壊で測定ができます．

・光ファイバの単一方向の測定であり，光ファイバの異なる箇所から光ファイバの先端まで後方散乱光パワーを測定する方法は，OTDR 法です（③は誤り）．

・光ファイバにねじれを与えないように，光ファイバをマンドレルに緩く巻き付けて測定する曲げ損失試験の方法は，マンドレル巻き法です．1/4 円曲げ法とは，さまざまな曲げ半径に設定した溝をもつ板を重ね合わせて同時に使用することによって，ある半径での複数回の曲げによる曲げ損失を測定する方法です（④は誤り）．

【解答　エ：②（正しい）】

問 66　光ファイバ損失試験方法の種類　　【H27-2　第9問（5）】☑☑☑

　JIS C 6823：2010 光ファイバ損失試験方法における挿入損失法及びカットバック法について述べた次の二つの記述は，　（オ）　．

A　挿入損失法は，光ファイバの単一方向の測定であり，光ファイバの入力端から終端までの後方散乱光パワーを測定するもので，被測定光ファイバの両端からの後方散乱光を測定し，得られた二つの測定値を平均化することにより，光ファイバの損失試験に用いることができる．

B　カットバック法は，入射条件を変えずに光ファイバ末端から放射される光パワーと，入射地点近くで切断した光ファイバから放射される光パワーを直接測定し，計算により損失を求める．この方法は，入力条件が変化する状態で損失の変化を測定することは困難である．

> ①　Aのみ正しい　　　②　Bのみ正しい
> ③　AもBも正しい　　　④　AもBも正しくない

解説

・**OTDR法**は，光ファイバの単一方向の測定であり，光ファイバの入力端から終端までの後方散乱光パワーを測定するもので，被測定光ファイバの両端からの後方散乱光を測定し，この二つの**OTDR**波形を平均化することによって，光ファイバの損失試験に用いることができます（JIS C 6823：2010 附属書Cの「C.1 概要」より，Aは誤り）．挿入損失法は，被測定光ファイバに入射する光のパワーと被測定光ファイバの終端での光パワーを比較して損失を求める方法であるため，光ファイバの長手方向での損失分布の測定には使用できません．

・Bは正しい．カットバック法では，入射点近くで切断した光ファイバから放射される光パワー（被測定光ファイバの入射光のパワーと同じ）と，被測定光ファイバの末端から放射される光パワーを比較し求めます（JIS C 6823：2010 附属書Aの「A.1 概要」より）．

【解答　オ：②（Bのみ正しい）】

問 67　光ファイバ損失試験　　【H27-1　第9問（1）】☑☑☑

　OITDA/TP 11/BW：2012 ビルディング内光配線システムにおける，光ファイバケーブル布設後の光ファイバ伝送路の損失試験などについて述べた次の二つの記述は，　（ア）　．

A　光損失試験で使用する光パワーメータは，測定する波長によって短波長用と長

6章

接続工事の技術

波長用に大別される．長波長用の受光素子にはシリコン（Si）が使用され，短波
長用の受光素子にはゲルマニウム（Ge）又はインジウムガリウムひ素（InGaAs）
が使用される．

B　光ファイバケーブルの伝送損失の測定でOTDRを用いるとき，OTDRに接続
した光ファイバケーブルの近端から10メートル前後の範囲は測定不能区間（デッ
ドゾーン）となるため，その範囲での破断点検出を行う際には赤色光源を用いて
目視で行う．

①　Aのみ正しい　　　②　Bのみ正しい
③　AもBも正しい　　④　AもBも正しくない

解説

・光損失試験で使用する**光パワーメータは，測定する波長によって短波長用と長波長
用に大別されます**．短波長用の受光素子にはシリコン（Si）が使用され，長波長用
の受光素子にはゲルマニウム（Ge）またはインジウムガリウムひ素（InGaAs）が
使用されます（Aは誤り）．

・**Bは正しい**．デッドゾーンとは光コネクタによるパルスの立上りエッジから後方散
乱光レベルの近似直線との偏差が0.5〔dB〕以内になる地点までの距離と定義され
ます．この距離以内ではOTDRによる正確な測定が困難とされます．

【解答　ア：②（Bのみ正しい）】

| 問68 | OTDR法 | 【H27-1　第9問（5）】 ✓✓✓ |

　図は，JIS C 6823：2010光ファイバ損失試験方法におけるOTDR法による不連
続点での測定波形の例を示したものである．この測定波形の⑧から⑤の区間は，
　（オ）　の損失を表示している．ただし，OTDR法による測定で必要なスプライ
ス又はコネクタは，低挿入損失かつ低反射であり，OTDR接続コネクタでの初期
反射を防ぐための反射制御器として光ファイバを使用している．また，測定に用い
る光ファイバには，マイクロベンディングロスがないものとする．

①　被測定光ファイバの入力端から被測定光ファイバの終端まで
②　被測定光ファイバの融着接続点から被測定光ファイバの終端まで
③　ダミー光ファイバの入力端からダミー光ファイバの出力端まで
④　ダミー光ファイバの出力端から被測定光ファイバの融着接続点まで
⑤　ダミー光ファイバの出力端から被測定光ファイバの終端まで

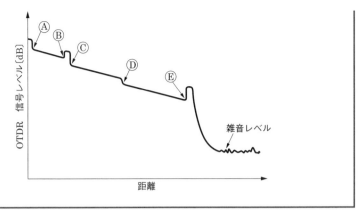

解説

　測定波形の⑧から⑤の区間は，_(オ)ダミー光ファイバの出力端から被測定光ファイバの終端までの損失を表示しています．⑧と⑥の間で反射光が大きくなっているのは，ダミー光ファイバと被測定光ファイバを接続する**光コネクタでのフレネル反射**によるものです．⑤で反射光が大きくなっているのは被測定光ファイバの終端と空気の間のフレネル反射によるものです．

【**解答　オ：⑤**（ダミー光ファイバの出力端から被測定光ファイバの終端まで）】

POINT
光コネクタの接続点や光ファイバの終端では，光ファイバと空気という屈折率が異なる境界面でのフレネル反射により大きな反射が生じる．

▶▶固定水平ケーブルの長さ

　本節の問 28 の解説の表に固定水平ケーブルの最大長の公式を記載していますが，これは過去問で出題された部分を記載したもので，JIS X 5150：2016 ではより性能の高い水平配線のカテゴリとクラスについても最大長の公式が規定されています．次頁の表にこれらを含めた固定水平ケーブルの最大長の公式を示します．

　インタコネクト–CP–TO モデルは，インタコネクト–TO モデルに対し TO（通信アウトレット）と固定水平ケーブルの間に CP（Consolidation Point：分岐点）および CP と TO を接続する CP ケーブルを挿入した構成です．クロスコネクト–CP–TO モデルも同様に CP と CP ケーブルを挿入した構成です．

6章

接続工事の技術

表　固定水平ケーブルの最大長の公式

モデル	クラス D のチャネル	クラス E および E_A のチャネル	クラス F および F_A のチャネル
インタコネクト-TO	$H = 109 - FX$	$H = 107 - 3 - FX$	$H = 107 - 2 - FX$
クロスコネクト-TO	$H = 107 - FX$	$H = 106 - 3 - FX$	$H = 106 - 3 - FX$
インタコネクト-CP-TO	$H = 107 - FX - CY$	$H = 106 - 3 - FX - CY$	$H = 106 - 3 - FX - CY$
クロスコネクト-CP-TO	$H = 105 - FX - CY$	$H = 105 - 3 - FX - CY$	$H = 105 - 3 - FX - CY$

H：固定水平ケーブルの最大長〔m〕
F：パッチコード／ジャンパ，機器コードおよびワークエリアコードの長さの総和〔m〕
C：CP ケーブルの長さ〔m〕
X：水平ケーブルの挿入損失〔dB/m〕に対するコードケーブルの挿入損失〔dB/m〕の比
Y：水平ケーブルの挿入損失〔dB/m〕に対する CP ケーブルの挿入損失〔dB/m〕の比
注：20〔℃〕以上の使用温度では，H の値はシールドケーブルの場合 1〔℃〕当たり 0.2〔%〕減じ，非シールドケーブルの場合 20〜40〔℃〕で 1〔℃〕当たり 0.4〔%〕，40〜60〔℃〕で 1〔℃〕当たり 0.6〔%〕減じる。

問 69　水平配線設計　☑☑☑

　JIS X 5150:2016 では，UTP ケーブルを使用した水平配線の設計において，クロスコネクト-TO モデル，クラス E のチャネルの場合，機器コード，パッチコード／ジャンパ及びワークエリアコードの長さの総和が 16〔m〕，使用温度が 30〔℃〕のとき，固定水平ケーブルの最大長は　(ア)　となる．ただし，コードの挿入損失〔dB/m〕は水平ケーブルの挿入損失〔dB/m〕に対して 50〔%〕増とする．

■解説

　クロスコネクト-TO モデルでクラス E のチャネルの場合，使用温度が 20〔℃〕のときは，固定水平ケーブルの最大長は，$H = 106 - 3 - FX$ の式で与えられます。

　ここで，設問より，F は 16〔m〕，X は 1.5 となるため，使用温度が 20〔℃〕では，

$$H = 106 - 3 - FX = 103 - 16 \times 1.5 = 103 - 24 = 79.0 \text{〔m〕}$$

となります。

　固定水平ケーブルが UTP ケーブルの場合，H の値は，20〜40〔℃〕で 1〔℃〕当たり 0.4〔%〕減じるため，使用温度が 30〔℃〕では，$H = 79 - (30 - 20) \times 0.4 \times 0.01 = 79 - 0.04 = 78.96$〔m〕になります。

【解答　ア：78.96〔m〕】

問 70	幹線配線設計	☑ ☑ ☑

JIS X 5150:2016 では，図に示す幹線配線の設計において，カテゴリ6要素を使ったクラスEのチャネルの場合，パッチコード／ジャンパ及び機器コードの長さの総和が 14〔m〕のとき，幹線ケーブルの最大長は ☐（イ）☐ となる．ただし，使用温度は 20〔℃〕，コードの挿入損失〔dB/m〕は幹線ケーブルの挿入損失〔dB/m〕に対して 50〔%〕増とする．

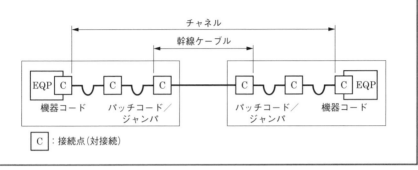

解説

カテゴリ6要素を使ったクラスEのチャネルの場合．使用温度が 20〔℃〕のとき，幹線ケーブルの最大長は，次式で表されます（本節問 42 の解説の表を参照）．

$$B = 105 - 3 - FX$$

ここで，設問より，F は 14〔m〕，X は 1.5 となるため，幹線ケーブルの最大長は，

$$B = 105 - 3 - FX = 102 - 14 \times 1.5 = 102 - 21 = 81 〔m〕$$

となります．

【解答　イ：81〔m〕】

| 問1 | PoE | 【R1-2 第2問 (4)】 ☑☑☑ |

IEEE802.3at Type2 として標準化された，一般に，PoE Plus といわれる規格では，PSE の 1 ポート当たり，直流電圧 50〜57 ボルトの範囲で最大　(エ)　を，PSE から PD に給電することができる．

① 15.4 ワットの電力　　② 68.4 ワットの電力
③ 350 ミリアンペアの電流　④ 450 ミリアンペアの電流
⑤ 600 ミリアンペアの電流

解説

IEEE802.3at Type2 として標準化された，一般に，PoE Plus といわれる規格では，PSE（Power Sourcing Equipment：給電側）の 1 ポート当たり，直流 50〜57 〔V〕の範囲で最大(ウ)600〔mA〕の電流を，PSE から PD（Powered Device：受電側）に給電することができます．

参考
PoE の規格には，IEEE802.3at Type1 と，より大きな電力の給電を可能にした PoE Plus（PoE＋）と呼ばれる IEEE802.3at Type2 がある．

IEEE802.3at の Type1 と Type2 の規格の概要を下表に示します．IEEE802.3at Type1 では，流れる電流量によって PD の電力クラスを 0 から 4 までの 5 段階で分類し，そのクラスに応じた電力を供給します．給電側の最大出力電力としては，クラス 0 および 3 では 15.4〔W〕（給電電圧 44〜57〔V〕の範囲で最大 350〔mA〕）ですが，クラス 1 では 4〔W〕，クラス 2 では 7〔W〕となっています．

表　IEEE802.3at の Type1 と Type2 の規格の概要

規　格	Type1		Type2	
給電／受電側	給電側（PSE）	受電側（PD）	給電側（PSE）	受電側（PD）
対応ケーブル	カテゴリ 3 以上 （抵抗 20〔Ω〕以下）		カテゴリ 5e 以上 （抵抗 12.5〔Ω〕以下）	
電　圧〔V〕	44〜57	37〜57	50〜57	42.5〜57
最大電流〔mA〕	350		600	
最大消費電力〔W〕	15.4	12.95	34.2	25.5

【解答　エ：⑤（600〔mA〕の電流）】

本問題と同様の問題が平成 30 年度第 1 回，平成 29 年度第 1 回および平成 28 年度第 1 回の試験に出題されています．

問2 | **Windows コマンドプロンプト** 　　　　　【R1-2　第9問 (4)】 ☑☑☑

　Windows のコマンドプロンプトを使ったコマンドについて述べた次の二つの記述は，　(エ)　．

A　ipconfig コマンドは，ホストコンピュータの構成情報である IP アドレス，サブネットマスク，デフォルトゲートウェイなどを確認する場合に用いられる．

B　ping コマンドは，IP パケットの TTL フィールドを利用し，ICMP メッセージを用いることでパスを追跡して，通過する各ルータと各ホップの RTT に関するコマンドラインレポートを出力する．

---

① 　A のみ正しい　　　② 　B のみ正しい
③ 　A も B も正しい　　④ 　A も B も正しくない

解説

・A は正しい．デフォルトゲートウェイとは，ホストコンピュータが外部の IP ネットワークと通信するときに，外部との出入口となるルータの IP アドレスです．

・IP パケットの TTL フィールドを利用し，ICMP メッセージを用いることでパスを追跡して，通過する各ルータと各ホップの RTT（Round Trip Time：ルータからの応答が返るまでの往復時間）に関するコマンドラインレポートを出力するコマンドは tracert コマンドです（B は誤り）．**tracert コマンドで相手先の IP アドレスまたはホスト名を入力すると，相手先までに経由したルータの IP アドレスとドメイン名，RTT をルータへの到着順（ホップ数の順）に表示します**．宛先までに到着しない場合は，途切れた箇所をアスタリスクで表示します．

【解答　エ：① （A のみ正しい）】

問3 | **UTP ケーブルの配線** 　　　　　　　　【R1-2　第9問 (5)】 ☑☑☑

　UTP ケーブルの配線は，一般に，ケーブルルートの変更などに伴うケーブル終端部の多少の延長や移動を想定して施工されるが，機器やパッチパネルが高密度で収納されるラック内での余長処理において，小さな径のループや過剰なループ回数による施工を行うと，ケーブル間の同色対どうしにおいて　(オ)　が発生し，漏話特性が劣化するおそれがある．

解説

　UTP ケーブルの配線は，一般に，ケーブルルートの変更などに伴うケーブル終端部の多少の延長・移動を想定して施工されますが，機器・パッチパネルが高密度で収納されるラック内などでは，小さな径のループおよび過剰なループ回数の余長処理を行うと，ケーブル間の同色対どうしにおいて $_{(オ)}$ エイリアンクロストークが発生し，漏話特性が劣化するおそれがあります.

　エイリアンクロストークとは，ケーブルの外部から侵入するクロストークのことで，複数の LAN ケーブルを長い距離並行して敷設する場合や，ケーブルをループ状に巻いたりすると発生することがあります.

【解答　オ：⑤（エイリアンクロストーク）】

　本問題と同様の問題が平成 30 年度第 2 回と平成 29 年度第 1 回の試験に出題されています.

| 問4 | PoE | 【H31-1　第2問 (3)】 ☑☑☑ |

　IEEE802.3at Type1 として標準化された PoE の規格では，電力クラス 0 の場合，PSE の 1 ポート当たり直流 44〜57 ボルトの範囲で最大 ＿＿（ウ）＿＿ を，PSE から PD に給電することができる.

① 350 ミリアンペアの電流　　② 450 ミリアンペアの電流
③ 600 ミリアンペアの電流　　④ 30 ワットの電力
⑤ 68.4 ワットの電力

解説

　IEEE802.3at Type1 として標準化された PoE の規格では，電力クラス 0 の場合，PSE の 1 ポート当たり直流 44〜57〔V〕の範囲で最大 $_{(ウ)}$ 350〔mA〕の電流を，PSE から PD に給電することができます.

　IEEE802.3at Type1 の規格は，本節問 1 の解説の表を参照.

【解答　ウ：①（350〔mA〕の電流）】

IPv4, クラス B の IP アドレス体系での LAN システムの設計において, サブネットマスクの値として　(イ)　を指定すると, 1 サブネットワーク当たり最大 1,022 個のホストアドレスが付与できる.

① 255.255.240.0　② 255.255.248.0

③ 255.255.252.0　④ 255.255.254.0

解説

1 サブネット当たり最大 1,022 個のホストアドレスを付与するためには, $2^{10} = 1024$ であるため, IPv4 のホストアドレス部の長さを 10 〔bit〕にする必要があります (ホストアドレス部の値のうち, オール "0" とオール "1" は, 特別な用途に使用されるので, 1,024 個の値のうち 1,022 個の値がホストアドレスに割り当てられます).

ホストアドレス部が 10 〔bit〕の場合, サブネットマスクを 2 進数で表すと,

11111111 11111111 11111100 00000000

となります. これを 10 進数で表すと, サブネットマスクは,

(イ)255.255.252.0

となります.

【解答　イ：③ (255.255.252.0)】

LAN 配線工事で使用するツイストペアケーブルのうち, ケーブル外被の内側をシールドしてケーブル心線を保護することにより, 外部からの電磁波やノイズの影響を受けにくくしているケーブルは, 一般に, 　(オ)　ケーブルといわれる.

① 5C-FB　② UTP　③ STP　④ CV　⑤ IV

解説

ツイストペアケーブルのうち, ケーブル外被の内側をシールドしてケーブル心線を保護することにより, 外部からの電磁波やノイズの影響を受けにくくしているケーブルは, 一般に, (オ)STP (Shielded Twisted Pair) ケーブルといわれます.

一方, シールドを施さずに, 外部からの電磁波の影響を, 電線どうしを撚り線状にすることにより小さくしているケーブルは UTP (Unshielded Twisted Pair) ケーブルといわれます.

6章

接続工事の技術

【解答　オ：③（STP）】

問7　PoE 【H30-2　第2問(3)】☑☑☑

　IEEE802.3at Type1及びType2として標準化されたPoE規格などについて述べた次の記述のうち，<u>誤っているもの</u>は，　(ウ)　である．

① 給電側機器であるPSEは，一般に，受電側機器がPoE対応機器か，非対応機器かを検知して，PoE対応機器にのみ給電する．

② 100BASE-TXのLAN配線のうちの予備対（空き対）を使用して給電する方式はオルタナティブAといわれ，信号対を使用して給電する方式はオルタナティブBといわれる．

③ 1000BASE-Tでは，4対全てを信号対として使用しており，信号対のうちピン番号が1番，2番のペアと3番，6番のペアを給電に使用する方式はオルタナティブAといわれる．

④ IEEE802.3atには，IEEE802.3afの規格がType1として含まれている．

⑤ Type2の規格で使用できるUTPケーブルには，カテゴリ5e以上の性能が求められる．

解説

・①は正しい．PoE対応機器か非対応機器かの識別および供給すべき電力の大きさは，受電側機器（PD）に内蔵されている25〔kΩ〕の抵抗を使用して行います．イーサネットに機器が接続されると，PSEは2.8〜10〔V〕の範囲で電圧を印加し電流を測定します．PDに内蔵されている25〔kΩ〕に対応する電流が検出されたとき，PSEはPDと判断します．次に，PSEは15.5〜20.5〔V〕の範囲の電圧を印加し，検出された電流値によってPDが属する消費電力クラスを識別します．

・PoEの規格において，100BASE-TXのLAN配線のうちの予備対（空き対）を使用して給電する方式は<u>オルタナティブB</u>といわれ，信号対を使用して給電する方式は<u>オルタナティブA</u>といわれます（②は誤り）．

・③は正しい．オルタナティブAでは信号対のうち，ピン番号が1番，2番のペアと3番，6番のペアを使用します．なお，オルタナティブBでは，使用するピン番号が4番，5番のペアと7番，8番のペアを使用します．

・④は正しい．IEEE802.3at には Type1 と Type2 があり，IEEE802.3at を標準化したときに，IEEE802.2af を Type1 にしました．

・⑤は正しい（本節問 1 の解説の表を参照）．

【解答　ウ：②（誤り）】

覚えよう！

給電方式で，信号対を使用するのがオルタナティブ A で，予備対(空き対)を使用するのがオルタナティブ B，またそれぞれで使用するピン番号を覚えておこう．

問 8　UTP ケーブルのコネクタ成端　【H30-1　第 10 問 (2)】✓✓✓

UTP ケーブルへのコネクタ成端時に発生するトラブルなどについて述べた次の二つの記述は，　(イ)　．

A　コネクタ成端時における結線の配列誤りには，ショートリンク，パーマネントリンク，スプリットペアなどがあり，これらは漏話特性の劣化，PoE 機能が使えないなどの原因となる．

B　対の撚り戻しでは，長く撚りを戻すと，ツイストペアケーブルの基本性能である電磁誘導を打ち消しあう機能の低下による漏話特性の劣化，特性インピーダンスの変化による反射減衰量の規格値外れなどの原因となることがある．

① A のみ正しい　　② B のみ正しい
③ A も B も正しい　　④ A も B も正しくない

解説

・コネクタ成端時の結線の配列誤りには，下表のように，<u>対反転（リバースペア）</u>，<u>対交差（クロスペア）</u>，<u>対分割（スプリットペア）</u> などがあります．これらは漏話特性の劣化，PoE 機能が使えないなどの原因になります．

表　コネクタ成端時の結線の配列誤り

結線の配列誤り	概　要
対反転 （リバースペア）	リンクの片端で 1 対の極性が反転している （例：1—2 のペアが相手側で 2—1 に結線されている）
対交差 （クロスペア）	対の二つの導体が端末のコネクタで異なる対の位置に接続される （例：1—2 のペアが 3—4 に接続される）
対分割 （スプリットペア）	ピン間の接続は合っているものの，物理的には分離されている （例：1—2, 3—6, 4—5, 7—8 の結線を 1—2, 3—4, 5—6, 7—8 と結線する）

設問に記述されている**ショートリンク**とは，フロア配線盤と分岐点（CP）間の距離

が 15〔m〕以上という JIS X 5150 の規定を満たさない長さのことで，この距離が短いことにより，近端漏話（NEXT：Near End Crosstalk）や反射によって発生する雑音が減衰することなく戻ってきてしまうために伝送特性が劣化する現象です．

　パーマネントリンクとは，配線盤と通信アウトレット間で永久的に配線変更がない伝送路で，パッチパネルと通信アウトレットの接続部分および分岐点（CP）を含みます．パーマネントリンク内での接続箇所は最大 3 箇所，配線ケーブル長は最長 90〔m〕と規定されており，この条件を満たさないと伝送特性が劣化します．

　以上より，ショートリンクとパーマネントリンクは，コネクタ成端時の結線の配列誤りのことではありません（A は誤り）．

　・B は正しい．

【解答　**イ：②（B のみ正しい）**】

設問 A と同じ問題が平成 28 年度第 1 回試験に出題されています．

問9	PoE	【H29-2　第2問 (3)】 ☑☑☑

　IEEE802.3at Type1 として標準化された PoE の機能などについて述べた次の二つの記述は，　(ウ)　．

A　PoE の規格において，10BASE-T や 100BASE-TX の LAN 配線のうちの予備対（空き対）を使用して給電する方式はオルタナティブ A といわれ，信号対を使用して給電する方式はオルタナティブ B といわれる．

B　給電側機器である PSE は，一般に，受電側機器が PD といわれる PoE 対応機器か，非対応機器かを検知して，PoE 対応機器にのみ給電する．そのため，同一 PSE に接続される機器の中に PoE 対応機器と非対応機器の混在が可能となっている．

---

　① A のみ正しい　　　② B のみ正しい
　③ A も B も正しい　　④ A も B も正しくない

解説

・PoE の規格において，10BASE-T や 100BASE-TX の LAN 配線のうちの予備対（空き対）を使用して給電する方式は**オルタナティブ B** といわれ，信号対を使用して給電する方式は**オルタナティブ A** といわれます（A は誤り）．

・B は正しい．**PoE 対応機器か非対応機器かの識別および供給すべき電力の大きさ**は，受電側機器（PD）に内蔵されている 25〔kΩ〕の抵抗を使用して行います．イーサネットに機器が接続されると，PSE は 2.8〜10〔V〕の範囲で電圧を印加し電流を測定します．PD に内蔵されている 25〔kΩ〕に対応する電流が検出されたとき，

PSE は PD と判断します.

【解答　ウ：②（B のみ正しい）】

本問題の設問を含む問題が平成 30 年度第 2 回試験（本節問 7）に出題されています.

問 10　Windows コマンドプロンプト　　　　【H29-2　第 10 問 (1)】 ☑☑☑

　Windows コマンドプロンプトを使った　(ア)　コマンドは，ホストコンピュータの構成情報である IP アドレス，サブネットマスク，デフォルトゲートウェイなどを確認する場合などに用いられる.

---

　　① ipconfig　　② ping　　③ host　　④ dig　　⑤ tracert

解説

・Windows コマンドプロンプトを使った(ア)ipconfig コマンドは，ホストコンピュータの構成情報である IP アドレス，サブネットマスク，デフォルトゲートウェイなどを確認する場合などに用いられます.

【解答　ア：①（ipconfig）】

問 11　PoE　　　　　　　　　　　　　　　　【H28-2　第 2 問 (2)】 ☑☑☑

　IEEE802.3at Type1 及び Type2 として標準化された PoE 規格について述べた次の記述のうち，誤っているものは，　(イ)　である.

---

　① IEEE802.3at には，IEEE802.3af の規格が Type1 として含まれている.
　② Type2 の規格で使用できる UTP ケーブルには，カテゴリ 5e 以上の性能が求められる.
　③ Type2 の規格では，PSE の 1 ポート当たり，直流 50〜57 ボルトの範囲で最大 80.0 ワットの電力を，PSE から PD に給電することができる.
　④ 1000BASE-T では，4 対全てを信号対として使用しており，信号対のうちピン番号が 1 番，2 番のペアと 3 番，6 番のペアを給電に使用する方式はオルタナティブ A といわれる.
　⑤ 10BASE-T や 100BASE-TX において空き対であるピン番号が 4 番，5 番のペアと 7 番，8 番のペアを給電に使用する方式は，オルタナティブ B といわれる.

解説

・①，②は正しい.

・IEEE802.3at Type2 の規格では，PSE（Power Sourcing Equipment：給電側）の1ポート当たり，直流 50〜57〔V〕の範囲で最大 34.2〔W〕の電力を，PSE から PD（Powered Device：受電側）に給電することができます（③は誤り）．IEEE802.3at Type2 の給電仕様は本節問1の解説の表を参照のこと．

・④，⑤は正しい．**信号線を給電に使用する方式を「オルタナティブ A」といいます．一方，空き線を給電に使用する方式を「オルタナティブ B」といいます．**

【解答　イ：③（誤り）】

本問題と類似の問題が平成27年度第2回試験に出題されています．

問12　**Windows コマンドプロンプト**　　【H28-2　第10問 (2)】　☑☑☑

　Windows のコマンドプロンプトを用いた tracert コマンドについて述べた次の二つの記述は，　(イ)　．

A　tracert コマンドは，IP パケットの TTL フィールドを利用し，ICMP メッセージを用いることでパスを追跡して，通過する各ルータと各ホップの RTT に関するコマンドラインレポートを出力することができる．

B　tracert コマンドは，ホストコンピュータの構成情報である IP アドレス，サブネットマスク，デフォルトゲートウェイなどをコマンドラインレポートとして出力することができる．

①　A のみ正しい　　　②　B のみ正しい
③　A も B も正しい　　④　A も B も正しくない

解説

・A は正しい．tracert コマンドでは，相手先の IP アドレスまたはホスト名を入力すると，相手先までに経由したルータの IP アドレスとドメイン名，そのルータからの応答に要した往復時間（RTT：Round Trip Time）をルータへの到着順（ホップ数の順）に表示します．宛先までに到着しない場合，途切れた箇所をアスタリスクで表示します．

・Windows コマンドプロンプトを用いたコマンドで，ホストコンピュータの構成情報である IP アドレス，サブネットマスク，デフォルトゲートウェイなどをコマンドラインレポートとして出力するのは，ipconfig コマンドです（B は誤り）．

POINT
tracert コマンドは通過するルータの IP アドレスは出力するが，サブネットマスクは出力しない．

【解答　イ：①（A のみ正しい）】

問 13 | **UTP ケーブルのコネクタ成端** | 【H28-1 第 10 問 (1)】 ☑☑☑

UTP ケーブルへのコネクタ成端時に発生するトラブルなどについて述べた次の二つの記述は，____(ア)____.

A　コネクタ成端時における結線の配列誤りには，ショートリンク，パーマネントリンク，スプリットペアなどがあり，これらは漏話特性の劣化，PoE 機能が使えないなどの原因となる．

B　対の撚り戻しでは，長く撚りを戻すと，ツイストペアケーブルの基本性能である電磁誘導を打ち消しあう機能の低下により，挿入損失が規格外れになる原因となる．

① Aのみ正しい　　② Bのみ正しい
③ AもBも正しい　④ AもBも正しくない

解説

・コネクタ成端時の結線の配列誤りには，**対反転（リバースペア）**，**対交差（クロスペア）**，**対分割（スプリットペア）** などがあります．これらは漏話特性の劣化，PoE 機能が使えないなどの原因になります

　　ショートリンクとパーマネントリンクは，コネクタ成端時の結線の配列誤りのことではありません（A は誤り．本節問 8 の設問 A の解説を参照）．

・対の撚戻しでは，長く撚りを戻すと，ツイストペアケーブルの基本性能である電磁誘導を打ち消し合う機能の低下により，近端漏話減衰量（NEXT）などの漏話特性が劣化したり，特性インピーダンスが変化することにより反射減衰量が規格外れになったりする原因となります（B は誤り）．

【解答　ア：④（AもBも正しくない）】

問 14 | **PoE** | 【H27-2 第 2 問 (2)】 ☑☑☑

IEEE802.3at Type1 及び Type2 として標準化された規格について述べた次の記述のうち，<u>誤っているもの</u>は，____(イ)____である．

① IEEE802.3at には，IEEE802.3af の規格が Type1 として含まれている．

② Type2 では，PSE の 1 ポート当たり，直流 50〜57 ボルトの範囲で最大 80.0 ワットの電力を，PSE から PD に給電することができる．

③ PoE Plus 規格で使用できる UTP ケーブルは，カテゴリ 5e 以上の性能が求められる．

④ 1000BASE-Tでは，4対全てを信号対として使用しており，給電に使用する信号対の違いにより，1番，2番のペアと3番，6番のペアを給電に使用する方式はオルタナティブA，4番，5番のペアと7番，8番のペアを給電に使用する方式はオルタナティブBといわれる．

⑤ 10BASE-T／100BASE-TXでは，空き対となっている4番，5番のペアと7番，8番のペアを給電に使用する方式はオルタナティブBといわれる．

解説

・①は正しい．

・IEEE802.3at Type2の規格では，PSE（Power Sourcing Equipment：給電側）の1ポート当たり，直流50～57〔V〕の範囲で最大34.2〔W〕の電力を，PSEからPD（Powered Device：受電側）に給電することができます（②は誤り）．IEEE802.3at Type2の給電仕様は本節問1の解説の表を参照のこと．

・③は正しい．PoE Plus規格とはIEEE802.3at Type2規格のことです．

・④，⑤は正しい．**信号線を給電に使用する方式を「オルタナティブA」といいます．一方，空き線を給電に使用する方式を「オルタナティブB」といいます．**

【解答　イ：②（誤り）】

| 問15 | ANSI/TIA/EIA-568B, 568A 規格 | 【H27-2　第9問 (4)】 ☑☑☑ |

ANSI/TIA/EIA-568-B又は568-A規格の情報配線システム工事完了時の試験に使用される，一般に，フィールド試験器といわれる専用の機器について述べた次の記述のうち，誤っているものは，　(エ)　である．

① カテゴリ5ケーブル用の試験と認証には，測定確度レベルⅡに適合したフィールド試験器を用いることが推奨されている．

② カテゴリ5eケーブル用の試験と認証には，測定確度レベルⅡeに適合したフィールド試験器を用いることが推奨されている．

③ カテゴリ6ケーブル用の試験と認証には，測定確度レベルⅢに適合したフィールド試験器を用いることが推奨されている．

④ カテゴリ6eケーブル用の試験と認証には，測定確度レベルⅢeに適合したフィールド試験器を用いることが推奨されている．

解説

・情報配線システムの工事完了時などに行うフィールド試験では，正確な測定を行う上で，誤差の小さい良い品質のテスタ（試験器）が推奨され，測定誤差の量により

測定確度レベルが定義されています．LAN ケーブルのカテゴリと測定確度レベル
の対応を下表に示します（①～③は正しい）．

・カテゴリ <u>6A</u> ケーブル用の試験と認証には，測定確度レベルⅢe に適合したフィー
ルド試験器を用いることが推奨されています（④は誤り）．**カテゴリ 6A は TIA（米
国通信工業会）と EIA（米国電子工業会）が策定した規格で，通信速度 10〔Gbit/s〕，
伝送帯域 500〔MHz〕に対応可能です．一方，カテゴリ 6e はカテゴリ 6A と同じ
通信速度，伝送帯域に対応可能ですが，LAN ケーブルメーカ独自の規格であるため，
正式な規格であるカテゴリ 6A の方が一般的に使用されています．**

表　LAN ケーブルのカテゴリと測定確度レベル

ケーブルのカテゴリ	測定確度レベル
カテゴリ 5	レベル Ⅱ
カテゴリ 5e	レベル Ⅱe
カテゴリ 6	レベル Ⅲ
カテゴリ 6A	レベル Ⅲe

【解答　エ：④（誤り）】

| **問 16** | **ANSI/TIA/EIA-568-A，B 平衡ケーブル** | 【H27-2　第 10 問 (2)】 ☑☑☑ |

ANSI/TIA/EIA-568-A，B 及び JIS X 5150:2004 に規定する平衡ケーブルの
規格について述べた次の記述のうち，<u>誤っているもの</u>は，　(イ)　である．

①　ANSI の規格において，配線要素，配線ともカテゴリ 5 と定義されている
平衡ケーブルは，100BASE-TX のアプリケーションをサポートしている．

②　ANSI の規格において，配線要素，配線ともカテゴリ 5e と定義されてい
る平衡ケーブルは，JIS の平衡配線についての性能規定において，カテゴリ
5 要素，クラス D 平衡ケーブル配線性能として提供されている平衡配線に
相当し，最高規定周波数は 100 メガヘルツであり，1000BASE-T のアプリ
ケーションをサポートしている．

③　ANSI の規格において，配線要素，配線ともカテゴリ 6 と定義されている
平衡ケーブルは，JIS の平衡配線についての性能規定において，カテゴリ 6
要素，クラス E 平衡ケーブル配線性能として提供されている平衡配線に相
当し，最高規定周波数は 250 メガヘルツであり，1000BASE-TX のアプリケー
ションをサポートしている．

④ ANSI の規格において，配線要素，配線ともカテゴリ 6e と定義されている平衡ケーブルは，JIS の平衡配線についての性能規定において，カテゴリ 6 要素，クラス E 平衡ケーブル配線性能として提供されている平衡配線の 2 倍の周波数帯域の性能を持ち，100GBASE-T のアプリケーションをサポートしている．

解説

・①〜③は正しい．

・ANSI の規格において，配線要素，配線ともカテゴリ <u>6A</u> と定義されている平衡ケーブルは，JIS の平衡配線についての性能規定において，カテゴリ 6 要素，クラス E 平衡ケーブル配線性能として提供されている平衡配線の 2 倍の周波数帯域の性能をもち，<u>10GBASE-T</u> のアプリケーションをサポートしています（④は誤り）．

　カテゴリ 6e とカテゴリ 6A は同等の性能をもちますが，**ANSI 規格はカテゴリ 6A** で，カテゴリ 6e は LAN ケーブルメーカの独自規格です．**カテゴリ 6A は，周波数帯はカテゴリ 6 の 2 倍の 500〔MHz〕，伝送速度はカテゴリ 6 の 10 倍の 10〔Gbit/s〕**です．

【解答　イ：④（誤り）】

| 問 17 | PoE | 【H27-1　第 2 問 (2)】 | ☑☑☑ |

IEEE802.3at Type2 として標準化された，一般に，PoE Plus といわれる規格では，PSE の 1 ポート当たり，直流 50〜57 ボルトの範囲で最大 ___（イ）___ を，PSE から PD に給電することができる．

① 15.4 ワットの電力　　② 34.2 ワットの電力
③ 350 ミリアンペアの電流　　④ 450 ミリアンペアの電流
⑤ 500 ミリアンペアの電流

解説

IEEE802.3at Type2 として標準化された，一般に，PoE Plus といわれる規格では，PSE の 1 ポート当たり，直流 50〜57〔V〕の範囲で最大 (イ) <u>34.2〔W〕</u>の電力を，PSE から PD に給電することができます．IEEE802.3at Type2 の給電仕様は本節問 1 の解説の表を参照のこと．

【解答　イ：②（34.2〔W〕の電力）】

| 問 18 | ケーブルのカテゴリ | 【H27-1　第 9 問（4）】 ☑☑☑ |

　ANSI/TIA/EIA-568-B 規格の情報配線システム工事完了時の試験に使用される，一般に，フィールド試験器といわれる専用の機器について述べた次の二つの記述は，□(エ)□．

A　カテゴリ 6A ケーブル用の試験と認証には，測定確度レベルⅢe に適合したフィールド試験器を用いることが推奨されている．

B　カテゴリ 6 ケーブル用の試験と認証には，測定確度レベルⅡ に適合したフィールド試験器を用いることが推奨されている．

---

①　A のみ正しい　　　②　B のみ正しい

③　A も B も正しい　　④　A も B も正しくない

解説

・A は正しい．

・カテゴリ 6 ケーブル用の試験と認証には，測定確度<u>レベルⅢ</u>に適合したフィールド試験器を用いることが推奨されています．測定確度レベルⅡ に適合したフィールド試験器は，カテゴリ 5 ケーブル用の試験と認証に使用されます（B は誤り）．

　LAN ケーブルのカテゴリと測定確度レベルの対応は本節問 15 の解説の表を参照のこと．

【解答　エ：①（A のみ正しい）】

6 章

接続工事の技術

| 問 1 | SIP サーバ機能 | ☑☑☑ |

　あるIP-PBXに収容されていたIP電話機を別のロケーションのIP-PBXに収容替えする．その後，他のIP電話機から移動したIP電話機に電話をかけた場合に，IP-PBXの　(ア)　機能によって発信元に移動先が通知され，発信元が再発信することにより，移動先のIP電話機と正常に接続されることを確認する．

①　プロキシサーバ　　②　リダイレクトサーバ
③　レジストラ　　　　④　ロケーションサーバ

■解説■

　宛先のIP電話機（UAC）が別のIP-PBXに移動した場合に，発信元のIP電話機に転送先を通知するSIPサーバは(ア)リダイレクトサーバです．なお，プロキシサーバは，IP電話機からの発呼要求などのメッセージを宛先に転送しますが，宛先が移動した場合，移動先の通知は行いません．各種SIPサーバの機能は1-5節の問5を参照のこと．

　UACが発信した後，リダイレクトサーバから相手UACの移動先の通知を受け，その後，相手UACに再発進するシーケンスを下図に示します．"302 Moved Temporarily"は，SIPプロトコルで規定されているUACの移動先を通知するメッセージです．

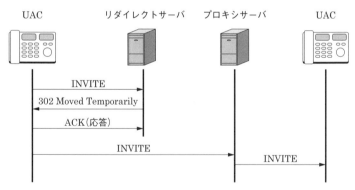

INVITE：セッション確立（呼設定）要求
302 Moved Temporarily：移動先通知のメッセージ

【解答　ア：②（リダイレクトサーバ）】

7章
工事の設計管理・施工管理・安全管理

| 問 1 | 職場の安全活動 | 【R1-2　第 10 問 (3)】 ☑☑☑ |

　職場の安全活動などについて述べた次の記述のうち，正しいものは，　（ウ）　である.

① 指差呼称活動では，人の不注意や錯覚を無くし，安全意識（感受性）を高めるために，作業者どうしが互いに不安全行動を指差し，不安全点を声に出して指摘し合う方法がとられる.

② ゼロ・ディフェクト（ZD）運動では，装置やシステムなどが故障したとき，あらかじめ定められた一つの安全な状態をとるようにして事故をゼロにする方法がとられる.

③ ツールボックスミーティング（TBM）活動では，1日の作業終了後に職場の小単位のグループで工具類などの作業用機材の再点検が行われる.

④ ヒヤリハット活動では，いかなる原因で生じたヒヤリハットであっても当事者を責めない取り決めをし，当事者から報告されたヒヤリハットの事例を取り上げ，その危険要因を把握・解消することにより，事故の未然防止が図られる.

⑤ QCサークル活動では，部署単位の集団活動として，現状把握→本質追究→対策樹立→目標設定のサイクルを回すことによって業務の管理・改善が継続的に行われる.

解説

・指差呼称活動では，人の不注意や錯覚を無くし，安全意識（感受性）を高めるために，作業者が作業対象を指差し，安全さを声に出して確認し合う方法がとられます（①は誤り）.

・装置やシステムなどが故障したとき，あらかじめ定められた一つの安全な状態をとるようにして事故をゼロにする方法は，「フェールセーフ」といいます. ZD運動とは，担当者一人ひとりの注意と工夫によって誤りの原因を除去し，誤りがなく，かつ，品質と納期を満足するよう効果的に仕事を進めることです（②は誤り）.

・ツールボックスミーティング（TBM）活動では，1日の作業開始前に職場の小単位のグループで，短時間で仕事の範囲，段取り，各人の作業の安全のポイントなどについて話し合う活動のことです. ミーティングでは，工具箱（ツールボックス）に座って行うことがあることからこの名称が付いています（③は誤り）.

- ④は正しい．ヒヤリハット活動とは，**危うく事故になりそうだったヒヤリとした事例を互いに紹介することによって事故を未然に防ぐ活動**です．
- 現状把握→本質追及→対策樹立→目標設定の手順で業務の管理・改善を行う活動は，危険予知訓練（KYT）で適用される4ラウンド法です．QCサークル活動とは，職場で働く人々が小グループで継続的に製品・サービス・仕事などの品質の管理・改善を行っていく活動のことです（⑤は誤り）．

【解答　ウ：④（正しい）】

問2	労働災害防止	【H31-1　第10問（3）】 ☑☑☑

危険性又は有害性等の調査等に関する指針（厚生労働省 平成18年3月10日）に基づく労働災害防止のための具体的な進め方は，次のとおりであり，事業者は，この手順に従って，的確な労働災害防止対策を講ずる必要がある．

手順1　危険性又は有害性の特定

手順2　危険性又は有害性ごとのリスクの見積もり

手順3　リスク低減のための　　（ウ）　　，リスク低減措置内容の検討

手順4　リスク低減措置の実施

① 実施計画の策定　　② 優先度の設定　　③ 基本方針の明示
④ ハザードの抽出　　⑤ 安全教育の実施

解説

厚生労働省が作成した「危険性又は有害性等の調査等に関する指針」では，8章に「危険性又は有害性の特定」，9章にリスク低減の優先度を決定するための「リスクの見積もり」，10章に「リスク低減措置の検討及び実施」が記載されています．この内容に基づき，労働災害防止のための具体的な進め方は，次の手順で行われます．

- 手順1：危険性または有害性の特定
- 手順2：危険性または有害性ごとのリスクの見積もり
- 手順3：リスク低減のための(ウ)優先度の設定，リスク低減措置内容の検討
- 手順4：リスク低減措置の実施

📶 POINT

具体的な進め方の手順なので，他の選択肢で「実施計画の策定」「安全教育の実施」「基本方針の明示」は該当しない．「ハザード」は危険性の意味なので「ハザードの抽出」は手順1で行われていて該当しない．

【解答　ウ：②（優先度の設定）】

問 3	職場の安全活動	【H30-2　第 10 問 (3)】□□□

職場における安全活動などについて述べた次の二つの記述は，　(ウ)　.

A　安全点検及び職場巡視（パトロール）では，一般に，実施者の主観により指摘，評価及び指導内容が大きく違わないようにするため，チェックリストを作成し，活用することが望ましいとされている．

B　ヒヤリハット，軽微な事故及び重大事故のそれぞれ 1 件当たりの業務への影響度が 1：29：300 であるというハインリッヒの法則は，重大事故の原因分析に基づく安全対策が最も重要であることを示唆している．

---

① 　Aのみ正しい　　　　② 　Bのみ正しい
③ 　AもBも正しい　　　④ 　AもBも正しくない

解説

・Aは正しい．

・ヒヤリハット，軽微な事故および重大事故のそれぞれ 1 件当たりの業務への影響度が 300：29：1 であるというハインリッヒの法則は，<u>危うく事故になりそうだったヒヤリとした体験の分析</u>に基づく安全対策が最も重要であることを示唆しています（Bは誤り）．

　ハインリッヒの法則は，**1 件の重大事故の背景には，29 件の軽傷の事故と，300 件の傷害に至らない事象（ヒヤリハット）があるという経験則**を示しています．このため，重大事故および軽微な事故を防ぐには，危うく事故になりそうだったヒヤリとした体験の原因分析と対策が重要です．

【解答　ウ：①（Aのみ正しい）】

問 4	職場の安全活動	【H30-1　第 10 問 (3)】□□□

職場の安全活動などについて述べた次の記述のうち，<u>誤っているもの</u>は，(ウ) である．

---

① 　リスク特定，リスク分析及びリスク評価の全般的なプロセスは，リスクアセスメントといわれ，このうちリスク特定のプロセスでは，ヒヤリハットの事例などの情報が活用される．

② 　リスクアセスメントに用いられる技法の一つであるブレーンストーミングの基本原則としては，自由奔放なアイデアを歓迎する，出されたアイデアについて積極的に批判し合う，アイデア数は議論が発散しないようにできるだ

け絞り込むなどが挙げられる.

③　報告，連絡及び相談を推進するほう・れん・そう運動は，事故撲滅を目指す安全活動としても有効であるとされている.

④　指差し呼称は，作業者の錯覚，誤判断，誤操作などを防止し，作業の正確性を高める効果が期待できるものであり，指差しのみの場合や呼称のみの場合と比較して，誤りの発生率を更に低減できるといわれている.

⑤　危険予知（KY）活動における4ラウンド法は，第1ラウンドで現状把握，第2ラウンドで本質追究，第3ラウンドで対策樹立，第4ラウンドで目標設定の手順で進められる.

■解説■

・①は正しい．**ヒヤリハットとは，事故には至らなかったが，危うく事故になりかけた事象**のことで，「突発的なミスに**ヒヤリ**としたり，**ハッ**としたりする事象」です.

・問題解決に用いられる技法の一つである**ブレーンストーミング**は，参加者が自由に意見を述べることで，多彩なアイデアを得ることを目的としており，このため，自由奔放なアイデアを歓迎する，出されたアイデアに対して**批判しない**，アイデア数は**絞り込まない（質より量）**，ことを基本原則としています（②は誤り）.

・③は正しい．ほう・れん・そう運動の「ほう」は報告，「れん」は連絡，「そう」は相談を意味します.

・④は正しい.

・⑤は正しい．**4ラウンド法**で，第2ラウンドの「本質追究」とは，第1ラウンドの「現状把握」により指摘事項が一通り出そろったところで，問題点を整理させることです．その後，第3ラウンドで挙げた改善策，解決策を第4ラウンドで討議しまとめます.

【解答　ウ：②（誤り）】

| 問5 | 職場の安全活動 | 【H29-2 第10問（3）】 ☑☑☑ |

職場における安全活動などについて述べた次の二つの記述は，　(ウ)　.

A　危険予知（KY）活動は，一般に，職場の小単位で，現場の作業，設備，環境などをみながら，若しくはイラストを使用して，作業の中に潜む危険要因を摘出し，それに対する対策について話し合いを行うことにより，作業事故や人身事故などを未然に防止するための活動とされている.

B　5S活動（運動）の5Sとは，整理・整頓・清掃・清潔・精確のそれぞれのローマ字表記で頭文字をとったものをいい，このうち整頓とは，必要なものと不必要

なものを区分し，不必要なものを片付けることをいう．

---

① Ａのみ正しい　　② Ｂのみ正しい
③ ＡもＢも正しい　　④ ＡもＢも正しくない

解説

・Ａは正しい．
・5S活動（運動）の5Sとは，整理・整頓・清掃・清潔・躾のそれぞれのローマ字表記で頭文字をとったものをいい，このうち整理とは，必要なものと不必要なものを区分し，不必要なものを片付けることをいいます．「整頓」とは，必要なものを，決められた場所に，決められた量だけ，いつでも使える状態に，容易に取り出せるようにしておくことです（Ｂは誤り）．

【解答　ウ：①（Ａのみ正しい）】

| 問 6 | 職場の安全活動 | 【H29-1　第10問 (3)】☑☑☑ |

職場の安全活動などについて述べた次の記述のうち，<u>誤っているもの</u>は，　(ウ)　である．

---

① フールプルーフによる安全対策は，OJT又はOFF-JTを活用して作業者による不適切な行為又は過失が生じないようにするものである．
② フェールセーフによる安全対策は，装置やシステムなどが故障したとき，あらかじめ定められた一つの安全な状態をとるようにしておくものである．
③ ヒヤリハット報告制度は，作業者に経験したヒヤリハット事例を報告させるものである．この制度を継続させて職場に定着させるためには，いかなる原因で生じたヒヤリハットであっても作業者を責めてはならない．
④ 指差し呼称は，作業者の錯覚，誤判断，誤操作などを防止し，作業の正確性を高める効果が期待できるものであり，指差しのみの場合や呼称のみの場合と比較して，誤りの発生率をより低減できるといわれている．
⑤ ツールボックスミーティングは，一般に，作業開始前に職場の小単位のグループが短時間で仕事の範囲，段取り，各人ごとの作業の安全のポイントなどについて打合せを行うものである．

解説

・フールプルーフによる安全対策は，OJTまたはOFF-JTを活用して作業者が<u>誤った操作をしても危険な状況にならないようにする</u>ものです（①は誤り）．フールプ

ルーフ（fool proof）とは，人間は間違いをするという前提に立って，誤った操作をしても事故に至らないように設計をするという概念です．例えば，エレベータのドアに物が挟まった場合にドアを開き，挟まっていた物が除かれた後，ドアを閉めて動かします．

・②は正しい．フェールセーフ（fail safe）とは，故障が発生した場合，機能を縮退したり停止させたりして，安全な状態を確保するという概念です．例えば，停電等により踏切の遮断機の開閉ができなくなった場合，重力により遮断機が降りた状態にし，踏切での事故の発生を防止します．

・③〜⑤は正しい．

【解答　ウ：①（誤り）】

問7　**職場の安全活動**　　　　　【H28-2　第10問 (3)】　☑☑☑

　　職場の安全活動などについて述べた次の記述のうち，正しいものは，　（ウ）　である．

① 　ほう・れん・そう運動は，職場の小単位で現場の作業，設備及び環境をみながら，あるいはイラストを使用しながら，作業の中に潜む危険要因の摘出と対策について話し合いをする活動のことである．

② 　ハインリッヒの 1：29：300 の法則において，300 は骨折などの重傷事故の件数に対応している．

③ 　安全朝礼は，職場単位で行われるツールボックスミーティングの終了後に作業単位で実施され，作業ごとの安全のポイントなどを確認する活動のことである．

④ 　安全パトロール（職場巡視）において留意すべきことは，点検する職場の通常業務に影響を及ぼさないように，その場で解決できるその場限りの指摘だけに終わらせて完結し，問題点の背後要因の追跡・調査分析などを後工程として結びつけないことである．

⑤ 　5S 活動における清潔とは，整理・整頓・清掃が繰り返され，汚れのない状態を維持していることをいう．

解説

・危険予知（KY）活動は，職場の小単位で現場の作業，設備および環境をみながら，あるいはイラストを使用しながら，作業の中に潜む危険要因の摘出と対策について話し合いをする活動のことです（①は誤り）．

・ハインリッヒの 1：29：300 の法則において，300 は<u>事故には至らなかったが，危</u>

7 章

工事の設計管理・施工管理・安全管理

うく事故になりそうだったヒヤリとした体験の件数に対応しています．骨折などの重傷事故の件数に対応しているのは 1 です（②は誤り）．

・安全朝礼は，毎日の作業開始前に職場単位で実施され，安全意識を高め，作業を開始する前の心構えを作る場です．「ツールボックスミーティング（Tool Box Meeting）」は，職場の小単位のグループで，作業開始前に安全のために，短時間で仕事の範囲，段取り，各人の作業の安全のポイントなどについて打合せを行う活動のことです（③は誤り）．

・安全パトロール（職場巡視）において留意すべきことは，点検する職場の通常業務に影響を及ぼさないように，その場で解決できるその場限りの指摘だけに終わらせずに，問題点の背後要因の追跡・調査分析などを後工程として結び付けることです（④は誤り）．

・⑤は正しい．5S 活動には，「清潔」のほかに，「整理」「整頓」「清掃」「躾」があります．

　　これらのうち，「清掃」とは，職場や身の回りをきれいな状態に維持していくことです．「躾」とは，職場の規律やルールを守り，習慣化していくことです．これらは独立のことではなく，例えば，清掃では，職場をきれいな状態に維持するとともに，整理と整頓によって作業しやすい環境にすることを目標にします．また，躾によって良い活動を習慣化します．

【解答　ウ：⑤（正しい）】

問 8	**職場の安全活動**	【H28-1　第 10 問 (3)】 ☑☑☑

職場における安全活動などについて述べた次の二つの記述は，___（ウ）___．

A　チームでイラストシートや現場・現物で職場や業務に潜む危険を発見・把握・解決していく危険予知訓練（KYT）の基本手法である 4 ラウンド法は，第 1 ラウンドで現状把握，第 2 ラウンドで目標設定，第 3 ラウンドで本質追究，第 4 ラウンドで対策樹立の手順で進められる．

B　指差し呼称は，作業者の錯覚，誤判断，誤操作などを防止し，作業の正確性を高める効果が期待できるものであり，指差しのみの場合や呼称のみの場合と比較して，誤りの発生率をより低減できるといわれている．

> ①　A のみ正しい　　　②　B のみ正しい
> ③　A も B も正しい　　④　A も B も正しくない

解説

・チームでイラストシートや現場・現物で職場や業務に潜む危険を発見・把握・解決

していく危険予知訓練（KYT）の基本手法である4ラウンド法は，第1ラウンドで現状把握，第2ラウンドで<u>本質追究</u>，第3ラウンドで<u>対策樹立</u>，第4ラウンドで<u>目標設定</u>の手順で進められます（Aは誤り）．「本質追究」は指摘事項が一通り出そろったところで，問題点を整理させることです．第3ラウンドで挙げた改善策，解決策を第4ラウンドで討議しまとめます．

・Bは正しい．

【解答　ウ：②（Bのみ正しい）】

問9	職場の安全活動	【H27-2　第10問（3）】 ✓✓✓

職場における安全活動などについて述べた次の二つの記述は，[　（ウ）　]．

A　職場の潜在的な危険性又は有害性を見つけ出し，これを除去又は低減する手法は，リスクアセスメントといわれ，一般に，危険性又は有害性についてそれぞれ見積もられたリスクが，全て除去されるまで対策を繰り返し実施しなければならないとされている．

B　1件の重大事故の背後には29件の軽微な事故があり，さらにその背後には300件のヒヤリハットがあるという経験則は，ハインリッヒの法則といわれ，事故を防ぐためには，ヒヤリハットの段階での対処が重要であることを示唆している．

```
①  Aのみ正しい       ②  Bのみ正しい
③  AもBも正しい      ④  AもBも正しくない
```

解説

・職場の潜在的な危険性または有害性を見つけ出し，これを除去または低減する手法は，リスクアセスメントといわれ，一般に，危険性または有害性についてそれぞれ見積もられたリスクに基づいて優先度を設定し，リスクの優先度に従い，リスクの<u>除去や低減措置を実施します</u>（Aは誤り）．低減措置の例を以下に示します．

　・高優先度：直ちにリスク低減措置を講ずる．必要措置を講ずるまで作業を停止する．

　・中優先度：速やかにリスク低減措置を講ずる．措置を講ずるまで作業を停止することが望ましい．

　・低優先度：必要に応じてリスク低減措置を実施する．

・Bは正しい．

【解答　ウ：②（Bのみ正しい）】

労働安全衛生規則に規定されている，墜落等による危険の防止について述べた次の二つの記述は，　　（ウ）　　．

A　屋内において，高さが2メートル以上の箇所で作業を行う場合，当該作業を安全に行うための必要な照度を保持できないときは，墜落を防止するための手すりなどを設けて作業を行うこととされている．

B　作業時に使用する脚立について，脚立の材料は，著しい損傷，腐食などがないものとし，また，脚立の踏み面は，作業を安全に行うため必要な面積を有することとされている．

① Aのみ正しい　　② Bのみ正しい
③ AもBも正しい　　④ AもBも正しくない

解説

・屋内において，高さが2〔m〕以上の箇所で作業を行う場合，当該作業を安全に行うための必要な照度を保持しなければなりません（Aは誤り．労働安全衛生規則第523条より）．

・Bは正しい．労働安全衛生規則の第528条において，事業者は，脚立については，次に定めるところに適合したものでなければ使用してはならないと規定されています．

一　丈夫な構造とすること．
二　材料は，著しい損傷，腐食等がないものとすること．
三　脚と水平面との角度を75度以下とし，かつ，折りたたみ式のものにあっては，脚と水平面との角度を確実に保つための金具等を備えること．
四　踏み面は，作業を安全に行なうため必要な面積を有すること．

【解答　ウ：②（Bのみ正しい）】

7-2 工程管理

問1 施工出来高と工事原価 【H29-2 第10問 (4)】 ☑☑☑

　図は，一般的な施工出来高と工事原価の関係などを示したものである．図について述べた次の記述のうち，<u>誤っているもの</u>は，　(エ)　である．ただし，P点は $Y=F+aX$ と $Y=X$ との交点を示し，X_p は P 点での施工出来高を示す．

①　工事原価のうち，F は固定原価を示し，aX は変動原価を示している．
②　P点は損益分岐点といわれ，$Y=F+aX$ の線上において工事原価と施工出来高が等しく，収支の差が 0 となる点である．
③　施工出来高が X_p における施工速度は，最低採算速度といわれ，採算のとれる状態にするためには，施工出来高を X_p 以上に上げる必要がある．
④　工事原価のうち，F を下げると損益分岐点を下げることができる．
⑤　工事原価のうち，aX の a の値を小さくするほど施工品質が劣化し，施工出来高を上げても工事の採算性は向上しない．

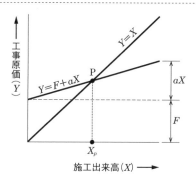

解説

- ①は正しい．工事原価（Y）＝固定原価（F）＋変動原価（aX）となります．
- ②は正しい．工事原価（Y）＝施工出来高（X）となる P 点が損益分岐点です．
- ③は正しい．施工出来高を X_p 以上に上げると，$Y \leq X$ で，施工出来高が工事原価を上回り，採算のとれる状態になります．
- ④は正しい．損益分岐点の工事原価を Y_p，施工出来高を X_p とすると，$X_p = Y_p = F + aX_p$ であるため，$X_p = F/(1-a)$ となり，F（固定原価）を下げると，損益分岐点 X_p を下げることができます．
- 工事原価のうち，aX の a の値を小さくするほど，<u>施工出来高（X）を上げた場合</u>

の工事原価（Y）の増加の割合が小さくなるため，工事の採算性が向上します（⑤は誤り）．

【解答　エ：⑤（誤り）】

問 2　**施工出来高と工事原価**　　　　　　【H28-1　第 10 問（4）】☑☑☑

　図に示す，一般的な施工出来高と工事原価の関係などについて述べた次の記述のうち，正しいものは，　(エ)　である．ただし，P 点は $Y = F + aX$ と $Y = X$ との交点を示し，X_p は P 点での施工出来高を示す．

①　図中の F は直接費を示し，aX は間接費を示している．

②　P 点は損益分岐点といわれ，$Y = F + aX$ の線上において工事原価と施工出来高が等しく，収支の差がゼロとなる点である．

③　三角形 OPR 内の領域 α は，経済的な施工速度で工事が実施され，利益が発生している範囲を示している．

④　三角形 PQS 内の領域 β は，突貫工事により工事の施工品質が低下し，損失が発生している範囲を示している．

⑤　施工出来高が X_p における施工速度は，最低採算速度といわれ，採算のとれる状態にするためには，施工出来高を X_p より小さくする必要がある．

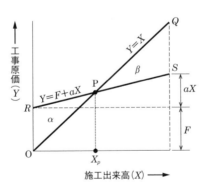

解説

・設問の図中 F は固定原価を示し，aX は変動原価を示します（①は誤り）．

・②は正しい．損益分岐点は，収入と支出の額が同じになる点です．

・三角形 OPR 内の領域 α は，施工出来高が工事原価を下回っていて，損失が発生している範囲を示しています（③は誤り）．

・三角形 PQS 内の領域 β は，施工出来高が工事原価を上回っていて，利益が発生し

ている範囲を示しています（④は誤り）.

・施工出来高が X_p における施工速度は，最低採算速度といわれ，採算のとれる状態
にするためには，施工出来高を X_p より大きくする必要があります（⑤は誤り）.

【解答　エ：②（正しい）】

問3	工期・建設費曲線	✓✓✓

一般的な工期・建設費曲線について述べた次の二つの記述は，　(ア)　.

A　B曲線は直接費を表し，直接費は，一般に，施工速度を遅くして工期を延長す
るほど増加する.

B　C曲線は直接費と間接費を合計した総費用を表し，総費用が最小となるD点
における工期は，最適工期を示す.

> ①　Aのみ正しい　　②　Bのみ正しい
> ③　AもBも正しい　④　AもBも正しくない

費用 ↑

C曲線

D点

B曲線

A曲線

クラッシュ
タイム　　　　→ 時間（工期）　　　ノーマル
　　　　　　　　　　　　　　　　　　　　タイム

解説

・B曲線は直接費を表します. 直接費は材料費，労務費，水道光熱費などの直接経費
が該当します. 施工速度を速くして短期に工事を終わらせようとするとより多くの
人が必要になるため，直接費に含まれる労務費が増加します. このため，直接費は，
一般に，施工速度を速くして工期を短縮するほど増加します（Aは誤り）.

・Bは正しい. なお，A曲線は間接費で，間接費は現場管理費や共通仮設費が該当し
ます. 間接費には工事監督者の人件費等が占めるため，一般に，工期に比例して増
加します.

設問図で，ノーマルタイムとは，直接費が最小となるときの作業時間で，クラッシュ
タイムとは，工期を極限まで短縮させたときの作業時間です.

【解答　ア：②（Bのみ正しい）】

図に示す，工程管理などに用いられるアローダイアグラムにおいて，作業D，作業E，作業F，作業J及び作業Kをそれぞれ1日短縮できるとき，短縮してもクリティカルパスの所要日数を2日短縮するのに関係しない作業は，作業 （オ） である．

① D　② E　③ F　④ J　⑤ K

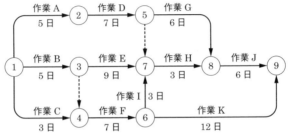

解説

　クリティカルパスとは，プロジェクトの開始から終了までの全体工期が最長となる経路で，作業日数の増減がプロジェクトの所要日数に影響を与える経路です．

　設問の図のアローダイアグラムで，現状のクリティカルパスの所要日数は24日で，これと所有日数が23日となる経路を挙げると次のようになります．

・経路1：作業A→作業D→作業G→作業J（所要日数24日）
・経路2：作業B→作業F→作業K（所要日数24日）
・経路3：作業B→作業E→作業H→作業J（所要日数23日）

　上記より，現状のクリティカルパスの所要日数は24ですので，これを2日短縮することは22日にすることです．1日短縮可能な作業は，作業D，作業E，作業F，作業J，作業Kです．

　これらを1日短縮すると，経路1は作業Dと作業Jの短縮により2日短縮，経路2は作業Fと作業Kの短縮により2日短縮，経路3は作業Eと作業Jの短縮により2日短縮されます．この結果，クリティカルパスは経路1と経路2で，短縮後の所要日数は22日になります．

以上より，クリティカルパスの所要日数を 2 日短縮するのに関係するのは，経路 1 と経路 2 の短縮に関係する，作業 D と作業 J，作業 F，作業 K で，(オ) 作業 E の短縮はクリティカルパスの短縮には関係しません．

【解答　オ：②（E）】

問 2	クリティカルパスの所要日数	【H31-1　第 10 問（5）】 ☑☑☑

あるプロジェクトを完了するために必要な各作業の所要日数及び順序関係が ⓐ〜ⓗ であるとき，このプロジェクト全体を表すアローダイアグラムにおけるクリティカルパスの所要日数は，[　(オ)　]日である．

ⓐ　作業 A は所要日数が 5 日で，最初に開始する作業である．

ⓑ　作業 B は所要日数が 2 日で，作業 A の終了後に開始できる．

ⓒ　作業 C は所要日数が 4 日で，作業 A の終了後に開始できる．

ⓓ　作業 D は所要日数が 6 日で，作業 B 及び作業 C の終了後に開始できる．

ⓔ　作業 E は所要日数が 5 日で，作業 C の終了後に開始できる．

ⓕ　作業 F は所要日数が 4 日で，作業 D の終了後に開始できる．

ⓖ　作業 G は所要日数が 3 日で，作業 D 及び作業 E の終了後に開始できる．

ⓗ　作業 H は所要日数が 4 日で，作業 F 及び作業 G の終了後に開始でき，作業 H が終了するとプロジェクトは完了する．

① 20　　② 21　　③ 22　　④ 23　　⑤ 24

解説

プロジェクトをダイアグラムで表すと次図のようになります．

これから，クリティカルパスは，①→②→③→④→⑤→⑦→⑧（図の太線部分）で，所要日数は (オ) 23 日です．

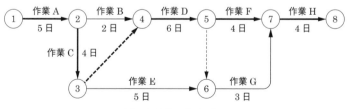

図　クリティカルパス

【解答　オ：④（23）】

　図は，作業 A～J で構成される工事のアローダイアグラムを示す．以下に示す @
～@のうち，クリティカルパスの所要日数を最も短くできるものは，□(オ)□であ
る．

@　作業 C を 2 日短縮する．

ⓑ　作業 D を 2 日短縮する．

ⓒ　作業 F を 2 日短縮する．

ⓓ　作業 H を 2 日短縮する．

ⓔ　作業 J を 2 日短縮する．

① ⓐ　　② ⓑ　　③ ⓒ　　④ ⓓ　　⑤ ⓔ

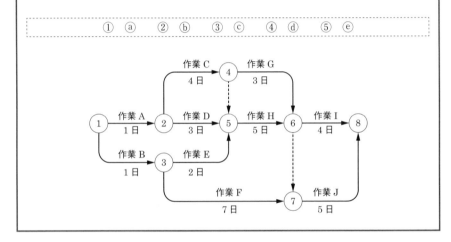

解説

　設問の図のアローダイアグラムで，現状のクリティカルパスは，①→②→④→⑤→⑥
→⑦→⑧で，所要日数は 15 日です．このため，現状のクリティカルパス上にない，作
業 D と作業 F の短縮はクリティカルパスの所要日数の削減には寄与しません．作業 C
を 2 日短縮した場合，クリティカルパスは作業 D（②→⑤）に変わり，所要日数は 1
日削減されます．作業 J を 2 日短縮した場合，クリティカルパスは作業 I（⑥→⑧）に
変わり，所要日数は 1 日削減されます．作業 H を 2 日短縮した場合，クリティカルパ
スは，現状のクリティカルパスと，①→②→④→⑥→⑦→⑧，および①→③→⑦→⑧と
なり，所要日数は 13 日で，2 日削減されます．

　よって，クリティカルパスの所要日数を最も短くできるものは，「(オ)ⓓ　作業 H を 2
日短縮する．」です．

【解答　オ：④（ⓓ　作業 H を 2 日短縮する．）】

| 問4 | 許容可能な作業遅れ | 【H30-1　第10問 (5)】 ☑☑☑ |

　図に示すアローダイアグラムにおいて，クリティカルパスの所要日数に影響を及ぼさないことを条件とした場合，作業 E の作業遅れは，最大　(オ)　日許容することができる．

①　1　　②　2　　③　3　　④　4　　⑤　5

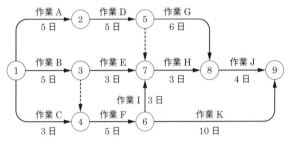

解説

　設問の図のアローダイアグラムで，クリティカルパスは，①→②→⑤→⑧→⑨と①→③→④→⑥→⑦→⑧→⑨，および①→③→④→⑥→⑨で，所要日数は 20 日です．この場合，結合点 7（図中の⑦）における最遅結合点時刻（最も遅く作業を開始できる日数）は 13 日となります．結合点 3 における最早結合点時刻（最も早く作業を開始できる日数）は 5 日であるため，作業 E の作業遅れは，結合点 7 における最遅結合点時刻 − 結合点 3 における最早結合点時刻 − 作業 E の日数 = 13 − 5 − 3 = 5 日となり，最大 (オ) 5 日許容することができます．

【解答　オ：⑤ (5)】

| 問5 | 工期の短縮 | 【H29-2　第10問 (5)】 ☑☑☑ |

　図は，作業 A〜J で構成される工事のアローダイアグラムを示す．作業 D を 1 日，作業 H を 2 日，作業 J を 2 日，それぞれ短縮できると，全体工期は　(オ)　日短縮できる．

①　1　　②　2　　③　3　　④　4　　⑤　5

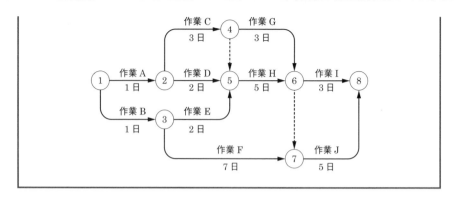

　設問の図におけるクリティカルパスは，①→②→④→⑤→⑥→⑦→⑧で，所要日数は14日です．作業Dを1日，作業Hを2日，作業Jを2日，それぞれ短縮すると，結合点6での最早結合点時刻は7日になります．一方，①→③→⑦のパスにおける結合点7における最早結合点時刻は8日であるため，クリティカルパスは，①→③→⑦→⑧で，所要日数は11日となります．よって，全体工期は14−11＝3日で，(オ)3日短縮できます．

【解答　オ：③（3）】

問6	余裕日数と工期の短縮	【H29-1　第10問（5）】 ☑☑☑

　図に示す，工程管理などに用いられるアローダイアグラムについて述べた次の二つの記述は，　(オ)　．

A　作業Fは作業A〜作業Jの中で最も所要日数が大きいため，作業Fのフリーフロートはゼロである．

B　作業Hを2日短縮，作業Jを2日短縮すると，全体工期の短縮日数は3日である．

① Aのみ正しい　　　② Bのみ正しい
③ AもBも正しい　　④ AもBも正しくない

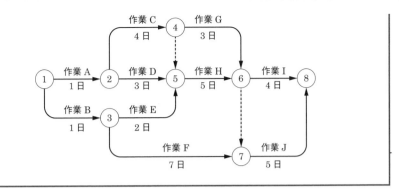

▓▓▓**解説**▓▓▓

　設問の図のアローダイアグラムで，クリティカルパスは①→②→④→⑤→⑥→⑦→⑧で，所要日数は 15 日です．

・結合点 3 で最も早く作業を開始できる最早結合点時刻は 1 日で，結合点 7 で最も遅く作業を開始できる最遅結合点時刻は 10 日，作業 F の日数は 7 日であるため，作業 F のフリーフロート（余裕日数）は，10 − 1 − 7 ＝ 2 日です（A は誤り）．

・作業 H を 2 日短縮，作業 J を 2 日短縮すると，クリティカルパスは①→②→④→⑤→⑥→⑧と①→②→④→⑥→⑧で所要日数は 12 日となり，全体工期の短縮日数は 15 − 12 ＝ 3 日です（B は正しい）．

【解答　オ：②（B のみ正しい）】

問 7	**クリティカルパスの所要日数**	【H28-2　第 10 問 (5)】 ☑☑☑

　あるプロジェクトを完了するために必要な各作業の所要日数及び順序関係が ⓐ〜ⓗであるとき，このプロジェクト全体を表すアローダイアグラムにおけるクリティカルパスの所要日数は，　(オ)　日である．

ⓐ　作業 A は所要日数が 4 日で，最初に開始する作業である．

ⓑ　作業 B は所要日数が 2 日で，作業 A の終了後に開始できる．

ⓒ　作業 C は所要日数が 4 日で，作業 A の終了後に開始できる．

ⓓ　作業 D は所要日数が 6 日で，作業 B 及び作業 C の終了後に開始できる．

ⓔ　作業 E は所要日数が 5 日で，作業 C の終了後に開始できる．

ⓕ　作業 F は所要日数が 4 日で，作業 D の終了後に開始できる．

ⓖ　作業 G は所要日数が 2 日で，作業 D 及び作業 E の終了後に開始できる．

ⓗ　作業 H は所要日数が 3 日で，作業 F 及び作業 G の終了後に開始でき，作業 H が終了するとプロジェクトは完了する．

① 17　② 18　③ 19　④ 20　⑤ 21

■解説■

設問のプロジェクトをアローダイアグラムで表すと下図のようになります．太線の矢印で示した①→②→③→④→⑤→⑦→⑧のパスがクリティカルパスであり，プロジェクトのクリティカルパスの所要日数は，(オ)21日です．

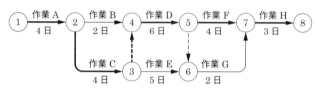

図　設問のアローダイアグラム

【解答　オ：⑤（21）】

問8	最遅結合点時刻，最早結合点時刻等	【H28-1　第10問（5）】 ☑☑☑

図に示すアローダイアグラムについて述べた次の記述のうち，正しいものは，____(オ)____である．

①　クリティカルパスの所要日数は31日である．
②　結合点（イベント）番号3における最遅結合点時刻（日数）は10日である．
③　結合点（イベント）番号5における最早結合点時刻（日数）は16日である．
④　作業Fが1日延びると，全体の工期は1日延びる．
⑤　作業Cのフリーフロートは2日である．

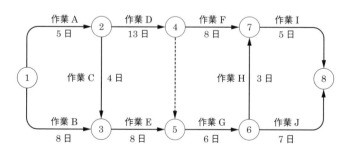

解説

・クリティカルパスは，作業 A（5日）→ D（13日）→ G（6日）→ H（3日）→ I（5日）（カッコ内は各作業の日数）であり，所要日数は <u>32日</u> です（①は誤り）．

・最遅結合点時刻とは，最も遅く作業を開始できる日数のことであり，次の結合点での最遅結合点時刻から次の作業の所要日数を引いた値より求まります．結合点（イベント）番号3における最遅結合点時刻は，クリティカルパス上の結合点（イベント）番号5の最遅結合点時刻が18日で，作業Eの日数が8日であるため，18－8＝10日です（②は正しい）．結合点5はクリティカルパス上にあるため，結合点5の最遅結合点時刻は，開始点（結合点1）から結合点5までの作業（作業Aと作業D）の日数の総和18日になります．

・最早結合点時刻とは，最も早く次の作業に進める日数のことです．開始点からその結合点に至る経路が複数ある場合は，それらの経路の中で作業日数の総和が最も大きい日数が最早結合点時刻となります．開始点から結合点（イベント）5に至る経路として，①→②→④→⑤と，①→②→③→⑤，①→③→⑤がありますが，それらの作業日数の総和はそれぞれ，18日，17日，16日で，最も大きい18日が最早結合点時刻になります（③は誤り）．

・結合点7における最遅結合点時刻は27日，結合点4における最早結合点時刻は18日，作業Fの所要日数は8日であるため，作業Fのフリーフロート（余裕日数）は，27－18－8＝1日です．このため，作業Fが1日延びても，<u>全体の工期は変わりません</u>（④は誤り）．

・結合点3における最遅結合点時刻は10日で，結合点2における最早結合点時刻が5日，作業Cの所要日数が4日であるため，作業Cのフリーフロートは，10－5－4＝<u>1日</u>です（⑤は誤り）．

POINT

クリティカルパス上にない作業で，工期の日数に影響しないように許される遅延日数をフリーフロート（余裕日数）という．

【解答　オ：②（正しい）】

| 問9 | 工期の短縮 | 【H27-2　第10問 (5)】 | ☑☑☑ |

図に示す，工程管理などに用いられるアローダイアグラムにおいて，作業D，作業E，作業F，作業J及び作業Kをそれぞれ1日短縮できるとき，短縮できても全体工期を2日短縮するのに関係しない作業は，作業 （オ） である．

①　D　　②　E　　③　F　　④　J　　⑤　K

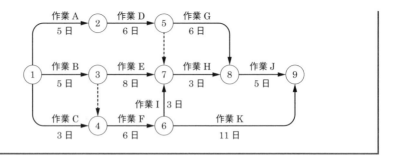

解説

　設問の図のアローダイアグラムでの次の四つの経路について，

経路1：作業A（5日）→作業D（6日）→作業G（6日）→作業J（5日）（所要日数22日）

経路2：作業B（5日）→作業F（6日）→作業K（11日）（所要日数22日）

経路3：作業B（5日）→作業F（6日）→作業I（3日）→作業H（3日）→作業J（5日）（所要日数22日）

経路4：作業B（5日）→作業E（8日）→作業H（3日）→作業J（5日）（所要日数21日）

　作業D，作業E，作業F，作業Jおよび作業Kをそれぞれ1日短縮した場合，

　・経路1の所要日数は作業Dと作業Jの短縮により2日短縮され20日

　・経路2の所要日数は作業Fと作業Kの短縮により2日短縮され20日

　・経路3の所要日数は作業Fと作業Jの短縮により2日短縮され20日

　・経路4の所要日数は作業Jの短縮により1日短縮され20日

　以上より，全体工期を22日から20日に減らす上で，作業D，作業F，作業Jおよび作業Kを1日短縮することが必要となります．一方，作業Eを減らさなくても，作業Jの短縮により経路4の所要日数は20日となり，全体工期は変わらないため，(オ)作業Eは，全体工期を2日短縮するのに関係しません．

【解答　オ：②（E）】

問10	全体工期の短縮	【H27-1　第10問 (5)】 ☑☑☑

　図は，作業A～Jで構成される工事のアローダイアグラムを示す．作業Dを1日，作業Hを2日，作業Jを2日，それぞれ短縮すると，全体工期は　(オ)　日短縮される．

　　　① 1　　　② 2　　　③ 3　　　④ 4　　　⑤ 5

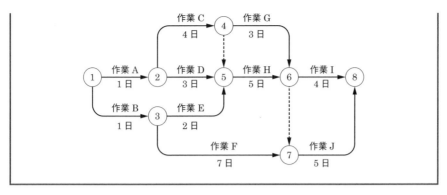

解説

設問の図のアローダイアグラムでのクリティカルパスは，①→②→④→⑤→⑥→⑦→⑧で，全体工期は15日です．作業Dを1日，作業Hを2日，作業Jを2日，それぞれ短縮した場合のクリティカルパスは，①→②→④→⑥→⑧および①→②→④→⑤→⑥→⑧で，全体工期は12日となります．よって，全体工期は(オ)3日短縮されます．

【解答 オ：③（3）】

▶▶フリーフロート（余裕日数）の計算

クリティカルパスは全体工期が最長となる経路で，クリティカルパス上の作業の日数は増加できないため，クリティカルパス上の結合点では，最早結合点時刻と最遅結合点時刻は等しく，ともに開始点からその結合点までの経路の作業日数の和となります．例えば，上記問10のアローダイアグラムで，結合点5における最遅結合点時刻は5日，結合点7における最遅結合点時刻は10日になります．

同アローダイアグラムで作業Eと作業Fはクリティカルパス上にないため，クリティカルパスの所要日数に影響を与えずに作業日数を増加させることが可能です．この増加可能な作業日数と現状の作業日数の差をフリーフロート（余裕日数）といいます．作業のフリーフロートは次式により求められます．

（作業の次の結合点における最遅結合点時刻）−（作業開始時点の結合点における最早結合点時刻）−（作業の所要日数）

例えば，作業Eのフリーフロートは，

（結合点5における最遅結合点時刻）−（結合点3における最早結合点時刻）−（作業Eの所要日数）＝5−1−2＝2日

となります（結合点3における最早結合点時刻は作業Bの日数と等しく1日）．

同様の計算で作業Fのフリーフロートは，10−1−7＝2日になります．

JIS Q 9024:2003 マネジメントシステムのパフォーマンス改善―継続的改善の手順及び技法の指針に規定されている，数値データを使用して継続的改善を実施するために利用される技法について述べた次の二つの記述は，_____(エ)_____.

A　チェックシートは，作業の点検漏れを防止することに使用でき，また，層別データの記録用紙として用いて，パレート図及び特性要因図のような技法に使用できるデータを提供することもできる.

B　計測値の存在する範囲を幾つかの区間に分けた場合，各区間を底辺とし，その区間に属する測定値の度数に比例する面積を持つ長方形を並べた図は，帯グラフといわれる.

① Aのみ正しい　　② Bのみ正しい

③ AもBも正しい　　④ AもBも正しくない

解説

・Aは正しい．チェックシートは，計数データを収集する際に，分類項目のどこに集中しているかを見やすくした表または図です（JIS Q 9024 の 7.1.4 項より）．チェックシートの例として，下表のように，時間帯ごとの電車の車両の乗車人数があります．この表によって，どの車両が混みやすいか，どの時間帯が最も混むかがわかります.

表　チェックシートの例

時間帯	6：00〜7：00	7：00〜8：00	8：00〜9：00	9：00〜10：00	
車両1の乗車数					
車両2の乗車数					
車両Nの乗車数					

・計測値の存在する範囲を幾つかの区間に分けた場合，各区間を底辺とし，その区間に属する測定値の度数に比例する面積をもつ長方形を並べた図は，ヒストグラムといわれます（Bは誤り）．ヒストグラムの形は，本節問3の設問の図を参照のこと.

【解答　エ：① (Aのみ正しい)】

| 問2 | シューハート管理図 | 【H31-1 第10問 (4)】 ☑☑☑ |

JIS Z 9020-2:2016 管理図—第2部:シューハート管理図に基づく工程管理などについて述べた次の二つの記述は，　（エ）　．

A　シューハート管理図上の管理限界線は，中心線からの両側へ3シグマの距離にある．シグマは，母集団の既知の，又は推定された標準偏差である．

B　シューハート管理図において，一般に，打点された特性値が，中心線の上側にある場合は特に対策を必要とせず，中心線の下側にある場合は特性値が中心線の上側になるように速やかに対策をとる必要がある．

- ① Aのみ正しい　　② Bのみ正しい
- ③ AもBも正しい　④ AもBも正しくない

解説

・Aは正しい．シューハート管理図の例を下図に示します．データの特性値のばらつきが正常状態にある場合，シューハート管理図の中心線は，データの平均値になります．特性値のばらつきの標準偏差を σ（シグマ）とすると，**中心線から両側へ 3σ の距離にある線を「管理限界線」といいます．特性値が管理限界（処置限界ともいう）を超えた場合は何らかの処置が必要とされます．**

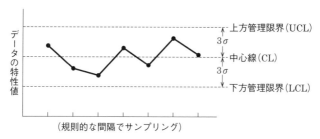

図　シューハート管理図の例

・シューハート管理図では，打点された特性値の動きのパターンを解釈するために，次頁の表に示す八つの異常判定ルールを使用しています（JIS Z 9020-2:2016 の「8章 異常判定ルール」より）．下記ルール2より，打点された特性値が，9点が連続して中心線の上側にある場合は異常と判断されます．また，特性値が中心線の下側にあるというだけでは，異常とはみなされません（Bは誤り）．

No.	判定項目
ルール1	1点が上または下の管理限界線からはみ出している.
ルール2	9点が連続して中心点に対して同じ側にある.
ルール3	6点が増加，または減少している.
ルール4	14の点が交互に増減している.
ルール5	連続する3点中2点が限界線と2σの間にある.
ルール6	連続する5点中4点が限界線と1σの間にある.
ルール7	連続する15点が中心線から1σの間にある.
ルール8	連続する8点が中心線から1σの外にある.

【解答　エ：①（Aのみ正しい）】

問3　**JIS Q 9024 マネジメントシステム**　【H30-2　第10問 (4)】 ☑☑☑

　　図1～図5は，JIS Q 9024:2003 マネジメントシステムのパフォーマンス改善—継続的改善の手順及び技法の指針に規定されている技法の概念図を示す．数値データに対する技法の一つであるパレート図を示す概念図は，図1～図5のうち，　(エ)　である.

①　図1　　②　図2　　③　図3　　④　図4　　⑤　図5

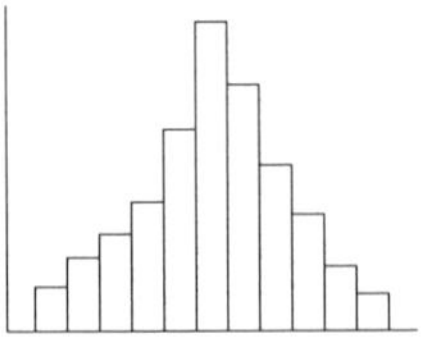

図1 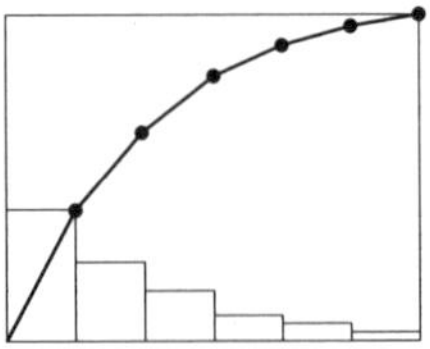　　　　　　図2 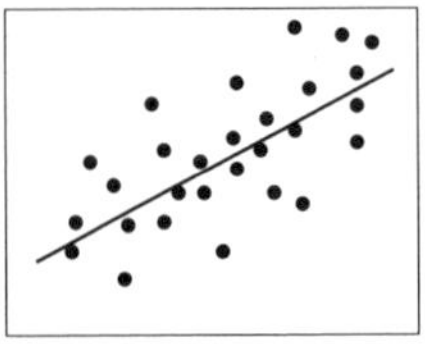　　　　　　図3

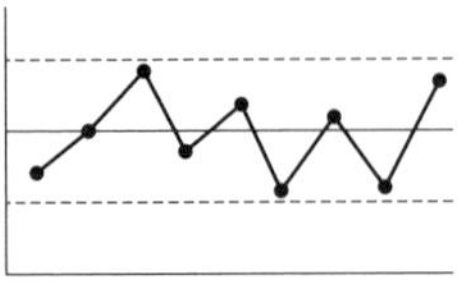

図4 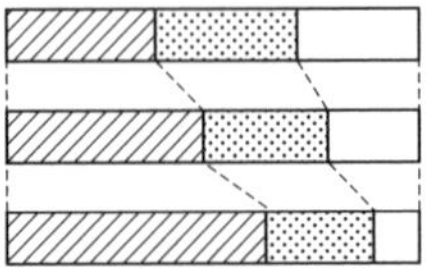　　　　　図5

解説

　数値データに対する技法の一つであるパレート図を示す概念図は，設問の図のうち，

(エ)図2です．パレート図は，項目を横軸にして度数を縦軸にとる図で，度数の多い項目から順に横軸に並べ，かつ度数の累計値の百分率を示す「パレート曲線」を併記します．

設問の図で，図1はヒストグラム，図3は散布図，図4はシューハート管理図，図5は横線式工程表のガントチャートを示します．

【解答　エ：②（図2）】

| 問4 | シューハート管理図 | 【H30-1　第10問 (4)】 ☑☑☑ |

JIS Z 9020-2:2016 管理図―第2部：シューハート管理図において，突き止められる原因の異常パターンのルールに該当するものは，図1～図4のうち，　(エ)　である．ただし，UCL，LCL及びCLはそれぞれ上側管理限界，下側管理限界及び中心線とし，UCLとLCLはCLから3σの距離にあり，1σ間隔で六つの領域に分けて，領域をCLを中心にして対称に順次A，B，C，C，B及びAとする．

① 図1　② 図2　③ 図3　④ 図4

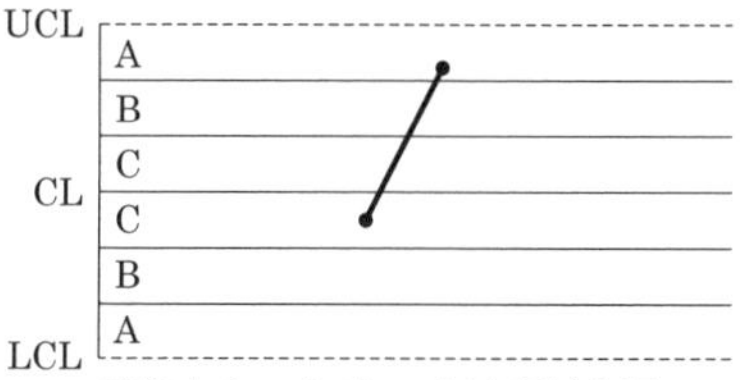

連続する2点が一つ以上領域を隔てており，そのうちの1点が領域Aにある

図1

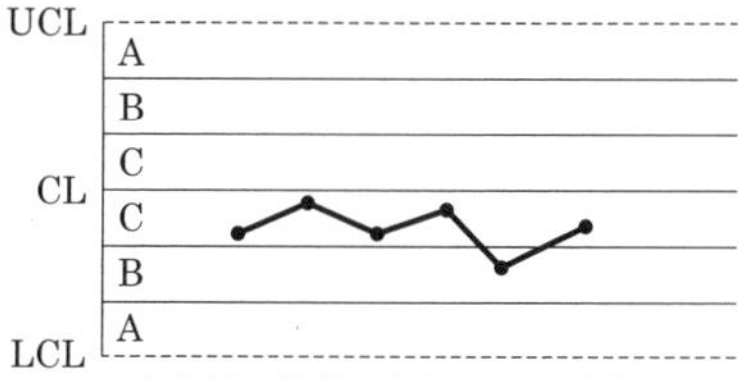

中心線の片側の領域のみに連続する六つの点

図2

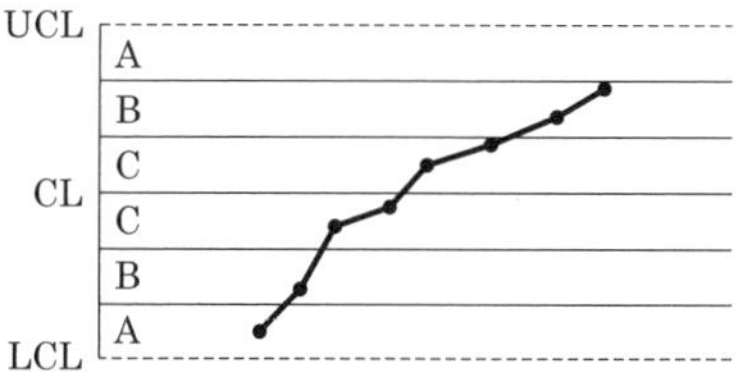

全体的に増加又は減少する連続する七つの点

図3

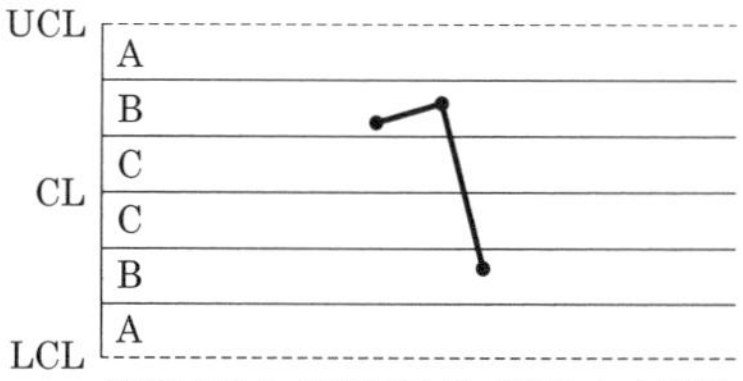

連続する3点が領域Cを超えた上側及び下側の領域Bにある

図4

設問の管理図において，(エ) 図 3 のパターンが，本節問 2 の解説で述べた異常パターンルールのルール 3（6 点が連続して増加または減少している）に該当します．それ以外の図のパターンでは，異常パターンルールに該当するものはありません．

【解答　エ：③（図 3）】

問 5	JIS Q 9024 マネジメントシステム	【H29-1　第 10 問（4）】 ☑☑☑

JIS Q 9024：2003 マネジメントシステムのパフォーマンス改善—継続的改善の手順及び技法の指針に規定されている，数値データを使用して継続的改善を実施するために利用される技法について述べた次の記述のうち，誤っているものは，（エ）である．

① 　二つの特性を横軸と縦軸とし，観測値を打点して作るグラフは，散布図といわれる．

② 　計測値の存在する範囲を幾つかの区間に分けた場合，各区間を底辺とし，その区間に属する測定値の度数に比例する面積を持つ長方形を並べた図は，ヒストグラムといわれる．

③ 　計数データを収集する際に，分類項目のどこに集中しているかを見やすくした表又は図は，チェックシートといわれる．

④ 　項目別に層別して，出現頻度の高い項目から中央に並べるとともに，平均値又は標準偏差を示した図は，パレート図といわれる．

⑤ 　連続した観測値又は群にある統計量の値を，通常は時間順又はサンプル番号順に打点した，上側管理限界線，及び／又は，下側管理限界線を持つ図は，管理図といわれる．

・①，②，③，⑤は正しい．

・項目別に層別して，出現頻度の高い項目から順に並べるとともに，度数の累計値の百分率を示した図は，パレート図といわれます（④は誤り）．

設問で述べられている散布図，ヒストグラム，パレート図，管理図の図は，本節問 3 の設問の図を参照のこと．

【解答　エ：④（誤り）】

問 6 | **シューハート管理図** | 【H28-2 第10問 (4)】 ☑☑☑

JIS Z 9021:1998 シューハート管理図におけるシューハート管理図の概要について述べた次の記述のうち，誤っているものは， (エ) である.

① シューハート管理図は，ほぼ規則的な間隔で工程からサンプリングされたデータを必要とし，間隔は，時間又は量によって定義してよい.

② シューハート管理図には中心線があり，打点される特性値に対する参照値として用いられる. 統計的管理状態であるかどうかを評価する場合，一般に，参照値には，対象となるデータの平均値が用いられる.

③ シューハート管理図には，中心線の両側に統計的に求められた二つの管理限界があり，打点された統計量の群内母標準偏差を σ とすると，管理限界線は，中心線から両側へ 3σ の距離にある.

④ シューハート管理図において，統計的管理状態にある場合，管理限界内には近似的に 68 パーセントの打点値が含まれ，この管理限界は警戒限界ともいわれる.

解説

・①，②，③は正しい.

・シューハート管理図において，統計的管理状態にある場合，管理限界内（中心線から±3σ の範囲）には近似的に <u>99.7</u>〔%〕の打点値が含まれ，この管理限界は<u>処置限界</u>ともいわれます（④は誤り）. なお，<u>警戒限界</u>とは±2σ の限界であり，この限界を超えた打点は，管理外れになりそうであるという警戒として用います.

【解答 エ：④（誤り）】

問 7 | **シューハート管理図** | 【H27-2 第10問 (4)】 ☑☑☑

JIS Z 9021:1998 シューハート管理図に基づく工程管理などについて述べた次の二つの記述は， (エ) .

A シューハート管理図には，基本的に計量値管理図と計数値管理図の二つのタイプがあり，計量値管理図では，分布の位置を管理するための管理図とばらつきを管理するための管理図が対として用いられる.

B シューハート管理図において，一般に，打点された特性値が，中心線の上側にある場合は特に対策を必要とせず，中心線の下側にある場合は特性値が中心線の上側になるように，速やかに対策をとる必要がある.

①　Ａのみ正しい　　　②　Ｂのみ正しい
③　ＡもＢも正しい　　④　ＡもＢも正しくない

■解説■

・Ａは正しい．JIS Z 9020-2:2016 では，「5 管理図の種類」に『シューハート管理図には，基本的に計量値管理図及び計数値管理図の二つのタイプがある．』と記載されています．また，「6 計量値管理図」に『計量値管理図は，ばらつき（工程のばらつき）及び位置（工程平均）によって，工程データを記述することができる．このことから，計量値管理図では，分布の位置を管理するための管理図とばらつきを管理するための管理図とを対として用い，解析することが常である．』と記載されています．

・シューハート管理図において，一般に，打点された特性値が，中心線の上方および下方に設定された管理限界以内にある場合は特に対策を必要とせず，中心線からの特性値のばらつきが上方および下方の管理限界を超えている場合は，特性値のばらつきが管理限界内に収まるように，速やかに対策をとる必要があります（Ｂは誤り）．

【解答　エ：①（Ａのみ正しい）】

問 8　JIS Q 9024 マネジメントシステム　　【H27-1　第 10 問 (4)】☑☑☑

　JIS Q 9024:2003 マネジメントシステムのパフォーマンス改善に規定されている，継続的な改善の実施に当たって，数値データに基づき，差異，傾向及び変化に対する適切な統計的解釈を行う技法の一つであるパレート図の作成手順について述べたⓐ〜ⓖにおいて，□□□内の（Ａ）及び（Ｂ）に入るものの組合せとして，正しいものは，表に示すイ〜ホのうち，□（エ）□である．

ⓐ　データの分類項目（不適合項目，欠点項目，材料，機械，作業者など）を決定する．
ⓑ　期間を定め，データを収集する．
ⓒ　分類項目別にデータを集計する．
ⓓ　分類項目ごとに累積数を求め，全体のデータ数に対する百分率を計算する．
ⓔ　項目を大きい順に□（Ａ）□にする．
ⓕ　項目の累積百分率を□（Ｂ）□にする．
ⓖ　必要事項（目的，データ数，期間，作成者など）を記入する．

①　イ　　②　ロ　　③　ハ　　④　ニ　　⑤　ホ

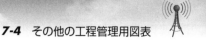

	（A）	（B）
イ	棒グラフ	折れ線グラフ
ロ	帯グラフ	散布図
ハ	折れ線グラフ	帯グラフ
ニ	棒グラフ	散布図
ホ	帯グラフ	折れ線グラフ

解説

　パレート図の例を下図に示します．パレート図は，図に示すように，項目を横軸にして，縦軸に度数を大きい順に(A) 棒グラフで示し，度数の累計値の百分率を(B) 折れ線グラフで示します．よって，(イ) が正解です．

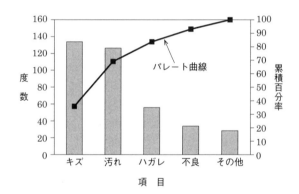

【解答　エ：① （イ）】

索 引

● ナ 行 ●

● ハ 行 ●

工事担任者試験
これなら受かる　総合通信 ［技術及び理論］

――――――――――――――――――――――――――――
2020 年 9 月 30 日　　第 1 版第 1 刷発行
――――――――――――――――――――――――――――

編　　集　オ ー ム 社
発 行 者　村 上 和 夫
発 行 所　株式会社 オ ー ム 社
　　　　　郵便番号　101-8460
　　　　　東京都千代田区神田錦町 3-1
　　　　　電話　03(3233)0641(代表)
　　　　　URL　https://www.ohmsha.co.jp/

© オーム社 2020
――――――――――――――――――――――――――――
印刷・製本　三美印刷
ISBN978-4-274-22583-3　Printed in Japan

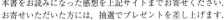

本書の感想募集 https://www.ohmsha.co.jp/kansou/

本書をお読みになった感想を上記サイトまでお寄せください．
お寄せいただいた方には，抽選でプレゼントを差し上げます．